書系緣起

早在二千多年前，中國的道家大師莊子已看穿知識的奧祕。莊子在《齊物論》中道出態度的大道理：莫若以明。

莫若以明是對知識的態度，而小小的態度往往成就天淵之別的結果。

「樞始得其環中，以應無窮。是亦一無窮，非亦一無窮也。故曰：莫若以明。」

是誰或是什麼誤導我們中國人的教育傳統成為閉塞一族。答案已不重要，現在，大家只需著眼未來。

共勉之。

Hal Brands
霍爾．布蘭茲——編 鼎玉鉉——譯

當代戰略全書 4

冷戰時期美、蘇以及其他國家，
如何融合戰略、競爭與外交

兩極霸權時代的戰略

THE NEW MAKERS OF MODERN STRATEGY

THE NEW MAKERS OF MODERN STRATEGY

獻給 Richard Chang

致謝

這部著作主要歸功於所有撰稿人。他們放下手邊的其他重要專案，不僅花了不少心思，同時得忍受編輯經常催稿。其次要歸功於許多作家，因為他們的學術研究為這本書奠下了知識基礎。

我也要感謝一些人提供建議。他們影響了這本書的不同進行階段，也就是勞倫斯・佛里德曼（Lawrence Freedman）、邁可・霍洛維茨（Michael Horowitz）、威爾・英伯登（Will Inboden）、安德魯・梅伊（Andrew May）、亞倫・麥克林（Aaron MacLean）、湯瑪斯・曼肯（Thomas Mahnken）、莎莉・佩恩（Sally Payne）、艾琳・辛普森（Erin Simpson）、休・斯特拉坎（Hew Strachan）等。我特別感謝艾略特・科恩（Eliot Cohen），因為他在處理其他的事務之前幫我構思了這項專案。普林斯頓大學出版社的艾瑞克・克拉漢（Eric Crahan）先建議我出版《當代戰略全書》（The New Makers of Modern Strategy: From the Ancient World to the Digital Age）的第三版，然後見證這本書的完成。該出版社的許多人都在過程中協助我。在準備和設計章節方面，有幾位研究助理支援我；他們是露西・貝爾斯（Lucy Bales）、史蒂芬・霍尼格（Steven Honig）、雅各・派金（Jacob Paikin）以及裘瑞克・威利（Jurek Wille）。納撒尼爾・汪（Nathaniel Wong）則負責監督流程。此外，克里斯・克羅斯比（Chris Crosbie）也大力協助。

最後，我非常感謝一些重要的機構，包括約翰霍普金斯大學的高等國際研究學院和美國企業研究院（The John Hopkins School for Advanced International Studies and the American Enterprise Institute）提供了良好的學術氛圍；美國世界聯盟（America in the World Consortium）則提供寶貴的財務支援。最重要的是，如果沒有亨利・季辛吉全球事務中心（Henry Kissinger Center for Global Affairs）及其董事法蘭克・蓋文（Frank Gavin）的幫助，這項專案根本不可能完成。法蘭克從一開始就幫忙規劃專案。他和該中心的工作人員共同合作，功不可沒。在他的領導下，該中心已經變成獨特的組織，致力於宣揚與這本書相同的價值觀，並且在未來的許多年會有歷史和戰略相關的開創性成果。

國際權威作者群

艾瑞克・埃德爾曼（Eric S. Edelman）是戰略與預算評估中心（Center for Strategic and Budgetary Assessments）的顧問，同時在約翰霍普金斯大學的高等國際研究學院擔任駐校特聘講師。

法蘭西斯・蓋文（Francis J. Gavin）在約翰霍普金斯大學的高等國際研究學院擔任亨利・季辛吉全球事務中心的經理。他的著作包括《黃金、美元以及權力》（Gold, Dollars, and Power）、《核武治國之道：美國原子時代的歷史和戰略》（Nuclear Statecraft: History and Strategy in America's Atomic Age）以及《核武和美國大戰略》（Nuclear Weapons and American Grand Strategy，榮獲二〇二〇年傑出學術著作獎）。

丹尼爾・馬斯頓（Daniel Marston）是歷史學家和獲獎作家。他專攻十八世紀至二十一世紀的戰爭和社會。目前，他在約翰霍普金斯大學的高等國際研究學院擔任戰略思想家計畫（Strategic Thinkers Program）的負責人。

蓋伊・萊倫（Guy Laron）在耶路撒冷希伯來大學擔任國際關係課程的資深講師。他曾經在馬里蘭大學、西北大學以及牛津大學擔任客座教授。他的著作包括《蘇伊士運河危機的起源》（Origins of the Suez Crisis）和《第三次中東戰爭》（The Six Day War）。

譚薇・馬丹（Tanvi Madan）是布魯金斯學會的資深研究員，同時負責主導印度專案。她的著作包括《決定性的三角關係：中國如何在冷戰期間影響美印關係》（Fateful Triangle: How China Shaped US-India Relations during the Cold War，二〇二〇年）。

馬克・莫亞爾（Mark Moyar）在希爾斯達耳學院擔任軍事史的威廉・哈里斯教授（William P. Harris Chair），並寫過七本書。他的最新著作是《勝利再現：越南戰爭，一九六五年至一九六八年》（Triumph Regained: The Vietnam War, 1965–1968）。目前，他正在撰寫越南戰爭三部曲的最後一卷。他是哈佛大學的最高榮譽學士畢業生，並且在劍橋大學取得了博士學位。

賽吉・拉德琴科（Sergey Radchenko）是冷戰的歷史學家，同時在約翰霍普金斯大學的高等國際研究學院擔任威森・施密特特聘教授（Wilson E. Schmidt Distinguished Professor）。

湯瑪斯・曼肯（Thomas G. Mahnken）在約翰霍普金斯大學的高等國際研究學院擔任菲利普・梅里爾戰略研究中心（Philip Merrill Center for Strategic Studies）的資深研究教授，同時也是戰略與預算評估中心的董事長兼執行長。他曾經在美國海軍戰爭學院指導戰略學。

目次

推薦序／了解過去的決策方式，啟發面對未來的判斷

王立 「王立第二戰研所」版主

很榮幸可以向各位讀者推薦這套《當代戰略全書》，可說是戰略的教科書入門。本書歷經時代考驗，收集從古代到現代的戰略名家學說，不論是對戰略有興趣，或是想研究地緣政治的朋友，都不能錯過。

戰略學到底是不是一門學問，關鍵在戰略是否能被定義，很可惜的是至今戰略的定義仍是沒有公論，唯一可以確定的，是定義不停地被擴張。因為戰略一詞的使用是在近代，若我們從戰略思想史追溯源頭，會發現戰略的本意很接近「謀略」，是一種為了追求目標而制定的手段，也可以說是思想方法。

會被納入西方戰略思想研究內容者，多是其思想方法被推崇，而不是手段本身。也就是戰略的本質，更接近於方法論，每個時代的大戰略家不外乎兩種，一種是結合當代社會發

展、技術層次、政治制度諸多不同要素，完善了一套軍事理論，使其可以應用到軍隊；另一種則是在軍事思想停滯的年代，找出突破點並予以擴大。

這也是讀者在閱讀本書時會產生的疑惑，更是多數人對戰略的困惑。談到戰略（Strategy），中文的「戰」字給人連結到軍隊上，強烈的暴力氣息，但原意其實偏向策略。故可說國家政策本身就是一種戰略，為了追求國家目標制定的手段也是戰略。

回到戰略本質是思想上，那麼用兵手段、軍隊編制、政治改革，其實都可以算進戰略中。而要了解戰略，從這就可發覺需要接觸的範圍太廣了，於是了解戰略史、地緣政治史、重要決策者如何判斷，統統變成戰略教科書的一部分。於是戰略研究的第一步是歷史，第二步則是了解當代環境，從中抽絲剝繭，追尋決策者為何在當下的環境中，做出正確或錯誤的決策。而為了還原情境，現代戰略學已經納入人類學、民族學、心理學、行政學諸多領域，不停地更新過往的論點。

無論戰略研究變得多複雜，起步都是戰略思想史，從古代到現代，唯有了解過去的決策方式，才能啟發我們面對未來的判斷。而不同時代的戰略思想史，看似沒有重複之處，實則處處相合，我們不是在找尋模板套用到現代上，戰略研究是希望從過往，確認做計畫的方向，是否合乎古今中外的原則。

有人會覺得遺憾，本書除了孫子兵法外，沒有收錄任何的中國古代戰略史。這其實沒有影響，戰略至今仍然無法明確定義，恰好證明大道歸一，東西方戰略思想，最終追求的都沒有差別。

《當代戰略全書》，收錄各家學者對古今戰略思想、重要決策的詮釋，對於初窺戰略一道者有極佳幫助。你不見得能認同詮釋者的意見，但透過專家的解讀，對已有一定程度者更能有所啟發。

推薦序／戰略的本質、意義與影響力

張國城 台北醫學大學通識教育中心教授、副主任

《當代戰略全書》系列（原文書名為The New Makers of Modern Strategy: From the Ancient World to the Digital Age），集結了當代西方戰略、軍事學者的一時之選，合計四十五位的重要著作，二〇二三年五月於美國出版。這類大部頭的書（原文書高達一千二百頁），雖然是研究戰略、軍事及安全者的寶書，畢竟和一般讀者的閱讀習慣有些差異。因此商周出版將繁中版拆為五冊，將原文書中的五篇各自獨立成冊，對於這種普及知識的作為，筆者要表達最大的敬意。

「戰略」這個詞，經常為人所聞，但究竟什麼是「戰略」，根據書中所述，是指一種操縱和利用某個國家資源（或幾個國家組成的聯盟）的技巧，包括軍隊，以確保重要的利益能有效地維持，並免受敵人的威脅，無論是實際、潛在或假設的情況都一樣。重點是「資源」

和「利益」這兩者之間的衡量與運用，因此，「戰略」是一門涉及治國方略的多樣化學科，適用於和平與戰爭時期，也適用於國家、團體與個人的策略規劃。

就筆者看來，本書的價值在於：

首先，明確闡述了戰略的意義，以及戰略思想家形成這些思想的脈絡，還有他們產生這些思想的歷史背景。戰略思想多半源於「思想家對於當時的重要戰爭和國際衝突的分析與詮釋」，關於這點，這套著作提供了完整的歷史敘述（如第二冊），許多是在相關歷史著作中也不易論述完整的。因此，本書還可作為重要的歷史參考書使用。

其次是與時俱進。原文書於一九四三年發行第一版（書名為Makers of Modern Strategy），一九八六年發行第二版。一九八六年時冷戰還沒有結束，眾所周知冷戰結束後，全球的軍事與安全環境都面臨了巨大的變化，因此又推出第三版，這次由約翰霍普金斯大學（Johns Hopkins University）高等國際研究學院霍爾・布蘭茲（Hal Brands）教授主編，堪稱是西方戰略學者所共著、在這一個領域的九陰真經。

第三，本書內容非常豐富。揭露的原則不僅是研究國際關係和安全者所必知必讀，同時也能運用在管理甚至人際關係上。譬如書中揭櫫一個重要的戰略原則，就是「……當你擊敗一個對手，另一個對手又出現，或者優先事項有所變化之際，正確列出主要對手的順序非常重要。」對筆者這種無論工作還是興趣都是戰略研究的人來說，這個原則並不陌生，但對一般讀者來說，釐清「要解決的問題其順序」，不僅是毛澤東擊敗國民黨的指導原則，在日常工作上也適用。但是，作者用了大量的歷史資料去論證這一個簡單卻清晰的原則，這對於易於淺碟化思考的現代社會，更是令人心折。

對於台灣的讀者而言，對韓戰、越戰、波斯灣戰爭等多半耳熟能詳，但世界上仍有許多地方有衝突，對於國際關係的影響一樣重要，譬如許多殖民地的反殖鬥爭。書中提出印度和許多國家在反帝國主義殖民做法中「自我去殖民化」的過程，非常寶貴。此外，書中指出國家權力只要採取脅迫、專橫的手段，就會面臨各種形式的異議與抗爭，事實上從中東到香港，異議和抗爭始終是國際新聞長期的焦點；但反殖民思想家也提醒我們，相較於「策略」（結果論）考量，去殖民化的關鍵更在於找回倫理思維的能力。對台灣讀者來說，幾百年來的歷史充滿著外來政權，今天許多問題根源於此。另一方面，要理解中國領導人的想法，也不能僅從西方人的角度出發，理解（當然不一定要同意）中共長期「反帝反殖」的民族主義號召也是非常必要的（所以他們對香港人爭民主會有那樣的詮釋）。本書是在這一方面提供台灣人反思並找回倫理思維的重要工具。

今天中國實力的崛起，從本書中可以看出，雖然中國實力大幅躍進是近二十年（軍事方面），但是其來有自。潘恩（S.C.M. Paine）在第三冊第八章（原文書第二十六章）中指出，羅斯福（Theodore Roosevelt）會在整個總統任期中尋求與蘇聯合作的原因。他認為蘇聯缺乏海軍實力，對美國不構成軍事威脅；也因為蘇聯是獨裁者中唯一處於其他獨裁者之間的國家，他預見到蘇聯有朝一日可能會樂於協助美國，甚至提供協助。後來美國撤銷對台北的外交承認，和北京建立外交關係，和羅斯福與蘇聯合作的邏輯相同。目前美中間的關係，也和二戰後杜魯門（Harry S. Truman）和蘇聯進入冷戰很類似。但是之後會如何？

克里斯多福・葛里芬（Christopher J. Griffin）在第五冊第一章（原文書第三十五章）中寫道：「……冷戰結束後，美國的國防戰略基本上都離不開國防部長理查・錢尼（Richard Cheney）和參謀長聯席會議主席科林・鮑爾（Colin Powell）首次闡述的政策路線。簡單說，就是美國會尋求捍衛並擴大在冷戰中取得勝利的「自由區」（zone of freedom），同時將其軍事力量從圍堵與蘇聯的全球戰爭轉向於因應區域危機上。」但是本書認為，這個做法主要是因應冷戰後國防資源的減少，不是真的意會到新的地緣政治。在面臨中國這種霸權崛起時，筆者認為就會捉襟見肘。因為因應區域衝突的軍事力量，壓倒伊拉克、塔利班（Taliban）並無問題，但很難壓倒中國這種大國。但美國長期卻是習慣成自然，把美國在冷戰後成為唯一主導大國的事實，很快地看作是影響其他政策選擇的前提假設。但現實狀況是和區域霸權客觀實力對比，美國作為唯一主導大國的地位已經相當削弱。

這些都是我們身處台灣，不得不認清的殘酷現實。但這並不等同於簡單地化約為「疑美論」或「親美論」，要做的是在和他國互動的過程中，釐清手中資源和利益的相對關係。畢竟國際關係理論中有具體定義的「後冷戰」時代已經結束，一個尚未命名或定義的新時代已經開始。在這個時代，國際關係的發展對台灣的每一個普通人來說，影響力會超過以往；所以，我們有必要對影響國際關係的「戰略」增加更多了解。對於無暇進入學術環境研讀，但又不想被片面、局部的知識所誤導的聰明人來說，本書是無與倫比的選擇。

推薦序／

藉由經典史籍，一探領袖人物的戰略思維

張榮豐、賴彥霖 台灣戰略模擬學會理事長、執行長

對於何謂「戰略」，東西方文化長期以來存在著各式各樣的詮釋與說法，過去多年從事國安工作的經驗告訴我，凡是定義不明確的概念，都難以實際操作，最終只能成為抽象的名詞。因此，我個人認為對「戰略」二字最適當、通俗且實用的定義就是：根據明確的目標，在對的時間、對的地點、投入正確的資源。

在制定戰略時，首先必須要有清晰的願景與／或明確的目標。「目標」是整個戰略中最關鍵的部分，所以美國陸軍參謀指揮學校在訓練學員時特別強調，在擬定戰略方案的實務操作上應投入至少三分之一的時間針對目標進行討論。其次則是必須盡可能地了解「未來的戰場」和「對手的行為模式」。接著則應對「現況」進行客觀、完整的盤點，包括自身的優劣勢、所掌握的資源，以及在執行方面的限制條件。最後，在上述關鍵元素都確認後，再利用

動態規劃（dynamic programming）的概念，以逆向推理（backward induction）的方式，從「目標」逐步往「起始點」逆向推導出最佳的戰略路徑，在此路徑上，包含了每一個子局所需要達成的次目標與相關的戰術方案及資源配置。至此，一個完整的戰略規劃方可完成。

在《當代戰略全書》系列中可以看到，歷史上許多具備戰略思維的頭腦，其實都呼應了我們對於戰略制定程序的理解。這些被世人冠以「雄才大略」的領袖人物，具備明確的願景與目標作為引導，熟知自身的優劣勢，並能夠客觀分析當下所處的戰略地位及未來的戰略環境，因此能制定出各種影響深遠的偉大戰略。以馬漢（Alfred Thayer Mahan）為例，他分析出未來的戰略競爭為海權的競爭，美國面臨的軍事威脅最好發生在領土之外，因此呼籲無論在和平或戰爭時期，都必須充分準備好海軍的實力。這不僅影響了美國建軍發展，更奠定了美國近百年來國家戰略最關鍵的底層邏輯——決戰境外，保持戰略優勢。

國家戰略的考量自不限於軍事層面，事實上，就國家整體戰略的規劃與執行上，更著重的會是國與國之間在政治、經濟、社會、產業等方面長期政策的博弈。以過去李登輝總統時期為例，李總統在進行通盤考量後，為當時的台灣所訂定的國家整體戰略目標就是「民主化」，當時身為李總統幕僚的我曾問總統「要如何處理統獨問題？」李總統明確地告訴我：「統獨議題和民主化無關，所以我不會處理，事實上目前也沒有處理這個問題的條件」。由此可見其對目標有清晰的理解。為了達成此目標，李總統首先宣布終止「動員戡亂時期」，讓凌駕於憲法之上四十三年的《動員戡亂時期臨時條款》走入歷史，但為了不讓此動作的「副（負）作用」影響到推動民主化的目標，因此提出了《兩岸人民關係條例》且設立了「國統會」、頒布了《國統綱領》。此外，為了達成民主化最關鍵的績效指標（KPI）——總統直接民選——也透過民主機制修憲，來推動國會全面改選，讓所謂的「萬年國會」走入歷史。除了在政治上讓台灣完成民主化，李總統亦在兩岸戰略競爭上提前布局，提出當時被工商界質疑、批判的「戒急用忍」政策，限定「高科技、五千萬美元以上、基礎建設」這三類的對中投資，其戰略作用有二：其一是盡可能保持台灣對中國在科技上的優勢，其二是避免台灣的資金與人才於短時間內大量流入中國，導致對本國的產業與市場產生負面效果。最後，為了最大限度減低中國對我們推動民主化所可能施加的阻礙，李總統也在任內提升國防，尤其針對海、空軍的強化以及新式飛彈的研發。由上面的例子可以看出，國家整體戰略的規劃不但需要有清晰的願景，其規劃與執行上更是需要整合諸多不同領域與部門，而當所有預期的結果在不同的時空逐步產生時，其所獲得的綜效就會形成一股「看不見的力量」，推動著國家達到預定的戰略目標。

實務經驗有助於培養戰略思維，然而我們的生命經驗有限，沒辦法親自參與歷史上每一場戰爭和戰役的規劃，也不可能親身走過人類社會發展過程中，那些足以影響世界或區域發展之大戰略的年代。每個時代根據時空背景、國家發展目標的不同，領導者制定出不同的戰略，但其規劃原理卻有相似之處。藉由閱讀高品質的經典史籍，能夠幫助我們俯視不同時空背景下，不同戰略理論的興起背景、互動，以及不同國家所制定的戰略方針，推薦《當代戰略全書》給對戰略思維有興趣的讀者。

推薦序／以全面的視野，理解戰爭、戰略及其深層原因

蘇紫雲 國防安全研究院國防戰略與資源研究所所長

晶瑩剔透的光芒在身著德國灰軍服的士兵手中顯得格格不入，但是德軍官兵異常小心地捧著這些精緻琥珀，這是來自元首的直接命令。經過一番苦戰攻入列寧格勒（Leningrad），目標之一就是要將俄國視為國寶的琥珀宮給搬回德國，發現這藝術瑰寶令德軍欣喜不已。零下二十度是一九四一年十月德國北方集團軍面對的戰場氣溫，這只是俄國早冬的開始。同一時間，遠在半個地球外的普林斯頓大學（Princeton University），一位學者看著窗外的美國晚秋，思索著希特勒（Adolf Hitler）的軍事戰略，以及人類文明史中占據重要地位的戰爭。

這位學者正是厄爾（Edward Mead Earle），當然不會知曉希特勒掠奪藝術是戰爭願望清單的小心思，但在二十世紀的前四十年美國就第二次面對大型現代戰爭令他憂心忡忡，於是嘗試著手解釋情勢的發展過程，以利更加了解並協助戰略的制定，他構思的《當代戰略全書：

從馬基維利到希特勒的軍事思想》（Makers of Modern Strategy: Military Thought from Machiavelli to Hitler），就是由一群學者共同寫就，跳脫傳統純軍事框架，寫手包括經濟、政治、外交乃至於地理學者，這本書詳細地介紹了自文藝復興時期以來，歷史上具代表性的戰略制定者和思想家，以及他們對戰爭和國際關係理論的重要觀點。其後跨越世代多次改版，由全領域來透視國家競爭與戰略的規劃，對新時代的戰略進行補充。可以說，這本書從馬基維利到核時代，探討了一系列戰略制定者的思想和行為，讓我們一窺歷史上的戰略大師們是如何指點江山、謀劃戰略，堪稱是總統級的教科書。

傳統的戰略著重軍事領域，就如同經典的「坎尼會戰」（Battle of Cannae），迦太基（Carthage）將領漢尼拔（Hannibal）只有一萬餘名雜牌部隊，對上的是四萬名重裝羅馬軍團，在依靠鐵器與肌肉能量的冷兵器時代，人多好辦事是戰場鐵律，任誰也不會看好劣勢的迦太基可以擊潰羅馬大軍。但是漢尼拔跳脫戰場規律將老弱部隊置於方陣中央，精銳部隊則配置於兩翼，因此兩軍接觸後，強勢挺進的羅馬軍團將迦太基中央陣線擠壓後退，但迦太基青壯兵力則在兩翼奮力抵擋，使得戰場呈現新月型將羅馬軍隊包圍在中央，勝利女神開始向原本居於劣勢的迦太基招手，漢尼拔的騎兵再由後方包圍，造成羅馬大軍團滅，以寡擊眾的勝利為軍事研究者所樂道。

但拉高視角來看，迦太基與羅馬的戰爭是因著地緣政治與經濟衝突的深層原因，也就是地中海區域的貿易與制海權爭奪導致兩國長期的布匿戰爭（Punic War），這就說明了「戰爭構造」，軍事只是其中的一項手段，也是使用暴力改變現狀的激烈選項。此正是本書作者以跨領域方式闡明戰略的初衷。

與一般的經驗法則不同，戰略從來不會是直線思考，反而是曲線的思維。軍師燒腦的是，戰略需同時考慮所處環境、政治、外交、經濟、軍事條件以設定目標，困難的是由於資源並非無限，因此這些條件的運用往往是相互制肘，需要拿捏優先順序。更傷腦筋的是，外部環境的情報資訊也是有限，因此即使是「情報國家隊」也不乏預測「翻車」窘況，英法誤信希特勒「善意」並縮減自己軍費導致二次大戰，美國蔑視日本帝國海軍新興的航艦戰力，使珍珠港遭到突襲，以色列梅爾（Golda Meir）政府誤判戰略情報遭突襲幾近亡國，以及二十一世紀二〇年代的俄烏戰爭，都是輕忽敵人遭致侵略的實證。

或許可以這麼說，只想倚賴敵人的善意，或過度自信、貶抑對手，都使己方成為攻守中的弱勢，誘使對手軍事冒險。進一步說，筆者借用社會學領域的「自證預言」（self-fulfilling prophecy）理論，潛在敵對雙方對於情感的投入不同，形成「避戰」、「備戰」的不同認知，一旦實力失去平衡，雙方認知交集的「戰爭」惡夢就會成真。因此，在經歷一、二次大戰災難後，西方國家面臨核大戰恐懼發展出較為成熟的「嚇阻」模式，以確保足夠反擊的「第二擊」能力作為靠山，就可避免先下手為強的誘惑，也同時阻卻對手的偷襲意圖。事實也證明「相互保證毀滅」的確成功避免核大戰的爆發。

整體而言，這本書有著讓人無法停止閱讀的魔力，除了對歷史上戰略思想回顧與綜整，筆觸紙間更訴說著當代戰略問題的思考和探討。比較戰爭史中的不同戰略思想與國際情勢分析，作者們提煉出的戰略原則與規律即使在技術進步的今日依然適用。不同的年代與案例，作者將戰略思想置於歷史切片和文化的底蘊中進行解讀，可以帶著讀者穿越時空，廣泛地與不同思想家對話，身歷其境地感受君王、總統、將軍的視角以及其觀點背後的思路。再以春秋之筆對各個時期的戰爭和衝突深入描繪，從而使讀者理解並體會應對實際戰爭和國際關係問題時，戰略家出謀劃策的底氣何來。如同北京派遣海警船、軍機、軍艦騷擾台灣，並不是因著誰當台灣總統而改變，其真正企圖是國家戰略的轉型：由一個陸權國家走向海權強國，就此而言北京可說是海權論之父馬漢（Alfred Thayer Mahan）的好學生，也符合人類發展由江河文明走向海洋文明的歷史脈動，但軍力擴張與國家權力槓桿的過度操作將可能重蹈希特勒敗亡的風險。

從古代到現代，每位戰略大師都有自己獨到的思路和手路。從馬基維利的城府機心、拿破崙的軍事天才，到冷戰時期的核戰略，再到今日醞釀中的新冷戰，每一個時代都有獨特的挑戰和策略。戰略思維伴隨著人性和權力的思考。這些戰略大師的故事，刻劃人類本性和權力本質的糾結，如同量子纏繞般地啟發人心，我們可以從中汲取智慧，並將其應用到我們自己的生活和工作中。也許你不是一位將領、政治家或企業家，但是你也可以從大師們的成功或失敗中，領悟、掌握自己的人生戰略，採取明智的決策，做自己的軍師。

前言

無可取代的一門藝術：現代戰略的三代制定者

霍爾・布蘭茲（**Hal Brands**）在約翰霍普金斯大學的高等國際研究學院擔任亨利・季辛吉全球事務特聘教授，同時也是美國企業研究院的資深研究員。

戰略無可取代。在混亂的世界中，戰略讓我們的行動有明確的目標。如果我們要在思維和行動上戰勝敵人，戰略則十分重要。缺乏戰略的行動，只不過是隨機且漫無目的，白白浪費了權力和優勢，無法有效運用。在缺乏良好戰略的情況下，也許強大的帝國可以存活一段時間，但沒有任何帝國能夠長久興盛。

戰略非常複雜，卻也非常簡單。戰略的概念一直都是辯論的主題，也不斷被人誤解和重新定義，包括戰略的本質、涵蓋的範圍、最佳的實行方式。即使是有才華的領袖，也曾經努力克服戰略的困境。但是，戰略的本質其實很容易理解：在全球事務的摩擦中，以及在競爭對手和敵人的抵制中，戰略是一種召喚力量的技巧，能運用力量去實現核心的目標；戰略是不可或缺的藝術，能讓我們運用本身擁有的條件去實現願望。

從這個角度來看，戰略與武力的使用密切相關，因為暴力的陰影籠罩著任何有爭議的互動關係。如果世界充滿了和諧，而且每個人都可以實現自己的夢想，那麼就不需要一門鑽研競爭性互動的學科了。這本書完成時，恰逢俄羅斯入侵烏克蘭，為歐洲帶來了二戰之後最大的州際陸戰。不幸的是，這一點能提醒我們：軍事力量並沒有過時。然而，戰略也包括利用各種形式的勢力，在難以駕馭的世界中蓬勃發展。其實，戰略基本上屬於樂觀的活動，前提是強制性的手段能達到建設性的效果，以及領導者可以掌控事件，而不是被事件控制。[1]

那麼，戰略是永恆的。但我們對戰略的認識並不是如此。戰略的基本挑戰對修昔底德（Thucydides）、馬基維利（Machiavelli）或克勞塞維茲（Clausewitz）而言，並不陌生。這就是為什麼他們的作品至今仍然是必讀經典。戰略研究的領域根植於這種信念：它的基本邏輯能超越時間和空間的限制。但，「戰略」這個詞的基本含義並未定型、僵化，我們總是透過自己關注的焦點去重新詮釋，就連存在已久的文獻也不例外。因此，如果戰略令人覺得難以捉摸且變化多端，那只是因為每個時代都教導我們一些關於有效執行戰略的概念和條件。

如今，我們有必要更新理解戰略的方式。嚴謹的人不該再像過去的世代那樣認為，戰爭和戰略已經在後冷戰的和平時代過時了。現代充滿了激烈的競爭，伴隨著災難性的衝突威脅，明擺著是殘酷的現實。民主世界的地緣政治霸權和基本安全，面臨著幾十年來最嚴峻的挑戰。當風險變得太高，而且失敗的後果很嚴重時，戰略便顯得寶貴。也就是說，良好的戰略以及人們對戰略歷史的深刻理解，變得越來越重要了。

I

「當戰爭來臨時，我們就無法主宰自己的生活。」愛德華・米德・厄爾（Edward Mead

Earle）在《當代戰略全書》初版的前言中寫道。[2] 該書是在歷史上最糟糕的二戰時期構思而成，於一九四三年出版。當時，衝突跨越了海洋和大陸。在這種背景下，該書的的主要內容在強調戰略研究對世界上僅存的幾個民主國家而言，已成為生死攸關的問題。

這版本的撰稿人是由美國與歐洲的學者組成。他們試著追溯馬基維利、希特勒（Adolf Hitler）等關鍵人物的軍事思維演變，[3] 藉此增進人們對戰略的認識。但是，該書也強調第二次世界大戰無法迴避的另一個事實：國家的命運不只取決於戰鬥中的卓越表現。「在當今世界，」厄爾寫道：「戰略是一種操縱和利用某個國家資源（或幾個國家組成的聯盟）的技巧，包括軍隊；以確保能有效地維持重要的利益，並免受敵人的威脅，無論是實際、潛在或假設的情況都一樣。」[4] 這是一門涉及治國方略的多樣化學科，適用於和平與戰爭時期。

《當代戰略全書》強調的觀點是，富勒（J.F.C. Fuller）、李德哈特（Basil Liddell Hart）等英國思想家曾經在兩次世界大戰之間提出：戰略不只是偉大軍事指揮官的專屬領域，也屬於經濟學家、革命家、政治家、歷史學家以及民主國家的公民。[5] 該書說明了如何深入研究歷史，進而認識錯綜複雜的戰略，以及戰爭與和平的動態關係。因此，該書的初版有助於使戰略研究變成現代的學術領域，並針對當前的問題，將過去當作洞察力的主要來源。

如果說戰略研究是熱戰的產物，那麼，冷戰期間則促使了戰略進入發展成熟期。當時，美國變成了超級大國，有負起龐大國際責任的理智需求。核武革命引人深思的基本問題是：戰爭用途以及武力與外交之間的關係。在許多案例中，新一代的學者紛紛研究並修訂了這門學科所仰賴的歷史知識體系。學者和政治家彷彿透過冷戰難題的稜鏡，重新詮釋了舊作品，例如克勞塞維茲的著作。[6]

經過不只一次的失敗嘗試後，這就是促成《當代戰略全書》第二版於一九八六年問世的背景。[7] 該書由彼得・帕雷特（Peter Paret）編輯，並得到了戈登・克雷格（Gordon Craig）和菲利克斯・吉爾伯特（Felix Gilbert）的協助，內容深入探討核武戰略、激烈叛亂等議題。這些議題已成為冷戰政治的焦點。[8] 該書將一戰和二戰視為獨立的歷史時代部分，而不是時事。第二版著重於美國戰略的歷史發展，同時也重新詮釋了重要的議題和人物。但有趣的是，帕雷特當初編輯的這本書對戰略有相對狹隘的看法，賦予的定義是「為實施**戰爭**政策而發展、掌握和利用國家的所有資源」。[9] 該書的整體主旨是，人們對軍事戰略的認識變得非常重要，因為現代戰爭的風險極高。

初版和第二版都是經典作品，讀者可以從不同文章中的見解，以及內文分析的西方世界戰略演變中，得到有益的知識。兩者都是聚焦在如何運用學術知識的典範，教育民主國家的大眾，讓他們更懂得捍衛自己的利益和價值觀。雖然，這兩版本的出版年份久遠，但也同時提醒著我們：戰略會隨著時間以及技術的發展而改變。

II

從一九八六年以來，世界發生了巨大的變化。冷戰結束後，美國贏得了現代歷史中無可匹敵的主導地位，卻也面臨著新、舊問題的考驗。核武擴散、恐怖主義、叛亂、灰色地帶衝突、非正規戰爭以及網路安全的問題，都列入（或再度列入）不斷增加的戰略關切項目表。新的技術和戰爭模式，考驗著受到認可的戰略和衝突模式。曾有一段時間，美國有機會免於強國的地緣政治競爭。但是，這段時期已經結束了，因為中國挑戰霸權，俄羅斯試圖對歐洲平衡進行重大的修正，還有許多修正主義者考驗著華盛頓及其帶領的國際秩序。

如今，全球的現狀陷入激烈不斷的爭議。擁有核子武器的國家之間可能會爆發戰爭，確實令人驚恐。沒有人能保證民主國家在二十一世紀會像二十世紀那樣，在地緣政治或意識形態方面占上風。經過了前所未有的主導時期後，戰略的疲乏效應已緩和下來，美國和同盟國都發現自己處於一個需要戰略紀律和洞察力的時代。

隨著未來變得不樂觀，我們對過去的理解也有所改變。在過去的四十年間，國際政治、戰爭以及和平的學術研究越來越國際化，伴隨著新開放的檔案和新納入的觀點。學者為看似熟悉的研究主題帶來了新的見解，包括經典文本中的涵義、世界大戰和冷戰的起因與過程。[10]或許這是進行戰略研究的挑戰性時刻，卻也是我們重新認識戰略的好時機。

首先，關於「戰略制定者」是誰以及條件為何的疑問，戰爭的理論家和實踐家仍然十分重要。許多偉大的戰略家都在早期書籍中寫下自己的思想和功績，例如馬基維利、克勞塞維茲、拿破崙（Napoleon Bonaparte）、約米尼（Antoine Henri Jomini）、漢彌爾頓（Alexander Hamilton）、馬漢（Alfred Thayer Mahan）、希特勒、邱吉爾（Winston Churchill）等，全都在這本書中再度出現。[11]個別的制定者依然被賦予最高榮譽，因為是他們制定和執行戰略，而且透過他們的思想和經驗，我們才能理解每項任務中的堅持不懈。

然而，個人並不是在孤立無援的情況下制定戰略。戰略受到了技術變革、組織文化、社會力量、思想運動、意識形態、政權類型、世代心態、專業團體等的塑造。[12]例如，美國的冷戰核武戰略是否主要來自末日巫師（Wizards of Armageddon）的巧妙分析，還是來自難以理解、乏味且缺乏人情味的官僚程序，還有待商榷。[13]或許更重要的是，非西方制定者（孫武、穆罕默德、特庫姆賽、尼赫魯、金正恩、毛澤東等，早期書籍中沒有提到的人物）的戰略思想和行動已發揮影響力，塑造了我們的世界，也影響著我們對這門藝術的認知。這並不是風靡一時或「政治正確」的問題。在陌生的領域尋找戰略，可以防止思想停滯，而這種停滯的原因往往是一再採用相同的策略。

何謂「現代」的概念也改變了。新的戰爭領域已出現。數位時代也改變了情報、祕密行動以及其他存在已久的戰略工具。決策者在未來幾十年關注的議題列表，以及議題對相關的歷史產生的影響，皆與一九八六年或一九四三年截然不同。此外，現代人可以全面研究充滿殺戮和騷亂的二十世紀。冷戰和後冷戰時代都象徵著不同的歷史時期，能教導我們關於核武戰略、反恐行動、流氓國家的生存機制等議題。因此，《當代戰略全書》中有大約一半的文章都在探討二十世紀以後的事件。

最後，何謂「戰略」呢？起初，這個詞是指將領用來智取對手的詭計或藉口。在十九世紀，戰略漸漸與軍事領導藝術有關。後來，在兩次世界大戰和冷戰中，更廣泛的戰略概念變得更普遍，但這種概念仍然主要與軍事衝突有關；[14] 這方面也需要進行修訂。

有些偉大的美國戰略家其實是外交家和政治家，而不是軍人，例如約翰．昆西．亞當斯（John Quincy Adams）和富蘭克林．羅斯福（Franklin Roosevelt）。和平時期的競爭戰略與軍事衝突的戰略一樣重要，主要原因是前者通常能決定後者是否發生，以及在什麼樣的條件下發生。地緣政治競爭在國際組織、網際網路以及全球經濟中展開。財政和祕密行動等各種手段，以及道德等無形因素，都可以變成治國方略的有效武器。甚至連非暴力抵抗的戰略，也深刻地影響到了國際秩序。

更確切地說，戰爭研究和準備措施對戰略的研究仍然很重要。這純粹是因為在用於解決爭端的戰略方面，暴力衝突是最終的仲裁者。當戰爭來臨時，我們的生活確實會受到支配。考慮到當代的國際和平遭遇了諸多威脅，軍事脅迫和有組織的暴力歷史可說是關係重大。但是，如果善於使用暴力的拿破崙帶領國家走向毀滅，而憎惡暴力的甘地幫助國家實現了自由，那麼這無疑是讓我們了解到戰略的條件。

III

《當代戰略全書》的努力方向是，試圖理解戰略的持久特性，同時考慮到新的見解和思維方式。這系列共分為五冊。

第一冊《戰略的原點》，其中有許多文章重新探討相關的經典作品，深入研究有爭議性的涵義和持續的相關性，不只鑽研我們對戰略的理解所衍生的長期辯論，也談論到了財政、經濟、意識形態、地理等基本議題如何塑造戰略的實務。無論好壞，這些文章還說明了現代戰略仍然受到不同人的思想和行動影響，而這些人早已離世。

第二冊《強權競爭時代的戰略》，從十六世紀和十七世紀的現代國際國家體制的崛起，延伸到二十世紀的大動盪前夕。本書的內容聚焦在早期的多極化世界中，戰爭與競爭模式在重要的發展背景下如何運作，包括知識、意識形態、技術、地緣政治等，促成了同樣顯著的戰略創新。內文追溯了權力平衡、戰爭法則等概念的興起，而這些概念的宗旨是，同時利用和規範國際體系內的對抗力量。最後，內文探究的戰略是如何抵制當時已成熟或新興的大國，包括北美洲的印第安部落聯盟、英屬印度及其他地方的反殖民主義的理論家和實踐者。

第三冊《全球戰爭時代的戰略》，多著墨在一戰和二戰中的主要思想、教義和實務的發展。內文提到的劇烈變動都是人類不曾見過的，有可能摧毀文明。這些變動使先進的工業社會互相競爭，為了生存鋌而走險的加入長期鬥爭，以無法挽回的方式打破了既有的世界秩序。領導者制定戰略，是為了應對現代戰爭固有的新挑戰和新機會。他們也提出了重建全球事務的願景。而從這些衝突中出現的戰略也同時塑造了國際政治，持續影響到二十世紀末以後的時期。

第四冊《兩極霸權時代的戰略》。二戰結束後，美國和蘇聯變成對立的兩個超級大國，掌控著分裂的國際體系。歐洲帝國解體後，產生了新國家和普遍的混亂局面。核子武器迫使政治家重新思考全球事務中的武力作用，以及如何在和平時期的競爭中利用戰爭方法取得優勢。各地的領導者都必須制定戰略，在全球冷戰時代中保護自己的利益，不只是在莫斯科和華盛頓。本書涵蓋了二十世紀後期的主要議題，例如核武戰略、結盟與不結盟、正規戰爭與代理人戰爭、小國的戰略與革命政權，以及如何融合競爭與外交等。這些議題在現代仍然具有重要性。

第五冊《後冷戰時代的戰略》，也就是以美國主導及其引發的反應為特色的時代。占優勢的美國試圖充分利用本身的優勢；然而，勢力並沒有為戰略的長期困境提供出口，例如平衡成本與風險，或調整手段與目標，同時也不允許迴避競爭對手制定戰略的行動，而且對手的用意是破壞或推翻美國主導的國際秩序。到了二十一世紀初，戰略的普遍認知受到了技術變革的考驗。這種變革將競爭和戰爭帶入新的戰場，並加快了國際互動的速度。因此，本書的內容主要是分析美國霸權時代的戰略問題，以及地緣政治所引發的各種威脅。

這五本書的寫作，作者都有考慮到時限和不受時間影響的部分，包括產生某種思想或行動的具體歷史情境、戰略性的洞察力或想法，不只侷限於特定的背景。書的內容收錄了不少主題式或比對式文章，主要是為了突顯相關議題和辯論的重要性。[15]

整體而言，這五本書中的文章涵蓋了失敗與成功的戰略例子。有些戰略的意圖是為了打勝仗，而有些戰略則是為了限制或拖延戰爭；還有一些戰略受到了宗教和意識形態的影響。某些例子指出，參與者相信鬥爭本身就是一種戰略；無論是否有效，反抗的行為就是一種解放的形式。戰略的類型分為航海與大陸、消耗與殲滅、民主與專制、轉型與平衡。最後得出的結論既豐富又複雜。在重要的議題、事件或個人方面，撰稿人的意見不一定相同。即便如此，有六大關鍵主題貫穿了這五本書及其講述的歷史。

IV

首先，戰略的範疇很廣泛。即使是在一九四三年的全球戰爭中，普林斯頓大學教授艾德華・米德・厄爾（Edward Mead Earle）已意識到戰略非常重要且複雜，不該完全交給將領決定。他的看法在現代變得更重要。不論是俄羅斯總統佛拉迪米爾・普丁（Vladimir Putin）的暴力修正主義；或是中國令人稱羨的海軍部隊，以及強制要重新調整西太平洋秩序的威脅，我們必須理解戰爭及其威脅仍然是人類事務的核心。同樣地，當我們看到北京爭取國際主導權的積極度，這包括在國際組織中掌握主動權、與其他國家建立緊密的經濟依賴網、爭奪二十一世紀重要技術的支配地位、利用情報戰分裂民主社會，以及提升中國意識形態在世界各地的影響力等，就能理解戰略遠比戰爭或其威脅更加多元。[16]

戰略的最高境界是加乘作用：可結合多種手段，包括武器、金錢、外交，甚至是能實現遠大目標的理念。戰略的本質在於將權力與創造力結合在一起，以便在競爭中獲勝，無論這種權力的具體形式是什麼。這意味著當我們想進一步了解戰略時，必須要擴大資訊來源。

第二，探討戰略時需要了解政治的重要性和普遍性。這不只是肯定克勞塞維茲經常被誤解的名言：戰爭是政治的另一種延續手段。重點在於，雖然戰略的挑戰普遍存在，但戰略的內容很難脫離產生它的政治體系。

在西元前四三一年的伯羅奔尼撒戰爭中，雅典和斯巴達的戰略植基於其國內制度、傾向以及分歧。拿破崙的軍事戰略創新，是法國大革命帶來的劃時代政治與社會變革的產物。美國第六任總統約翰・昆西・亞當斯（John Quincy Adams）為十九世紀的美國所制定的成功外交戰略，有一部分就是利用美國在國外推行的意識形態力量。至於二十世紀專制君王所追求的地緣政治革命戰略，則是與他們在國內追求的政治與社會革命的戰略密切相關。所有的戰略都充滿了政治色彩，這就是政治與社會變革（民主政體的崛起、極權主義的興起、殖民地自治化的開端）經常驅動戰略發展的原因。

這也是為什麼戰略競爭（strategic competition）不僅是對領導體系的考驗，也是對個別領袖的考驗。關於自由社會是否能勝過不自由社會的辯論，可追溯到修昔底德和馬基維利的時代。這正是美國分別與中國、俄羅斯之間互相競爭的根本問題。這五本書的重要主題（但存在爭議）是民主國家或許在戰略上更具優勢。權力集中可以在短期內展現靈活度和才智，但權力分散終究能創造出更強大的社會，並做出更明智的決策。[17]

第三，戰略的寶貴之處是在意想不到的方面展現力量。即使是最強大的國家，也需要戰略。運用勢不可擋的力量，可說是一種致勝的方式。但，依賴蠻力並不是最有說服力的戰略形式。競爭互動的結果也不一定是由重要的權力平衡所決定。最令人印象深刻的戰略，則是透過創造新優勢來改變力量平衡的戰略。[18]

這些優勢可能來自意識形態的承諾，進而揭開致命的新戰爭方式，例如先知穆罕默德（Prophet Mohammed）在阿拉伯半島的實例；優勢也可能來自聯盟的協調、策畫，例如大同盟（Grand Alliance）在二戰中的謀畫；或者來自巧妙運用多種治國手段，例如特庫姆賽（Tecumseh）在對抗美國向西擴展的戰爭中所展開的行動。此外，優勢還可以來自對敵人的脆弱或敏感部分施壓，例如俄羅斯和伊朗針對非正規戰爭所制定的策略。矛盾的是，優勢甚至可以出自劣勢，例如冷戰時期的小國利用了本身的脆弱，迫使超級大國讓步。此外，優勢也可以出自對賽局性質的獨特見解，毛澤東最後在國共內戰中獲勝，因為他利用區域性與全球的衝突來贏得局部戰爭。儘管戰略可以在行動中被彰顯，但卻是一門很需要智力的學科，才能熟練地評估複雜的情勢和關係，並從中找到重要的影響力來源。

誠然，創造力不一定能使權力的殘酷算計失效。擁有強大的軍隊和大量資金並沒有害處。不過，「變得更強大」並不是有用的建議。也許真正有用的是了解優勢來源的多樣性，以及如何透過良好的戰略使局勢變得更有利。

那麼，制定有效戰略的關鍵是什麼呢？長期以來，思想家和實踐家一直在尋找普遍的成功法則。威廉・特庫姆賽・薛曼（William Tecumseh Sherman）說過：「作戰和戰略的原則，就像乘法表、萬有引力定律、虛擬速度定律，或自然哲學中的其他不變規則一樣。」[19] 然而，這五本書的第四個主題是：無論我們多麼希望戰略是一門科學，它始終都是一門不精確的藝術。

當然，書中的文章提出了許多通用的準則和實用的建議。熟練的戰略家會找出對手的弱點，藉此發揮本身的優勢。他們從不忽視保持手段和目標平衡的必要性。知道什麼時候該停下來十分重要，因為自不量力可能會導致嚴重的後果。要了解自己和敵人雖是老生常談，卻仍至關重要。如果說，戰略失敗通常是想像力有缺失，那麼戰略家需要找到檢查和驗證假設的方法。[20] 然而，尋找固定的戰略法則通常是行不通的，因為敵人也有發言權。戰略是一種持續互動的投入。其中任何一個具有思維能力的對手隨時可能破壞最精巧的設計。[21]

以下的文章凸顯了意外無處不在，以及戰略優勢缺乏持久性。希特勒的擴張戰略創造了傑出的成果，直到不再有效為止。在冷戰後時代，美國的主導地位使對手設計出不對稱的應對策略。新的戰爭領域出現後，通常會使戰略家希望能取得永久性的優勢。只有當其他人迎頭趕上時，現實又回到原點。幾乎在每個時代，傑出的領導者都會參戰，並期待在短期的衝突中致勝，但最後卻都陷入漫長又難熬的戰鬥中。

這些都確保了戰略是永無止境的過程。其中的適應性、靈活性以及良好的判斷力，都與任何初步計畫背後的才智同樣重要。或許這就是民主國家在整體上表現得更好的原因，但並不是因為民主國家不受戰略判斷失誤的影響，而是因為他們重視責任，並提供內建的程序修正機會，有助於糾正錯誤。這也提醒了我們，為什麼歷史對良好的戰略很重要：並不是因為歷史揭露了實現卓越戰略的清單，而是因為歷史能舉出在世界上的風險、不確定性以及失敗的打擊下，仍然有許多成功領導者的例子。

這引出了第五個主題：對戰略和歷史不熟悉可能會帶來災難性的後果。如果戰術和軍事行動的掌握最重要，那麼，德國應該會贏得不只一次而是兩次的世界大戰。實際上，兩次擊垮德國（以及在現代的大國對決中經常失敗的國家）的因素都是嚴重的戰略誤判，最終使他們陷入絕望的困境。良好的戰略抉擇，能帶來修正戰術缺失的機會。一連串的戰略錯誤並不明智。[22] 從古至今，戰略的品質決定了國家的興衰和國際秩序。

這就是歷史的價值所在。謙遜地汲取過去的教訓是必要的。我們很容易忘記：「永恆」的文本都是特定年代、地點以及議程的產物，與我們的處境並不完全類似。亨利・季辛吉（Henry Kissinger）曾說道：「歷史並不是一本烹飪書，沒有提供預先測試的食譜。歷史無法產生通用的行事準則，也無法從我們的肩上卸下很難選擇的重擔。」[23]

然而，儘管歷史是個不完美的老師，但它仍然是我們擁有的最佳選擇。歷史讓我們能夠研究哪些優點造就了良好的戰略，以及哪些缺點造成了差勁的戰略。歷史的研究讓我們的知識超越個人經驗，因此，即使是面對前所未有的問題，也不致讓人感到全然陌生。[24] 戰略不能被歸納為數學公式的事實，使這種間接經驗變得更重要。歷史是磨練判斷力和培養成功治國所需的智力平衡的最直接方式。更重要的是，研究過去能提醒我們，賭注是：世界的命運可能取決於正確的戰略。

這是歷史最重要的教訓。第一版《當代戰略全書》在可怕的暴政統治地球大部分地區，民主生存受到質疑的時期出版。第二版在經歷了一場漫長而艱難的鬥爭、考驗自由世界之際出版。第三版則是在競爭與衝突加劇，專制黑暗似乎即將逼近的時刻問世。我們對戰略歷史的理解越深，在面臨嚴峻未來時就越有可能做出正確的決策。

因此，最後一個主題是：《當代戰略全書》的內容可能隨著時間改變，但其重要目的從未改變。戰略研究是一項深具工具性的追求。由於它關乎國家在競爭世界中的福祉，因此不可能是保持客觀中立的。

前兩版《當代戰略全書》的編輯對此事實毫不掩飾：他們明確目的是幫助美國及其他民主社會的公民更好地理解戰略，以便在對抗致命對手時能夠更有效地實踐它。這是在其最具啟蒙意義的形式上的參與性學術研究，而這也是本新版《當代戰略全書》今天所希望仿效的模式。

Chapter

1

核戰略的理論與實務：大分流

艾瑞克・埃德爾曼（Eric S. Edelman）是戰略與預算評估中心（Center for Strategic and Budgetary Assessments）的顧問，同時在約翰霍普金斯大學的高等國際研究學院擔任駐校特聘講師。

為了因應原子彈時代到來，制定美國安全計畫的第一步，也是最重要的一步，便是採取保證自己在受到可能攻擊時，能以同樣方式還擊的措施。因此，超出了我們軍事機構具有贏得戰爭的主要目的。從今以後，軍事機構存在的主要目的必須是避免戰爭，也幾乎不該具有其他目的。

——伯納德・布洛迪（Bernard Brodie）[1]

嚇阻行為是透過降低某一特定行動的效果，使其看起來不如所有可能的替代選項，以利避免該行動付諸現實。因此，嚇阻行為最終取決於一項無形的因素：潛在侵略者的心理狀態。而從嚇阻行為的角度來看，看似軟弱與實際軟弱的後果是一樣的，所以本意是虛張聲勢卻受到認真看待的姿態，就會比解讀成虛張聲勢的真正威脅更具嚇阻作用。

——亨利・季辛吉（Henry Kissinger）[2]

《當代戰略全書》（Makers of Modern Strategy）第一版出版上市之際，核武還尚未問世。到了再版時，核武超級大國之間的戰略對抗則正處於高潮階段。幾年後，蘇聯解體，冷戰結束，學者們紛紛宣稱核武為「非必要」的軍備。[3]

有關核戰略的文章、研究及課程，很快就退了流行。在美國，核武方面的討論幾乎陷入全面荒廢的狀態（除了美國戰略司令部專門負責此項任務的人員之外）。到了二〇〇八年，美國國防科學委員會（Defense Science Board）的一項研究認為，由於缺乏關注與重視，美國正逐漸喪失其核武嚇阻能力。儘管冷戰核歷史（及其所產生的理論研究）方面曾產出不少優秀的歷史學術成果，但核戰略問題的研究在後冷戰時期卻是乏人問津，就好像「戰略穩定」（strategic stability）和軍備控制等種種考量全都凝結止步於冷戰結束當下的時空之中。[4]

確實就如法蘭克・蓋文（Frank Gavin）所言，到底「核戰略家」是否其實才是所謂核戰略形成的原因，其關聯程度還存在著很大的不確定性。此外，隨著時間經過，政府高層官員在核戰略方面的實際操作，無論是作為政策聲明還是軍備基礎，也都持續與戰略家眼中「不合邏輯」的美國核態勢（nuclear posture）* 呈現背道而馳的現象。核武國家之所以發展核武與核戰略家的文章之間，並不具有直接關聯。相反地，促使核武的發展大致上都是受到軍警部門標準作業程序、官僚政治和預算政治的影響，符合政策制定者所預期的成果，以及弭平大眾輿論的目的。此外，核子武器的實際使用只有兩次，而兩次都在一九四五年發生，因此

* 意即所面臨核威脅，以及所具備核武力量與核武基礎設施。

核戰略相關著作皆是在缺乏直接證據的情況下寫成，所以本質上也不過是種紙上談兵。[5]

儘管如此，第一代核戰略家還是創造了某種詞彙和語法，以利向社會大眾推廣並合理化核武計畫。而核戰略家的直接影響，除了一九六〇年代初的幾年以外，雖然已難以追溯，其間接影響卻很持久，因此他們所創造、現已為人淡忘的核嚇阻語言倒是很值得深入探索，以因應在大國競爭的新時代中所重新出現的核武競賽挑戰。時值今日，有鑑於諸如人工智慧、量子電腦運算、高超音速飛彈等顛覆性科技的興起，以及存在於美國、崛起的中國和懷抱復仇主義的俄國之間更加多極化的長期戰略競賽，都無疑使得嚴謹的戰略思維日益複雜化，若是不去鑽研冷戰時期戰略家們的「龐大智慧成果」，未免顯得不夠明智。[6]

I

在冷戰到達高峰之際，已故的羅伯特・傑維斯（Robert Jervis）曾寫道：「自一九四六年以來，幾乎沒有什麼新議題問世。該年，布洛迪出版其論文集《絕對武器》（The Absolute Weapon），威廉・博登（William Borden）出版了《時不我與：改弦易轍》（There Will Be No Time）。看來四十年來的思考並未讓我們走得太遠。」布洛迪的重要見解，同時也是本章題記的引用，正是寫於一九四五年末，更恰好是經常引用為核戰略討論的起點。肯・布斯（Ken Booth）便曾表示：「在往後的日子裡，其他核戰略家的評論文章也不過是在第一朵蕈狀雲現身的籠罩下，為這五句文字所寫下的或長或短、空洞乏味的注腳，還真是一點都不誇張的說法。」[7]

儘管布斯如此理直氣壯，前述布洛迪對於原子彈為「絕對武器」的判斷，卻在很早之前就受到反對。比如博登和英國諾貝爾物理學獎得主派屈克・布萊克特（P.M.S. Blackett），就曾分別從右派和左派的角度大肆展開挑戰。

博登的書幾乎是與布洛迪的書同時出版。博登認為，核武很快就會大量出現並擴散到其他國家。他不僅正確地預料到，由美國和蘇聯所主導的兩大集團將分別取代戰時的同盟關係；他也準確地預測原子武器的威力會在短短幾年內提升一個數量級之大，以及火箭及彈道飛彈最終將取代噴射飛行器等事實。博登雖然認為飛彈攻擊在（至少）最初發展階段是無法防禦的，但是他也對感測科技、超級電腦和遙測技術最終能實現一定防禦能力一樣抱持著希望。他更是預測了加固飛彈發射井、核子潛艇，甚至無人機和精準導引彈藥的出現。正如科林・格雷（Colin Gray）所指出，今天，博登的著作「幾乎完全不為當代戰略家所知」，「這無疑是受到大眾和官方接受度方面的影響，因為在細節上實在太超前了。」[8]

博登的主要見解及對長期核戰略最重要的貢獻，便是戰略家們在面臨核戰真實發生之際，應考慮到會出現什麼類型的飛彈齊射（salvo competition）情形，以及什麼類型的目標才會是最有效的選擇。「本書的核心論點，是戰略性轟炸不會導致原子戰爭，成為關鍵目標者會是軍事設施而非城市。」因此，關於冷戰時期核戰略辯論的基礎，也就大致分成兩派，一派即是有人認為核戰後果實在太過可怕，敵國必然會有所忌憚；另一派則是有人認為，一旦嚇阻行為失敗，而決策者不得不限制核戰的破壞範圍，那麼就需要思考發動核戰的方式。博登認為，最好的辦法便是打擊敵國的核武力量，而非攻擊其城市和人口，之後更稱前者為「打擊武力」（counterforce targeting）戰略，後者為「打擊價值」（counter-value targeting）戰略以作為區分。[9]

至於布萊克特不同意布洛迪的地方，則是有關原子彈為「絕對武器」的看法。根據二戰後美國戰略轟炸調查（US Strategic Bombing Survey）的結果，從軍事角度去看美國對廣島與長崎進行原子彈轟炸，布萊克特是最早提出其為不必要攻擊，但為了恫嚇蘇聯而不得不為之的人。布萊克特表示：「與其說投下原子彈是第二次世界大戰中最後一次軍事行動，不如說是目前與俄羅斯正在進行外交冷戰的首發行動。」[10]

然而，布萊克特對布洛迪的批評不僅是反映了他的反美情緒，也反映出他終生傾向在核武問題上提出更為同情蘇聯的論述立場。布萊克特一開始拒絕接受布洛迪關於原子彈代表戰爭全面革新的觀點。他不相信戰爭期間所流行的戰略轟炸理論，也輕描淡寫地表示，原子彈是無法防禦的，使用原子彈會摧毀敵國人民的意志和士氣。他認為，美國與俄羅斯的戰爭會是漫長的消耗戰，而且美國的軍備太小，無法打敗俄羅斯有意在歐洲發動的常規攻擊。他認為原子彈壟斷是種遞耗資產，一旦雙方都有核子武器，任何一方都很難取得決定性的軍事優勢。隨著時間經過，一九五〇年代初熱核武器（thermo-nuclear weapon）的問世，布萊克特最終還是回到了布洛迪最初的立場，即核子武器只能用於嚇阻。此外，布萊克特也認為，維持嚇阻能力只需要一顆能夠對核侵略者進行報復的核子武器，所以只要雙方都擁有規模極小的核子武器就夠了。從本質上講，布萊克特是「最低嚇阻」（minimum deterrence）核戰略的首位信徒，而「最低嚇阻」也已成為美國（和英國）核戰略評論家的標準立場。

博登的看法則是，科技變遷會使得敵對國之間潛在的核平衡變得不穩定且難以維持，一方必須確信對方具有有效的作戰能力，嚇阻才能持續存在。布萊克特最終得出了截然不同的結論，即是一方在組織首次打擊的固有困難會使得維持平衡相對容易。綜觀來看，博登和布萊克特最初所表示嚇阻難以或不易維持的反對意見，都是在美國原子彈壟斷時期形成，最後倒是成為因應整個冷戰期間有關核戰略辯論的回應。[11]

II

回首以往，反而會意外發現，大家在美國原子彈壟斷時期，對於核武庫的規模關切甚少。傳統觀點似乎認為，美國的壟斷至少會持續十年，因此並不急於考量其與蘇聯爆發核戰的後果，甚至也不急於為軍隊準備足以在可能戰爭中取勝的龐大核武庫。在布洛迪和博登的著作出版近十年後，才又出現了另一部關於核戰略的重要著作。在此期間，核戰略的形成主要是來自突發事件和相關公務員的經驗，而非外部的戰略思想家。

約翰・貝利斯（John Baylis）和約翰・葛納德（John Garnett）針對「核戰略制定者」和「應用戰略家」的成果與想法進行了實益分類。一九四九年至一九五四年間，核戰略成果多是後者的傑作，即是那些必須將以往討論的初步概念轉化為計畫、預算、理論和軍事部署的實務工作者，也就是實際的武器、載運系統、相關地理分布，以及國家在必要時期該如何使用核武等宣示性政策。[12]

正如法國哲學家兼戰略家雷蒙・阿隆（Raymond Aron）所表示，一九四九年前，「美國堅信其炸彈庫存足以阻止蘇聯在世界任何地方發動正規軍隊攻擊，因此將自己的武裝部隊減少到最低限度。」「矛盾的是，當美國的炸彈庫存不再壟斷時，反倒才是真的有其用處了。」沒有人比國務院政策規劃辦公室主任保羅・尼茲（Paul Nitze）更直接地參與這個難題，他負責評估全球權力平衡，並制定因應一九四九年秋季兩大衝擊事件的戰略，即蘇聯進行原子彈試爆，以及中國國民黨政權遷台後，中華人民共和國與蘇聯在歐亞大陸中心地帶建立起中蘇友好同盟。[13]

溫斯頓・邱吉爾（Winston Churchill）在一九五五年說道：「要不是美國的核優勢，歐洲早就淪為附庸國，鐵幕也會延伸到大西洋和英吉利海峽去了。」這句話正好反映出蘇聯進行核試爆前美國國內的普遍情緒。然而，在此之後，美國核優勢的持久力及二戰後刪減國防支出與軍事演習的合理性似乎都越來越受人質疑。尼茲及其小團隊在其著名的戰略文件《美國國家安全目標與計畫書》，又稱NSC-68號文件當中便曾結論道：「事實上，仰賴美國核武力量來抵銷蘇聯的人力優勢及鄰近歐洲的地緣優勢，可說是一項報酬迅速遞減的政策。」[14]

尼茲及其同事完成NSC-68號文件時，正處於核戰略受到廣大質疑聲浪的背景。彼時，美國參謀首長聯席會議（Joint Chiefs of Staff, JCS）要求增加核武的生產，以利平衡美國軍事方面在歐洲所承擔的義務，即成為北大西洋公約組織（North Atlantic Treaty Organization, NATO，下稱北約）一員的義務。與此同時，美國總統也面臨著是否在蘇聯進行核試爆之後，繼續發展熱核武（即超級核武），將核武爆炸威力提升一個數量級的壓力。這些決定所涉及的問題，在於為了達到足以嚇阻蘇聯的地步，美國國防政策的基礎應該具備大型核武庫？還是小型核武庫即可？[15]

即使參與原子彈計畫的科學家們也在研發「超級」核武的議題上意見不一，不過負責審查該問題的總諮詢委員會〔包括羅伯特・歐本海默（Robert Oppenheimer）〕倒是一致投票反對繼續進行。大多數人認為，持續進行原子彈計畫將會引發與蘇聯的軍備競賽。喬治・凱南（George Kennan）也很相信這一點。他在某份長篇備忘錄中曾提及，將原子武器作為美國軍事戰略的核心會是個錯誤。他寫道：「難道一定要把大規模毀滅性武器（weapon of mass destruction, WMD）納入我們軍事力量中，成為不可或缺的重要部分，一旦捲入與蘇聯的軍事衝突，我們就會蓄意、立即、毫不猶豫地使用這些武器嗎？」或者，僅僅把持原子武器用於嚇阻上，若是嚇阻失敗，就用於報復，這樣豈不是更好？在此種情況下，「我們可能會把核武看作是基本軍事部署的奢侈品，也是我們不得不持有以防止被敵國使用的東西。當然，在這種狀況下，我們要小心不在軍事計畫中建立對核武的依賴。因為這樣只會耗費大量資金和精力，所以我們只持有嚇阻–報復目的所需的最低限度的武器。」凱南在備忘錄中提出後來被稱作「不率先使用」（no first use）和「最低嚇阻」的核戰略，其理由與布洛迪和布萊克特的論點如出一轍。凱南也討論到軍備控制的重要性。而收到凱南的備忘錄後不久，哈利・杜魯門（Harry Truman）總統就批准了氫彈的研發。基本上，關於核武庫稀少或充裕的辯論，都能在傾向增加核武庫數量和品質方面得到解答。[16]

尼茲的報告在四月交給了美國國家安全會議（National Security Council, NSC）。其報告中表示，即使美國已經開始建立核武庫，蘇聯仍有可能在一九五四年之前部署約二百枚核子武器，因此有些人也將一九五四年歸類為「最危險的一年」。容許蘇聯在某種程度上擁有同等數量的原子彈（甚至可能包括熱核武器），不僅會抹殺美國對蘇聯龐大常規軍事力量所進行的戰略性抵銷（strategic offset），而且也不會產生穩定的嚇阻平衡。鑑於珍珠港事件距今不到十年，NSC-68號文件寫道：「在原子戰爭的發動階段，採取主動出擊和出其不意的方式，都會有相當大的優勢。而一個生活在鐵幕之後的警察國家，在善用此種優勢所需條件，即維持必要安全和集中決策方面，具有非常大的優勢。」此外，儘管美國核武庫目前仍足以嚇阻莫斯科當局，但在未來可能就不是長久之計。由於政策制定者擔心核戰中的先發優勢（後來亦稱為是「對於突襲的相互恐懼」），他們總結認為，一旦蘇聯認為自己有足夠的力量進行突襲，就可能不再受制於對方的嚇阻行為。事實上，NSC-68號文件便寫道：「在這種關係中，持有大量核武的兩方很可能就不是付諸嚇阻行動，而是戰爭煽動。」[17]

尼茲建議美國大幅加強在核武和常規軍備方面的實力，以減少對原子武器的依賴，同時信守現有的國防保證。在一九四九年至一九五〇年間所爆發的第三次國際大事，即北韓入侵南韓，NSC-68號文件可說是一如以往的精闢有力。在韓戰中協防南韓的決定，算是掃除了接受NSC-68號文件所遇到的官僚主義和國內政治障礙，從而在短時間內將國防預算增加兩倍，並使美國走上奉行對稱戰略的道路，以因應蘇聯核子武器的出現。這也使「應用戰略家」開始在核戰略中植入以下理念：嚇阻並非輕而易舉就能實現，而是需要相當的實力和政策組合才能奏效。[18]

III

韓戰深深影響了英美兩國對於核子武器用途的看法。美國之所以決定協防南韓，很大原因是擔心美國在歐洲的盟國會如何評價其近期在《北大西洋公約》所提供的國防保證。這也引發了大家對共產主義在亞洲和中東地區發展趨勢的質疑。

同時，即將擁有核武的英國，其高層官員也在思考這些問題。最初研發原子彈計畫便是英美共同參與而來，而英國高層官員在廣島事件後，也下了與布洛迪相同的結論。一九四五年十月，英國參謀首長向首相克萊蒙特・艾德禮（Clement Atlee）報告：「防禦新興武器的最佳方法，大概就是其報復手段足以對可能的侵略者產生相當的嚇阻作用。」一九五一年，邱吉爾再次就任首相時，便重新檢視了英國的國防政策，發現英國日益惡化的財政狀況，阻礙了艾德禮執政時期所擬定的重整軍備計畫，以及一九五二年二月里斯本會議中針對北約設定的常規軍隊目標。一九五二年一月，邱吉爾與杜魯門曾進行會談，其中包括一份關於「原子彈空襲」計畫的大致簡報，英國首相這才確認英國的國防計畫並沒有充分考量到核子武器，接著在一九五二年的春天指示英國軍方制定全球戰略計畫，將核嚇阻列為英國國防戰略的核心。[19]

就在英國發布該計畫後，在到底對抗蘇聯會是長期冷戰，抑或是熱戰這般更迫切的問題上，從英美兩方的軍事兼政治領袖在共同進行的磋商中，可看出其存在著重大的意見分歧。美國人傾向於後項觀點，儘管他們同意「冷戰很可能是大家在很長時間內所要面臨的處境。」在以核子武器作為對抗蘇聯的決定性作用上，毫不掩飾其懷疑論點的奧馬爾・布萊德利（Omar Bradley）將軍便曾向英國說道，即使杜魯門總統授權加速生產核子武器，「真正大規模的成長，在一段時間內還不會出現。」而美方看法正好反映了尼茲在NSC-68號文件中所表達的觀點，即是：「評估（美國）在一九五四年發生熱戰的風險程度會高於英國。」[20]

不過，英國發布核嚇阻宣言政策一事，還是惹惱了美國軍方，而此種觀點也在某些美國新聞媒體方面得到共鳴。一九五二年美國大選之後，換了一批決策者上台執政，他們跟英國一樣更加關心長期上能具有經濟永續性的國防部署，美國從此出現與英國更為相似的立場，即核子武器成為國家戰略核心的觀點。[21]

韓戰衝突也促使「有限戰爭」概念衍生出兩種不同意義的爭議。首先，便是衝突（包括冷戰雙方代理人之間的衝突）是否能僅限於常規軍事途徑？雖然有幾次美國看似在考慮要使用核武，但歐洲盟國對歐洲大陸潛在防禦的擔憂，缺少對北韓或中共進行適當打擊的目標，以及對全面戰爭的擔憂，都設法將衝突限制在常規軍事途徑的範圍內。作為第二種「有限戰爭」的「有限核戰」，也在二十世紀末成為核戰略家和政策制定者的當務之急。

在韓戰爆發有限戰爭一事並不盡如人意，伴隨軍備集結而來的通貨膨脹，以及軍備造成的政府鉅額支出都削弱了民眾對杜魯門的支持。為了避免共和黨內重拾孤立主義，德懷特・艾森豪（Dwight Eisenhower）決定辭去北約盟軍最高司令的職務，以便具有共和黨總統候選人資格參與競選。他從參議員羅伯特・塔夫特（Robert Taft）手中贏得了共和黨的提名，後者曾對美國承擔盟國義務抱持保留意見，艾森豪隨後輕鬆贏得了大選。

沒有哪位總統會比艾森豪更了解核武。他一上任就下令進行一次大規模戰略檢討，這次檢討最終決定了接下來冷戰期間的核戰略發展方向。艾森豪及其同僚更是不斷地思考，在承接前任總統而來的「核成果」新時代中，他該如何從中獲取政治利益。與此同時，這位新總統也試著要讓美國走上一條國防支出得以持續、「長期」與蘇聯進行戰略競賽的道路。他最初的直覺〔及國務卿約翰・福斯特・杜勒斯（John Foster Dulles）的直覺〕，都是認為必須要去除那種原子武器沒有用處的感覺。在私下討論中（及某些公開評論中），艾森豪認為核子武器就應該像其他軍備一樣用於軍事行動。然而，儘管第一次試爆在艾森豪就任前不久進行，當他認真讀過熱核武試爆結果的分析報告後，艾森豪還是對自己的觀點進行了大幅修正。

作為總統，艾森豪必須同時解決幾個棘手的政策問題。既然歐洲盟國無法在短期內大幅提高常規軍事能力，那麼足以防衛北約的基礎會是什麼？此外，隨著德意志聯邦共和國加入北約，也代表北約和蘇聯集團正式呈現各據一方的局面。總之，這些局勢發展衍生了後來被稱為「延伸嚇阻」（extended deterrence）的問題。簡言之，就是美國如何才能嚇阻那些對自己的攻擊，同時也嚇阻對盟國的攻擊？

艾森豪的戰略檢討匯集了其執政階段的高層官員，以及像凱南和尼茲那樣曾是一九四〇年代核戰略辯論的重要人物。而該次檢討重心，在於艾森豪擔心美國龐大的軍事擴張（目前已消耗超過國民生產總值的一四・二%），會把美國變成軍權國家。結果便是美國調整其國防戰略，並跟一年前英國一樣，把核嚇阻列為美國戰略的核心，力求減少常規軍隊的支出，同時以此防衛蘇聯集團的進攻。

所謂的「日晷檢討」（Solarium review）促使美國於一九五三年十月通過了NSC 162/2號文件。該文件認為：「在自由世界中，只有美國才能在未來數年內提供並維持核武實力，以制衡蘇聯的核武發展。」但該文件強調，美國需要盟國才能施展此項戰略：

> 美國要想有效使用戰略性空軍來對抗蘇聯的話，未來若干年內就必須要在外國領地上建立海外基地。美國若想在必要時使用這些基地，多半取決於基地所在國的同意與合作。而這些國家只有在確信這樣做最有利於其自身安全的情況下，才會承擔由此帶來的風險。[22]

美國國務卿杜勒斯在說服歐洲盟國時，特別在這些問題上表達其高度重視。一九五四年四月，杜勒斯在某次盟國外長閉門會議上曾說：「美國最主要的目的，便是嚇阻侵略行為及防止戰爭爆發。」他接著表示，唯有「把有效的核武裝備整合、納入我們的總體軍事實力中」，才能抵銷「蘇聯集團內部強大集權的軍事力量」。杜勒斯強調，美國將與盟國密切磋商，「跟他們充分合作，這便是集體安全（collective security）的本意。」十二月，北大西洋理事會（North Atlantic Council, NAC）通過了軍事委員會第四十八號決議，正如杜勒斯向艾森豪總統所報告的，該決議明文表示：「若蘇聯發動全面攻擊，無論是核武攻擊或其他攻擊，北約將一律使用核子武器進行防衛。」因此，以核子武器擊退出現在歐洲的大規模常規部隊侵略行動，即是北約一直沿用至今的基本戰略。[23]

美國國務卿杜勒斯曾在兩次演講，以及隨後在《外交事務》（Foreign Affairs）上所發表的某篇文章中，詳細闡述了這項「新視野」（New Look）戰略。杜勒斯表示，儘管杜魯門政府成功應付了蘇聯侵略行為所造成的「緊張時刻」，但相關因應措施並不見得就是長久良策。由於蘇聯經常以歷史時代的角度去衡量問題，因此美國採取的政策必須以「符合自身長期利益」為目標，並且要避免以導致自身「精疲力竭」或瀕臨「實際破產」的方式來實現。

為此，杜勒斯更傾向採取國際主義的立場。「我們需要盟友和集體安全。我們的目的是使這些同盟關係更具效率，成本更低。為了達成目標，就要更加倚重嚇阻能力，降低仰賴地方自主防禦的力量。」杜勒斯認為，美國及其盟國應在「可承受代價之下追求最大嚇阻力」。因此，總統在與其軍事指揮官及資深幕僚協商後決定，從今往後，美國的國防核心將「著重於美國在其選擇的手段及地點，所進行的強大、即時的報復能力」。杜勒斯這一席話，在國內外皆招來了強烈的批評聲浪。有些人擔心，美國政府在暗示自身正被迫在發動核戰及接受共產主義在東南亞進行有限戰爭之間做出選擇。有些盟國剛開始甚至會擔心美國將其捲入核戰之中。[24]

為了回應這些疑慮，杜勒斯選擇在《外交事務》的文章中，採取更加謹慎的語氣。他強調，若是沒有盟國，美國將「無法單憑強大的報復能力，即時地在其所選擇的手段和地點進行報復行動」。而為了平息國內外的輿論質疑，杜勒斯更表示：「此外，以大量原子彈和熱核彈進行報復，也並非是因應所有威脅情況下最為有效的選項。」

然而，集體防衛需要充分組織和協調，杜勒斯建議，為了使集體安全體系順利運作，並「以最小代價提供最大的保護」，就必須「令潛在的侵略者相信，其必然會遭受大於侵略行動所可能帶來利益的損失」。杜勒斯強調，這是一項在北約盟國「長年以來」所提及並接受的概念。他反擊了那些認為美國及其盟國只單憑「大規模戰略轟炸」作為嚇阻侵略行為唯一手段的批評者。他認為，援助盟國、開發中國家，並且樹立自由世界的榜樣，也同樣重要。而大規模報復政策不過是把美國得以使用的核子武器，變成是美國戰略的核心。[25]

就在艾森豪要求各軍種制定計畫，整合並協調陸基和海基彈道飛彈（sea-based ballistic missile）及美國轟炸機，以便在極端情況下得以依總統命令使用前述武器之際，「大規模報復政策」也在美國國防計畫中出現明文編制，即是號召要對蘇聯實行大規模報復性打擊的「單一綜合作戰計畫」（Single Integrated Operational Plan, SIOP）。不過，當時總統任期即將屆滿的艾森豪在聽取了有關「單一綜合作戰計畫」的簡報之後，也曾向某位助手坦白：「這真是快嚇死我了。」要是說核戰略思想的後續發展，既是受到賦予核武庫政治作用需求的影響，也是對於眼前浮現「大規模報復政策」批評的回應，還真是一點都不誇張。[26]

IV

甚至在大規模報復政策成為美國和北約核戰略之前，重塑政府內外專家思考核嚇阻的各方勢力就已經開始。在這片喧囂之中，曾出現作為戰略穩定基礎的第二擊報復能力（second-strike retaliatory）、穩定–不穩定悖論（stability-instability paradox）、有關有限核戰爭（limited nuclear war）和有限核選項（limited nuclear option）的辯論、「漸次嚇阻」（graduated deterrence）或「彈性反應」（flexible response）策略的概念、拒止性嚇阻（deterrence by denial）和懲罰性嚇阻（deterrence by punishment）等觀點、打擊武力或打擊價值策略如何管理升級情勢（「升級階梯」（escalation ladder）和「升級優勢」（escalation dominance））、嚇阻戰略失敗時的損害限制、被動及主動防禦的作用、嚇阻戰略即風險競賽的概念，以及最後有關「保證毀滅」（assured destruction）、「相互保證毀滅」（mutual assured destruction）及軍備控制（arms control）等限制與約束戰略競爭手段的重要觀點。這些理論和概念依然是我們討論核武問題的基本術語。

許多（但非全部）有關核戰略的想法不是來自軍方，而是來自少數幾所大學和蘭德公司（RAND Corporation）。蘭德計畫（Project RAND）〔「蘭德」一詞為研究與開發（Research and Development）的簡稱〕最初是由軍用航空集團的哈普・安諾德（Hap Arnold）將軍所創立，隨後於一九四八年分拆為非營利性質的蘭德公司。早期蘭德公司曾匯集了來自不同學科（經濟學、社會學、數學和政治學）的知識分子，包括布洛迪、威廉・考夫曼（William W. Kaufman）、安德魯・馬歇爾（Andrew Marshall）、湯瑪斯・謝林（Thomas Schelling）、亞伯特・沃斯泰特（Albert Wohlstetter）和赫曼・康恩（Herman Kahn），共同思考國防機構所面臨的戰略議題。

在「智庫」所進行的開創性成果，包括沃斯泰特在轟炸機基地選址方面的研究。海外基地在「空中原子攻勢」中占有重要地位，空軍規劃人員視其為下一場戰爭的關鍵因素。隨著美國核子武器納入「大規模報復」戰略中的思考開始傳入歐洲，海外基地的重要性也越加受人注目。沃斯泰特的研究顯示，美國轟炸機基地本來就很容易遭到蘇聯進行先制攻擊

（preemptive attack），更隨著彈道飛彈進入蘇聯未來的武器庫而大增其風險。沃斯泰特的研究結果卻受到空軍的抵制，心灰意冷的他最終在《外交事務》上發表〈恐怖的微妙平衡〉（The Delicate Balance of Terror）一文。這是在「嚇阻可能比看起來更難」的議題上，分析得最為全面、最具影響力的論述。沃斯泰特認為，決策者所面臨的問題不僅是要具備足夠的核武實力來嚇阻對方，還要有足以在第一擊削弱美國軍力之後尚能進行報復的軍事實力。這項保證第二擊報復能力也成為政府主流概念，並成為之後軍備競賽中「戰略穩定」概念的基礎。27

蘭德公司另一位學者考夫曼，便曾率先對大規模報復政策提出了明確的批評。他隨後表示：「原則上，達到嚇阻的條件相對簡單，但在實務運作上，這些條件卻異常複雜、昂貴，而且難以實現。」在一九五六年某篇文章中，考夫曼認為，嚇阻行為必須向敵國清楚表示，若其採取有損美國利益的行動，美國將會採取什麼行動。此外，此項申明也必須「充滿可信度」。反之，可信度「必須使敵人相信，我們有能力採取行動；在採取行動時，我們能使他付出比實現目標所贏得的利益更大的代價；而且我們會確實在所申明攻擊事件後採取具體行動。」由於蘇聯正在發展主動及被動防空系統，以及其自身的戰略打擊能力，「如果我們在履行大規模報復的威脅方面受到挑戰，我們要付出的代價就很可能跟我們所造成的損失一樣大。」此外，從美國在朝鮮半島及中南半島的戰績可看出，「在這種情況下，我們除了透過局部反擊來限制和圍堵共產主義的攻勢外，並沒有做好其他準備。」[28]

如果美國的政策重點是防止共產主義在所謂的灰色地帶進一步擴大，那麼最好是加強美國的地面部隊和戰術性空軍實力，以及被動與主動防衛系統，並與合作夥伴及盟國進行合作。考夫曼的結論是：「我們決不能自欺欺人，以為能毫不費力地建立起嚇阻能力，也不要以為我們不分青紅皂白地威脅要進行大規模報復，就會有人信以為真。」[29]

對於大規模報復政策無法有效嚇阻中蘇集團的批評，其問題之一就是美國在第三世界衝突中的利益，本質上並不涉及生存問題。然而，使用戰區核子武器（theater nuclear weapons）阻止蘇聯入侵歐洲的計畫和「有限核戰」的想法也再次受到檢視。

羅伯特・奧斯古德（Robert Osgood）、布洛迪和考夫曼等批評大規模報復政策的戰略家都認同，北約曾保證會及早使用核武，又為了這項保證所涉及的後果而苦惱。許多歐洲國家都希望能說服得了蘇聯，北約保證及早使用核武幾乎等於是加速美蘇之間的戰略核交換（strategic nuclear exchange），從而阻止莫斯科當局率先走上這條道路。另一方面，很多來自美國和英國對於大規模報復政策的批評，則是試著要闡明有限度地使用核武還算是種合理的戰略。[30]

哈佛大學（Harvard University）有位年輕的美國學者季辛吉，應邀總結了外交關係委員會（Council on Foreign Relations, CFR）核武研究小組所提出的觀點。結果季辛吉寫出了一本鉅作《核武與美國外交政策》（Nuclear Weapons and American Foreign Policy），闡述關於有限核戰的戰略。季辛吉特別聚焦在如何透過有限使用核武以迫使衝突中止並恢復外交的問題上。他寫道：「在有限戰爭中，問題都在於使用定量的毀滅性武器來達成有限目的（limited objectives），同時為政治關係留下必要的喘息空間。」季辛吉建議要多從海戰而非陸戰的角度來思考有限核戰的戰術，並主張採用自給自足的小型機動部隊來執行戰術。[31]

有關採用戰術性核武（tactical nuclear weapons）進行有限核戰的建議，特別是季辛吉的建議，從一開始就備受爭議。布洛迪起初支持在歐洲使用核武來阻卻攻勢，後來也開始出現其他想法。他先是寫道：「使用任何類型的核子武器都可能會大幅提高維持有限戰爭的難度。」之後，他更寫道：「一方面來說，區分使用和不使用核武要比區分使用低於任意限制的核武和使用遠高於限制的核武要容易得多。」布洛迪表示，使用核子武器會帶來政治上的負面影響，因此一旦跨過核門檻（nuclear threshold），在歷史上幾乎前所未見的戰爭中採取有效手段，就必須具備一定程度的克制。[32]

面對批評聲浪，季辛吉很快就改變立場。儘管他還是堅持，「核子時代下的戰爭全都無法完全擺脫核武的陰影」，但他也認同，核武一旦部署便會在限制使用方面碰上既有的困難、蘇聯日益增長的核武庫，以及美國軍事領導人和盟國之間對有限核戰戰略看法的分歧，都削弱了他先前所主張有限戰爭的論點。季辛吉表示：「這反映出某種正在形成的共識，而這種共識在不久後將體現在『彈性反應』理論中。不過至少，自由世界的常規武力應具有一定的規模，使核防禦成為**最後**而非**唯一**的手段。而最好的情況，便是自由世界的常規武力**只**遜於核子武器。」[33]

一九五七年秋季，蘇聯向地球軌道發射了史普尼克衛星（Sputnik satellite），此後關於有限戰爭的爭論顯得更為急迫。這次成功的太空發射也表示，蘇聯已經解決了發射飛彈的分節（staging）問題，這將使他們能夠在短時間內研製出洲際射程飛彈，進而引發各方對潛在「飛彈差距」（missile gap）的擔憂。除了擔心美國轟炸機基地容易受到攻擊，現在更加上美國本土可能遭受毀滅性核攻擊的擔憂，而預警時間也只有短短三十分鐘。從在歐洲爆發有限核交換的可能衝突，演變成在美國本土的毀滅性攻擊，似乎已不再是理論假設，而是現實問題。艾森豪在史普尼克事件一個月後收到一份機密文件，即《蓋瑟報告》（Gaither Report），內容包含美國對蘇聯進行祕密監視所發現的情報，該報告疾呼美國應大幅加快洲際彈道飛彈（intercontinental ballistic missile, ICBM）和潛射彈道飛彈（submarine-launched ballistic missile, SLBM）的研發速度。此外，報告還主張要加強保護平民免受核攻擊的措施。儘管該報告列為最高機密等級，但其中卻有很多建議在一九六〇年成為約翰・甘迺迪（John F. Kennedy）的競選談話重點。這些建議也激發了核戰略家們產出更多的推論與創新知識。[34]

至於在衝突升級方面的討論，最為人所知的便是蘭德公司另一位學者康恩。他嘗試用生動的比喻和情景，來說明可能導致一方或另一方提高武力等級（包括可能使用核武）的各種情況、軍力和行為。康恩運用勞工罷工和青少年常見的懦夫博弈等作類比，精彩介紹了某些造成武力升級的心理因素。然而，他影響最為長久的貢獻，還是提出「升級階梯」（escalation ladder）和「升級優勢」概念〔前者是康恩精心設計、共有四十四種逐步升級的「戰爭階梯」，其最終導致「驟發性戰爭」（war by spasm），或是他有時在公開演講中所提及更具挑釁的生動描述：「戰爭高潮」（wargasm）〕。而「升級優勢」依康恩所定義，是指「一方或另一方在能力上具有非對稱優勢，使得具有這種優勢的一方在升級階梯的特定區域中占有明顯優勢。」[35]實際上，康恩正是在描述經濟學家所說的，不同國家領導人在不同情況下的風險承受能力。

蘭德公司有位經濟學家謝林，將風險管理納入更複雜、更正式的嚇阻理論核心。謝林利用博弈理論在「理性」概念上提出明確的假設，並借重經濟學的成本效益計算，充實了大家對嚇阻概念的想法。謝林的思考起點在於，核子武器與常規武器的區別，並不是可能受害者的數量會有多少，而是殺死這些受害者的速度、實現目標所應具備的集中決策條件，以及戰爭與政治過程脫節的前景。他表示，戰爭雙方互不信任。此外，由於大多數人認為在核戰中，先發制人的一方占有明顯的優勢，因此「雙方都害怕遭到突然襲擊」。借用布洛迪的話說，關鍵在於嚇阻戰爭發生，戰場現在反而居次於「暴力外交」之下。正如謝林所言，這種情形「強化了戰爭本身及戰爭威脅的重要性，它們是影響而非摧毀的手段；是強制（coercion）與嚇阻，而非征服防禦的手段；是談判與恐嚇的手段」。核武國家之間的談判變成了一場冒險的競爭，而操縱敵方風險認知的能力則是贏得競賽的關鍵。在謝林看來，嚇阻的關鍵終究在於「留有餘地的威脅」，也就是必須向敵方傳達這樣的理念：政府的決策可能並不完全在自己的掌控之中，如果己方在危機中採取升級措施，就有可能在不經意間陷入戰爭。謝林的觀點影響偌大，不只是因為他對共同風險的深入思考及對穩定的關切，使他率先提出了軍備控制的論點，以此來解決他在文章中大力探討的弔詭情況。36

格倫・斯奈德（Glenn Snyder）在嚇阻理論的發展方面有兩項重要成就。他認為，核理論家最為關切的懲罰性嚇阻（或稱報復性嚇阻）只不過是公式的一部分，透過剝奪敵方實現其目標的能力也能達成嚇阻目的。斯奈德明確表示，懲罰性嚇阻仍將是保衛美國本土的主要手段。然而，關於延伸嚇阻這樣的惱人問題，拒止性嚇阻與其說是懲罰性嚇阻的替代手段，不如說是一種補充和加強。在歐洲或亞洲進駐足夠的常規軍備，就會使蘇聯為既成事實所制定的計畫變得更加複雜，同時也會增加蘇聯戰敗後遭到大規模報復性打擊的可能性，藉此增加大規模報復威脅的可信度。若干年後，斯奈德又指出，雖然超級大國之間的核子僵局可能會促進戰略層面的穩定，卻會刺激對方在常規軍備層面尋求優勢。這項穩定－不穩定悖論是冷戰後最具活力的概念，尤其是因為該悖論似乎正好能解釋，印度和巴基斯坦自一九九八年試驗核武器以來所持續不斷的核對立，這種對立很可能會造成常規衝突，甚至是次常規衝突。[37]

隨著核戰略變得更加成熟和複雜，上述有位專家開始堅持，思考嚇阻策略必須考量到嚇阻失敗的可能性。在大多數觀察家看來，核戰的可能性是如此可怕，以致催生出一整套宛如末世啟示錄的科幻情節，其中更經常透露出核戰倖存者覺得還不如罹難者一死了之的想法。康恩在他的著作《論熱核戰爭》（On Thermonuclear War）和《未雨綢繆》（Thinking about the Unthinkable）中，其主題便是採用這項概念。康恩認為，想像核爆後的世界取決於事先採取了哪些準備措施。這點很重要，不論是假設有一千萬還是五千萬人會在核戰中喪生。有別於新出現的傳統觀點，他堅持認為，戰前在限制損害方面所做的努力，無論是透過瞄準敵方的進攻部隊，還是大力加強民生防衛，都能在核戰中大幅減少死亡人數。康恩認為，後者對嚇阻作用不大，卻可能是影響國家核戰後恢復重建的重要因素。康恩試著提供相關保證，意即：「儘管核戰會造成可怕的破壞結果，卻不代表會像我們所知一般，走向地球上生命的終結。」這番結論激怒了眾多批評者，但康恩確實觸及了基本問題。雖然在嚇阻策略失敗之際，停止考慮發動核戰是很容易的，但負責保衛國家的政府官員還是不得不面對問題：要是嚇阻策略失敗了，他們會如何反應？又該如何使用美國的核武力量？[38]

康恩在蘭德公司的其他同事們，倒是已經擔心這個問題很久了。正如布洛迪和其他批評者曾說明，大規模報復行動會引發道德和實際問題。例如，將平民置於危險之中是否合乎道德？這種威脅的可信度如何？安德魯・馬歇爾和赫伯特・葛德哈默（Herbert Goldhammer）曾進行一項深入研究，認為攻擊蘇聯軍隊而非人口集中地區，反而會產生更好的效果。蘭德公司的分析師在沃斯泰特早期工作基礎上展開的一連串計畫和研究中，其中最重要的便是考夫曼的主張，他建議打造一支無懈可擊的戰略部隊，制定以軍事目標而非城市區域為重點的目標政策，同時盡量保持雙方指揮機構的完整，以便在嚇阻失敗的情況下，以破壞力最小的方式發動核戰，並且儘快結束戰爭。[39]

儘管蘭德公司的戰略家們意見分歧，而且有些人認為打擊武力戰略與穩定嚇阻的理念互相矛盾，但是大家還是一致認為美國需要這項戰略。打擊武力戰略通常會被描述成一種作戰戰略，自一九六〇年代以來，對於美國打擊武力核戰略的批評者便經常認為，該戰略的倡議者不過就是想發動核戰。較為理性成熟的批評者，在面對「美國核戰略的不合邏輯」，並沒有指摘支持者動機不良，而是表示，既然核戰具有自殺性，那麼任何想擺脫嚇阻理論所具基本矛盾的努力，即核子武器只是為了嚇阻對手使用核武的有效方式，也不過是種執迷不悟。亨利・羅文（Henry Rowen）是蘭德公司參與打擊武力戰略研究的人員之一，他更傾向於稱之為「嚇阻加保險」（deterrence plus insurrance）的態勢。他在為美國國會經濟聯合委員會（Joint Economic Committee of Congress）所撰寫的一份報告中表示：「關於嚇阻加保險的觀點就在於，儘管我們竭盡全力避免戰爭，但戰爭仍有可能發生，所以目的反而是降低災難程度。這種觀點很明顯就展現其對決策者的吸引力，因為蘭德公司有許多員工都加入了甘迺迪政府，並在羅伯特・麥納馬拉（Robert McNamara）所執掌的國防部任職。[40]

V

其實在競選總統之前，甘迺迪就曾批評大規模報復政策缺乏靈活性和可信度。他在一九五八年曾呼籲要制定新戰略政策，其認為：「我們現在必須有所準備，展現出除了軍事行動和不採取行動之外，我們還有其他辦法。」在同場演講中，他也譴責所謂的飛彈差距問題，並主張加快洲際彈道飛彈和潛射彈道飛彈的生產。甘迺迪就任總統後，更指示國防部長麥納馬拉去制定所謂「彈性反應」的新策略。[41]

麥納馬拉是一位熱衷於量化方法的汽車企業執行長，他對蘭德公司的系統和作戰分析師可說是情有獨鍾。考夫曼在麥納馬拉上任之初，就曾向他介紹蘭德公司內部流傳的「打擊武力」戰略。考夫曼認為，打擊武力戰略能補充嚇阻策略，使美國的核威脅更具可信度，並且否定追求限制損害的方法與穩定的核平衡之間存有任何矛盾。麥納馬拉對這些概念很感興趣，因為他發現這些概念比現有的單一綜合作戰計畫更具彈性，單一綜合作戰計畫只保證會對共產主義集團進行單一大規模攻擊，並造成三・六五至四・二五億人傷亡。麥納馬拉開始重塑美國的戰略理論和部隊，將打擊武力概念，包括瞄準敵軍、避開城市、在核戰期間基於嚇阻目的保留蘇聯的指揮和控制等，都納入「單一綜合作戰計畫」套裝方案之中。在冷戰之後大部分時間內，這些要素都仍是單一綜合作戰計畫的組成部分。[42]

麥納馬拉利用在雅典舉行的北約國防部長會議，以及隨後在安娜堡（Ann Arbor）發表的演講，闡明了打擊武力核戰略的要素。他向盟國說道：

在聯盟遭受重大攻擊而引發核戰的情況下，我們主要的軍事目標應該是摧毀敵方的軍事力量，同時努力維護盟國社會的結構和完整性。具體而言，我們的研究顯示，打擊只集中在城市或軍民混合目標的核武戰略，對於達到嚇阻目的和發動全面核戰來說，都有嚴重的局限性。

麥納馬拉在安娜堡的公開演說，倒是沒有向盟國提出的機密報告那麼深入細微，這也讓他受到批評，認為他試圖將核戰「傳統化」或追求第一擊能力。隨著甘迺迪政府持續打造核武軍備，以及美國戰略優勢的不斷擴大，麥納馬拉不得不面對「到底要多少核武才足夠」達到嚇阻目的的問題。他最終結論道，發展精良的「第一擊能力」注定要面對效益遞減法則，並引發螺旋上升式或「行動–反應」式的軍備競賽。畢竟，蘇聯可以輕而易舉地增加兵力，這會使得美國的戰略制定者難以確定美國是否能在第一擊中就卸除了蘇聯的武裝軍備。[43]

麥納馬拉在「保證毀滅」的概念中，找到了他為美國戰略部隊所尋求的限制原則。首先，「保證毀滅」被定義成美國戰略部隊在報復性打擊中摧毀蘇聯三〇%人口和五〇%工業生產（後來分別修改為二五%和六六%）的能力。當雙方都具備類似的保證毀滅能力時，就能保證穩定的核平衡，因此出現了著名的MAD機制，即是相互保證毀滅原則（mutual assured destruction）。儘管麥納馬拉在一九六七年葛拉斯堡羅高峰會（Glassboro Summit）上首次向蘇聯宣傳這項概念，最後很明顯以失敗告終，但隨著時間經過，蘇聯也開始認為防禦策略會危害穩定，破壞基本的核平衡。[44]

然而，MAD機制的邏輯與打擊武力原則之間又存在著根本性的緊張關係，尤其是主動和被動防衛的問題，這可能會透過質疑一方或另一方展現保證毀滅對方的能力而破壞「戰略穩定性」。霍爾・布蘭茲（Hal Brands）寫道：「這也是軍事戰略的致命傷，因為這種戰略必須透過核升級來彌補美國無法以常規方式協防遙遠盟國的缺陷。」正如傑維斯所描述的，與其說MAD機制是種嚇阻戰略，不如說是一種無法逃避的現實。長久使傑維斯感到困惑的是，儘管根據MAD機制的觀點，打擊武力策略顯然「不合邏輯」，但決策者仍堅持在毫無成果的打擊武力策略上持續努力。[45]

隨著冷戰的發展，理論與實務之間的分歧不斷擴大。即使打擊武力策略深植於核戰略的實務運作中，MAD機制的邏輯和對「戰略穩定性」的追尋還是變成多數核戰略著作的口號。解釋這種差距的原因之一，是官僚主義的惰性，而另一個原因，則是指導那些負責維護國家安全的人的責任倫理。這點也許沒有人會比終生沉浸在核目標（nuclear targeting）與核戰略世界中的已故英國高層官員麥克・昆蘭（Michael Quinlan）更加清楚了。昆蘭表示：「嚇阻策略的架構不能建立在絕對不使用核武的國家政策之上，或是在出現可能使用核武的情況時，一點真正的概念都沒有。」隨著科技發展，應具備條件為：

計畫與能力都必須提供在使用核武方面確實可行的選項。例如，研發出精準性更高、爆炸當量（explosive yield）*更低的武器，並制定使用範圍、目標都更為特定的計畫，而不是毫無節制地使用，宛如進行世界末日大屠殺。西方反核派經常抨擊此類武器和計畫的發展，其代表著核戰被認為是有可能發生的事，或是種忍受其風險的傾向正在不顧安危地上升的證明。有時候，相關抨擊又像是試著要把核嚇阻擁護者困在人為的兩難僵局中，例如：若是核武威力太大，這就是種濫殺性，就是邪惡的；若是採取措施去降低這種濫殺性，那麼核武就會變得更有效，這也是邪惡的。但這種批評並沒有注意到矛盾的必然性。追根究底，接納這種想法等同降低嚇阻的可信度，進而增加而非減少戰爭的風險。顯然，具備務實可行的選擇，完全是為了使戰爭盡可能成為不可能發生的事。[46]

VI

當然，嚇阻策略和擴充武器庫所造成的僵局，還有另一條出路，也就是追求軍備控制

* 意指爆炸時所能釋放出的能量。

（arms control）。對大部分的核戰略家來說，促進戰略穩定性的條件不是打擊武力戰略，而是裁減軍備，或許最終便是徹底廢除核武。[47]

謝林和莫頓・哈普林（Morten Halperin）在《戰略與軍備控制》（Strategy and Arms Control）一書中寫道，避免戰爭、盡量減少軍備競賽的代價，以及「在戰爭爆發時縮小其暴力範圍」，均是雙方的共同利益所在。由於可能敵對雙方在軍事合作和軍事競爭方面有著共同利益，「而軍備控制的基本特色，便是承認具有共同利益，承認互惠與合作的可能性。」這兩位學者對於「最有可能進行軍備控制的領域，會是裁減某類兵種軍備、增加某類兵種軍備、改變武器裝備品質、部署方面的不同模式，還是在現有軍事系統上進行疊加計畫」，仍都抱持著不確定的態度。[48]

謝林和哈普林也同樣預料到，最為反對軍備控制的意見之一，即「軍備只是現有衝突的反映，而不是衝突的原因」。究竟是先出現軍備競賽，或是國際競爭才引發軍備的問題，正是已故的格雷批判軍備控制的重心所在。他認為，最需要軍備控制的國家不太可能會達成協議，因為根本的政治分歧會導致其率先進行軍備競賽。此外，由於引起戰爭的不是武器本身，因此控制武器也不可能帶來和平。此外，儘管格雷認同「戰略穩定性」這項受吹捧的概念，即「穩定的核平衡需要雙方維持安全的第二擊核報復能力」，但他也很清楚，除非能從最廣闊的政治視角來評估，並對國家競爭的原因有透徹深刻的理解，否則也是毫無意義。格雷寫道：「各國會進行武裝軍備是為了要在必要時進行嚇阻、防禦，有時也是為了確保他國的資產安全，卻並不是因為持有武裝軍備才作戰的。」有關軍備控制的紀錄，倒是喜憂參半。冷戰結束後，隨著美蘇對抗趨勢的消退，雙方也達成了限制和裁減核武的重要協議。[49]

即使在冷戰期間，核戰略穩定性的理念也曾引人質疑。而這項概念所立足的假設，即是儘管不同的歷史經驗難免會使各國傾向以不同方式去思考如何、何時以及為何使用核子武器，雙方在思考嚇阻和穩定性問題的方式卻是大致相同。今天，尋求戰略性穩定的努力受到了大量複雜的地緣政治和科技因素的挑戰。北韓或（具潛在核武可能的）伊朗等新興核武國家的出現，將帶來新的核擴散壓力和區域安全發展。印度、巴基斯坦和中國在南亞的三邊區域核競賽，可能會造成更多的不穩定，而同樣是核武國家的中國，也可能會給美國帶來全新的戰略挑戰。如何去管理與三個鄰近國家的嚇阻行為與軍備控制問題，將是一個極其複雜的問題。此外，網路戰爭、人工智慧和積層製造（additive manufacturing）領域的新技術，也會使人們懷疑在一九四五年首次使用核武以來，核嚇阻是否可能不在憤怒中動用這些武器的情況下安然度過十年。[50]

在這些情況下，核戰略研究很可能就會從冷戰結束後受人忽視的狀態中，再次捲土重來。毫無疑問的是，新概念、新思想和新戰略都將應運而生。不過，因為眼前這些全新的未來議題，所以那些必須面對這些新挑戰的人，或許會比過去那些不得不面對核武後果問題的人，表現得更糟也不一定。

Chapter

2

一言難盡的核戰略

法蘭西斯・蓋文（Francis J. Gavin）在約翰霍普金斯大學的高等國際研究學院擔任亨利・季辛吉全球事務中心的經理。他的著作包括《黃金、美元以及權力》（Gold, Dollars, and Power）、《核武治國之道：美國原子時代的歷史和戰略》（Nuclear Statecraft: History and Strategy in America's Atomic Age）以及《核武和美國大戰略》（Nuclear Weapons and American Grand Strategy，榮獲二〇二〇年傑出學術著作獎）。

在評估核戰略制定者方面，至少要面對三大挑戰。首先，便是將戰略視角應用於核武造成的困境上。從狹義上來說，戰略會涉及使用武力或威脅來達成戰場上的軍事目標。自核子時代開始，當然也包括熱核武研發成功以來，要能達成所謂理性、策略性的核彈使用，都還是個相當大的難題。若不是國家的生存受到威脅，否則向敵國發射核武簡直就是荒謬至極。歷史也證明了這一點；核武自八十多年前首次研發成功後不久唯一一次使用，便是美國對日本投擲兩枚原子彈以來，就再也沒有在戰場上使用過。事實上，自一九四五年之後，使用核武的可能性似乎就已經大幅降低。

第二個難題，則是涉及到核戰略制定者，畢竟要先確定真正的制定者並非易事。一方面，核革命催生了一票不尋常的知識分子族群，其中有許多人在美國主要大學及智庫（如蘭德公司）裡工作。他們不只為「安全研究」（security studies）這項學術新領域奠定了基礎，也因為該領域在二戰後蓬勃發展，所以至今仍擁有非凡的聲望及其追隨者。然而，奇怪的是，即使這些學術著作本身令人印象深刻，卻往往與政策制定者如何思考、部署核武以促進美國的國際利益脫節。這點尤其出人意料，因為自安全研究學派創立以來，其最大任務就是要協助政策制定者理解核武對國際政治的影響。

而這也引發出第三個難題，即核武雖然難以使用在較小的戰略目的上，但是對於國家在確保安全及促進政治利益的**大戰略**（grand strategy）方面，卻有著深刻長遠的影響。換言之，無論核子武器能否確實在戰場上使用，在形塑國際政治方面倒是都扮演著重要的角色。戰略與大戰略之間的界線並不總是分明，但二者之間的差異卻很重要。主要透過較小的戰略框架來看待核子武器，或僅僅視其為一種軍事工具，都會使部分核戰略界人士誤解美國主要核政策的起源和結果，從其核武態勢到限制核武大戰略皆是。

本章將分三節探討核戰略的困境。首先，我將探討難以定位核戰略制定者的原因。其次，便是任何核戰略制定者都必須與之奮鬥的核心問題，即是有關核武、治國方針和國際政治等議題。最後，則是從戰略（而非大戰略）的角度進行分析，以理解核武如何產生不同、有時甚至是截然相反的見解。尤其是聚焦在美國作為個案研究，以評估許多美國核戰略家所強調達成戰略穩定的基礎重心，以及其又是如何經常使人誤解核彈在美國大戰略中所扮演的角色。

I

關於制定核戰略所面臨的第一個問題，就已經很具有挑戰性了：我們該如何確立並分析核戰略？畢竟，原子彈也只實際使用過兩次，而美國決定在一九四五年八月對日本使用原子武器更引發了一場艱難的辯論。許多人都質疑廣島和長崎的原子彈爆炸是否帶來了任何戰略利益，或者說，是否值得為了使用大規模毀滅性武器，而付出龐大的道德代價。杜魯門總統似乎對前兩枚原子彈造成的破壞後果感到震驚，並決定採取行動阻止其進一步使用。歷史學家後來也對決定在日本投下原子彈的背後理由提出了質疑。至於其他的戰略，例如持續封鎖、傳統武器轟炸到入侵等，是否才是更可取的選項？美國是否應該降低對日本無條件投降的要求？使用原子彈的原因，是否更多是為了威脅未來的敵國（如蘇聯），而不是打敗目前的敵國（日本）？這些問題都仍是學者們持續爭論的議題。

更重要的是，一九四五年八月之後，便不曾有在戰爭中引爆核子武器的例子。從那時起，關於什麼是最佳核戰略的問題，就有了許多相互競爭的觀點和政策。然而，到底該如何去評估一種從未在衝突中使用過的軍事戰略，恐怕誰都不太清楚。試想，要是德國的閃電戰（blitzkrieg）概念或柯白（Corbett）的海軍戰略原則都未曾在戰爭中實施過，那麼又將如何評估該戰略相對於其他戰略的效用或價值？如果都只是些從未經過實戰檢視的紙上談兵，也就不太可能討論這些戰略的見解與創新之處。戰略是應用領域，正如核戰略之父布洛迪所言，「戰略性思考」或（是有人偏好稱之為）「理論」，若是不夠務實，那就什麼都不是。戰略是一門「如何達成目標」的學問，是有效率地進行並完成某件事的指南。就跟政治學底下許多其他分支一樣，戰略中最重要的問題，便是「這個想法可行嗎？」更具體地說，便是在特定且不可避免的特殊情況下，在即將接受考驗的下一步之際，這個想法是否有可能奏效？[1]顯然在核戰略方面，我們並無法回答布洛迪的問題。

此外，最佳戰略往往能使執行者在衝突開始後進行創新和調整；很少有戰略能在複雜多變的戰爭現實中保持不變。許多核戰略，尤其是那些聚焦於所謂有限選項（limited options）或向敵方發出信號的戰略，都是基於對原子彈戰爭會如何發展的推測，但事實是，大家根本不知道核武爆炸後會發生什麼事。這些因素全都使得判斷核戰略本身變得困難重重，更不用說去評估核戰略了。勞倫斯·佛里德曼（Lawrence Freedman）爵士在一九八六年一篇有關核戰略的文章中寫道：

> 因此，核戰略研究就是一門不使用這些武器的研究。任何在戰役中實際使用這些武器的假設都可能會影響其在和平時期的作用，但歷史經驗所能提供的相關指引卻是微乎其微。[2]

當然，絕大部分人都會認同，核戰略多半的首要目標是嚇阻，也就是防止某些事情發生。因此，在這種情況下實際動用到核武就代表戰略失敗，也代表只能在事後評價該嚇阻戰略。如果什麼事都沒發生，或是避免了核交換或更大規模的衝突，反而**可能**代表嚇阻戰略成功了。抑或是，核嚇阻可能只是部分或完全無關戰爭發生的原因。例如，核嚇阻可能阻止了蘇聯在冷戰期間入侵西歐，但我們永遠無法證明這一點。在一個核武從未存在的假設世界中，蘇聯有可能並不想入侵西歐，但也可能被無關核彈的因素給阻止了。

這並不代表核戰略就不存在或是沒有影響力。大家顯然是以錯綜複雜的通盤角度，去思考善用核武來實現戰略目標的方式。不過，核武本身的獨特性，使得去確定核戰略制定者及去評估核戰略內容二者，都與其他戰略要素大相逕庭，而且更加困難。例如，究竟是哪個人、機構或行動決定了該國的核戰略，而在沒有使用核武的情況下，大家又該如何評估核戰略是否如預期般有效？因此，檢視冷戰期間的美國核戰略，便是既具啟發性又很重要的研究個案了。美國不僅率先研發出原子彈，也是唯一一個對敵國引爆核武的國家，並且似乎比其他任何國家都更加強調核武在作為保護其利益和實現其國際目標方面的角色。

那麼又是誰在冷戰期間負責制定、實施和宣傳美國的核戰略？答案至少有四個不同的來源。第一個便是在知識學術方面，也是相關研究最多的來源，即重要思想家和戰略家對原子彈及其用途的看法。第二個來源稱為談話發言方面，即美國政府主要官員就核武在美國戰略中的作用所公開或私下發表的言論。第三個值得探究的來源，則是行動作戰方面究竟研發並擷取了哪些核武系統、部署在何處、採用何種配置及計畫。核戰略第四個來源，便是重要領導人的個人看法，即美國總統對於核武的看法。而根據讀者對核戰略的定義，任何關於這四大來源之一的例子，都有理由成為形塑核戰略的關鍵因素。雖然其彼此存在重疊和關聯性，不過這四個來源所涉及的意義及結果往往是截然不同的。

若要回答「誰是核戰略制定者？」這個問題，要是查看大學教學大綱或學術期刊，答案很可能會集中在美國頂尖研究型大學和智庫蘭德公司等知識分子族群上。這些才智超群的高知識分子涉及多門學科，其中便包括經濟學家、歷史學家、政治學家、律師、工程師和自然科學家，並有布洛迪、羅傑・費雪（Roger Fischer）、理查・蓋文（Richard Garwin）、康恩、季辛吉、謝林、沃斯泰特和赫伯特・約克（Herbert York）等知名人士。他們曾深刻辯論與討論的議題往往盤根錯節，並且注定要影響相關政策。其中許多人都曾在美國政府任職或與美國政府關係密切，而這些學者專家也成為培養並影響其他人的第一代，成功開創了安全研究這門政治分科領域，並在哈佛大學、麻省理工學院和史丹佛大學等頂尖學府建立重要的大學研究中心。這些知識分子也確實有助於形成菁英意見和大眾輿論。

這群受佛瑞德・卡普蘭（Fred Kaplan）盛讚為「研究世界末日的奇才」，更產出大量的研究報告，還有幾十本包含其論點的書籍和文章。[3] 儘管可預期學者和戰略家在試著找出現代戰略制定者時，會把自己及其他像自己這樣的人放在敘事中心，然而讀者仍有理由質疑他們的實際影響力。畢竟其許多理論和預測往往與核戰略中更重要的（儘管不一定明確的）制定者相左。[4]

核戰略第二個來源又稱為談話發言方面來源。國家安全高層官員時常要撰寫文章和演講稿，以利闡述其認為核武如何促進美國利益的看法。這些聲明往往代表著核戰略的重大變化。主要的例子包括美國國務卿杜勒斯在一九五四年對外關係委員會發表所謂的「大規模報復」政策言論，國防部長麥納馬拉在一九六二年某次演講中提出的「無城市」（no cities）原則，以及國防部長哈洛德・布朗（Harold Brown）在一九八〇年八月闡述「對等」戰略（“countervailing” strategy）的演講。[5] 然而，這些演說和文件也帶來了一些挑戰。近年來，美國國會所發布的《核態勢評估報告》（Nuclear Posture Review），其主旨便是確立美國的核政策、戰略、能力和態勢。

不過，這些演講和紀錄文件也帶來了一些挑戰。首先，政府官員經常利用這些資料向潛在敵方、盟國、美國國會、國家安全官僚機構，以及廣大民眾發出訊號並滿足其要求。不同的群眾從這些聲明中，也會解讀出不同的意義，這往往是意料之中的事。更重要的是，這些言論上的轉變是否能反映核戰略形成的第三個來源，即行動戰略或核態勢的相應變化，並不是那麼清楚。換言之，主要決策者在核政策上的言論或文字，不一定會反映美國具備哪些類型的武器、如何部署和管理這些武器，以及在戰爭爆發時採用武器計畫等實際情形。儘管有關核態勢的歷史紀錄往往屬於高度機密，但戰略方面的重大言論轉變，似乎並不總是與武器採購、部署或目標選擇上的同步變化相匹配。例如，麥納馬拉曾在各類演說和紀錄文件中，說明了所謂的「彈性反應」戰略，但美國的核武目標或使用計畫卻幾乎沒有發生任何重大變化。[6]

然而，核戰略最重要的「制定者」，即歷經核子時代的各任美國總統，在很多方面都是最難以捉摸的。根據美國建立的指揮與控制安排，決定使用核武的唯一權力掌握在行政長官手中。至於自一九四五年以來，各任總統又是如何看待核武的？從證據顯示，其答案並不一致。有些總統，例如艾森豪、甘迺迪、吉米・卡特（Jimmy Carter）和理查・尼克森（Richard Nixon），都參與過核戰略的相關細節；反觀杜魯門、林登・詹森（Lyndon Johnson）和羅納德・雷根（Ronald Reagan）似乎就不那麼熱衷其中。然而，他們究竟是如何思考核武使用的方向卻很難有所區別。儘管透過閱讀解密文件，能看到艾森豪、甘迺迪和尼克森等總統是在何種情況下，要被迫認真思考使用核武，以及該過程又是如何展開。然而，透過查看涉及這些總統及其顧問的其他文件，就會得出「他們絕對不會決定使用核彈」的結論。而學者們則是不太認同「有哪個總統會是差點就使用核武的」。

使問題更加複雜的是，國家領導人有強烈動機讓不同的群眾，甚至是他們關係最密切的顧問，猜測不出他們在核武問題上的真實意圖。畢竟，美國總統若是能對特定情況所可能採取的行動上製造出不確定感，也會被人認為是種嚇阻能力的提高。毋庸置疑的是，沒有哪位總統會很樂意談論使用核武的想法，在美國本土（或甚至未及本土）的生存安全沒有受到威脅的情況下，也有合理理由懷疑，在熱核武時代任職的總統們會有多大可能，以及在何種狀況會授權使用核武。

我們該單獨或結合這四大來源中的哪一個來源，來確定和評估冷戰期間美國的核子戰略是由誰制定，並且如何制定的呢？考量到一九四五年八月之後戰場上便未曾再使用過核武，答案確實很難說。儘管核戰略家紛紛發展出詳盡又複雜的理論，卻也無法確定這些理論在決定動用何種武器、如何部署和瞄準目標方面的影響力有多少。高層官員經常就核戰略提出公開說明與書面解釋，但是這些文件有時又與大家目前所了解的國家作戰態勢互相矛盾。就如同一九四五年八月杜魯門總統在日本投下原子彈後，有關其思考、信念，以及作為主要決策者的立場，大致上都還是保留在私人想法之中，從未經過檢視一般。核戰略是存在的，也是重要的，但要確定其來源和關鍵因素卻很困難。

II

無論是哪個人、族群或機構單獨或聯合「制定」了美國的核戰略，都必須面對幾個反覆出現的基本問題，這也是在很多方面因為核武而獨有的問題。即使有許多核戰略相關的學術文獻，雖可惜但能理解的是，大多只有集中在美國的經驗，不過還是令人印象深刻，而且往往充滿爭議，同時數量龐大。儘管相關內容複雜又牽涉甚廣，但大部分都在經歷許多討論與爭辯後，歸結成四個簡單又一致的問題。

第一個便是科技問題。核武背後的科技是如何運作的？隨著時間經過又發生了怎樣的變化？而這些科技問題還會如何影響核戰略？隨著核武科學和工程帶來的科技變革遠比大眾所認識到的要多，其對政治的影響也更大。其次，即是核武的戰略用途是什麼？換言之，作為國家的戰略及政策工具，核武能實現什麼？無法實現什麼？第三，誰持有核武？又為何（與為何不）持有核武？核武國家的數量，以及美國為了限制核武國家數量所做的努力，都會讓早期的核戰略家大感意外。第四，至少就戰略、大戰略和國際安全而言，核子武器究竟「是好還是壞」？換句話說，世界和美國是否會因為核子武器的問世而變得更好？與此相關的是，核戰略能否在取得原子彈武器利益的同時，大幅降低甚至消除其風險和弊端？

關於第一個問題，尚有許多關於核武科學與工程領域的入門讀物，專門介紹核子武器的基礎科技原理。[7]至於在思考科技發展如何影響核戰略制定方面，則有四點值得強調。

第一點，即早期投入研發原子彈的過往，尤其是美國所主導的曼哈頓計畫（Manhattan project），其歷史本身便是一件非比尋常的事。原子彈的誕生是大量高度機密努力下的成果，主要是由逃離法西斯主義的歐洲科學家們一手打造的，其結果並非無法避免，同時也需要大力進行戰略性權衡。[8]美國研發、製造、改良和保護核武的努力，至今仍對美國的科技運作方式產生深遠影響，而這一點卻鮮少有人注意到。這項努力可說是改變了從研究型大學到情報界的各種機構，也重塑了大家在保密和國家安全方面的規範和做法。

第二點，便是要強調美國為了對付日本而研製的早期原子彈，其與美國和蘇聯在一九五〇年代製造並由其他核武大國於隨後幾年研發的熱核武器之間的區別。一九四五年八月在廣島和長崎投下的兩枚原子彈造成了災難性的毀滅，十一萬至二十二萬人當場喪命。美國於一九五二年十一月試爆了所謂的「麥克氫彈」，預估其爆炸威力比對日本使用的原子彈大上一千倍。儘管核分裂原子彈（fission bombs）非常可怕，還是有人認為原子彈在戰場上或許仍具有一定的軍事用途。然而，氫彈的爆炸威力可說是完全不同，絕對能造成難以想像的破壞。一場全面性的熱核戰爭，除了可能因爆炸、輻射和火災造成數千萬人死亡外，還能大大削弱社會的運作能力。儘管大規模的熱核交換對地球環境和大氣層的影響尚不可知，但一定會對人類文明造成破壞。傑維斯曾在布洛迪的基礎上提出了「武器常規化」問題，想把原子彈簡單視為是較大的炸彈，以此減輕熱核革命的爭議。[9] 只是，氫彈到底還是跟其他武器不同。

第三點，核彈是一種相對較舊的科技知識，製造核彈的方法可說是眾所周知、唾手可得，即使是能力一般的國家也有能力製造。不過，有關核武的周邊事物，例如建造、控制、運載核子武器，或是預測並防禦可能核攻擊所需的機構和基礎設施，還要龐大的支出和創新力。在投射距離更遠、速度更快和精準度更高方面，運載核武的能力出現了影響深遠的科技革新。在防禦飛彈和飛機、追蹤和偵測敵方的武器與運載系統，以及躲避偵測的能力方面，也有著類似的進展。同時在核武安全、控制及指揮、通訊和情報方面，更是投入類似的投資。雖然這些科技革新到底能帶來多大的政治和軍事優勢尚有其爭議，但都需要投入龐大資金、工程和科學資源，而這些也只有最先進、最具創新精神的國家才能達成。

因此，這便帶到第四點，即是科技的深刻變化和各國核武周邊發展的轉變都顯示，將核子時代劃分成不同時期還是有其道理。一九五〇年代末和一九六〇年代初便是個關鍵轉折點，因為洲際彈道飛彈和衛星這兩項科技發展徹底改變了核武政治，這些科技也產生了連貫各領域的結果。洲際彈道飛彈可在一小時內，將熱核武的毀滅性災難投到全球任何地方，不只壓縮了時間，也消除了地理限制。衛星則是幫助某國能夠更加了解敵國的能力，並有偵查敵國動員或準備發動攻擊跡象的可能，以減少受到突襲的風險。第二個轉折點，出現在一九七〇年代末和一九八〇年代初，隨著品質方面和打擊武力能力方面的大量投資，核武在精準度、速度、微型化、隱形和機動性的提高，都大幅地改變了核平衡。美國投入大量心力在建設先進的指揮、控制、通訊和情報能力上，同時也建立起周詳的安全保障程序。隨著網路、人工智慧和機器學習、奈米技術、超音速技術和積層製造等新科技的出現，我們很可能會在二〇二〇年代進入第三個轉折點，再次動搖核武周邊事物及其相關戰略。

而關鍵點在於，新科技的發展與國家戰略和大戰略之間，具有一個互動性的回饋循環。不同的戰略（也確實，不同的大戰略），會需要不同的科技，而不同的科技則會產生不同的戰略。若是某個國家的目標，只是嚇阻來自鄰國的入侵或核攻擊，那麼在科技方面很可能符合最低限度即可；但要是其核武力量中，某些要素及其遇襲的存活與應變能力是安心無虞的，那麼大致基本的核武力量和科技可能就夠了。另一方面，更具野心的核戰略，則可能需要更複雜、更先進的核武力量。美國有遠大的戰略野心，既想協防遙遠的盟國，同時又使後者維持無核狀態，這無疑需要擁有遠超出簡單的相互核嚇阻所需的力量。而這些大戰略需求會推動先發制人能力的發展，換言之，就是能搶先在其他國家發射核武之前，便得以將其鎖定並摧毀的核武能力。這種先發制人的任務，必須具備更高的精準度和更好的情報來源，以及保護美軍甚至防禦核武攻擊的措施。有爭議的是，這種策略也保留了率先發射核武的權利。

有時，新科技的出現會使得更廣泛的大戰略目標得以實現，而有時，大戰略方面的需求又會推動科技發展進程。關鍵便是去理解，當我們談論核科技時，所需要分析的能力遠不止核彈本身，還包括一連串複雜、相互關聯的系統。這些科技並沒有長期保持不變，因為核武周邊事物往往是以動態、出人意料的方式不斷演變，並對戰略和大戰略產生重大影響。

III

如何利用核武推動國家戰略？美國最初研發原子武器，就是為了在第二次世界大戰期間打敗德國。當時歐陸戰爭在原子彈完成之前就已結束，但由於太平洋戰爭仍在繼續，重心便隨即轉移到了打擊日本上。一九四五年八月，在廣島和長崎投下原子彈的決定，則是產生了至今仍爭論不休的問題。

二戰結束後，美國國內出現了有關核武未來戰略用途的辯論，其辯論主要分為四大類。

首先，有人認為核彈可以像坦克或戰艦等其他武器一樣，在戰場上擊敗敵人。換言之，有人認為核武只不過是較大的炸彈，就跟其他武器和軍事部隊一起納入戰爭計畫一樣。基於冷戰期間美國在歐洲所面臨的主要軍事挑戰，核武的實用性也被視是特別重要的要素。第二次世界大戰結束後，美國遣散了大部分軍隊，並將絕大部分的軍隊調回美國本土（留在歐洲的少數軍隊則集中於維持美國在德國占領區的治安）。因為飽受戰爭摧殘的西歐各國無法迅速重建軍隊，在蘇聯的常規軍隊攻勢面前簡直不堪一擊。此外，擁有最大潛在軍事力量的國家是戰敗、蒙羞和分裂的德國，沒人想看到德國重建起獨立的軍隊。為了在這種艱難的戰略環境下協防歐洲，美國早期的軍事計畫便聚焦在對俄羅斯軍隊、城市和工業能力進行空中原子彈轟炸，以利贏得對蘇戰爭上。

使用核武作為「更大的炸彈」從一開始就存在問題。諷刺的是，若是提到核武的毀滅性威力，大家其實並不清楚原子彈轟炸是否能真正擊敗蘇聯，畢竟後者是一個領土跨越十一個時區的龐然大國。此外，在遠程攻擊的轟炸機和洲際飛彈出現之前，美國必須在歐洲或其附近基地投擲原子彈，例如英國或北非；然而，如果戰爭爆發，這些國家是否會允許美國在其領土上進行這種攻擊，答案並不確定。如果蘇聯入侵西歐，使用原子彈也不切實際，因為原子彈可能會摧毀美國及其盟國試圖防衛或解救的領土。因此，越來越多人認為，使用原子武器會帶來深刻的道德挑戰。

這些道德考量則形成了第二種觀點，核武的毀滅性及其對平民社會帶來的苦難，將導致其在軍事上無法使用。對某些人來說，更代表著裁核才是解決之道。[10] 有時，這會透過民間團體的努力展現出來，例如透過全球草根性的行動力量，以禁止在大氣層中進行核武試爆。甚至在美國政府最高層，也曾探討過對核子武器進行國際監督的想法，首先便是一九四六年的艾奇遜・利連索爾報告（Acheson-Lilienthal report）和巴魯克計畫（Baruch plans）。儘管許多美國高層政策制定者仍抱持懷疑態度，但裁核理念還是得到了美國和國際大眾重要人士大部分的支持。

是否有辦法，既能藉核武取得戰略利益，又能降低核武使用所帶來的實際問題與道德責難？因此，發展核武的第三個戰略目的：嚇阻，便逐漸成為美國核武戰略的核心，並為其他核武國家所仿效。核武能用來阻止敵方採取行動，例如入侵西歐，因為其忌憚核武反擊所帶來的後果。在核子時代之初，嚇阻大規模戰爭爆發的想法，便是個十分強大又重要的考量要素。畢竟，二十世紀上半葉主要都消耗在歐洲致命的世界大戰上，近代歷史大部分時間也都充斥著侵略和征服，核嚇阻戰略有望減少甚至消除戰事禍害。哪個敵國會願意冒著進攻部隊或本土遭受難以想像的破壞風險，試圖征服或摧毀另一個國家？

隨著時間經過，嚇阻戰略逐漸被視為核武最重要的戰略功能。[11]然而，有關該戰略具體要素的問題和爭論很快就接踵而至。哪些行為者、情景和局勢，是核武能嚇阻得了的？而在何時何地及對抗誰方面，核嚇阻戰略根本無關緊要？核武的嚇阻作用所及範圍大小？例如，小至說服敵國不要對自己發動核攻擊，或是大至用於較遠之處，像是自己所承諾協防的遠方盟國所受到的常規攻擊？與此相關的是，以使用核武保證作為核嚇阻基礎，其可信度如何？用自己的核武因應對自己本國的核武攻擊或許可靠，但用核武（並使本國冒著受核武攻擊的風險）來回應盟國所受到的常規攻擊可靠嗎？此外，分析家也想知道哪些步驟、武器或部署能壯大核嚇阻戰略。美國國內有關核戰略的許多爭論，都圍繞著「多少才能夠」產生可信嚇阻作用的問題，尤其是在涉及是否及如何將「嚇阻力量」擴張到「無核武盟國」的協防議題上。

第四個問題，則是核武能否用於嚇阻之外的目的？是否能形成不僅阻止得了敵國採取不必要的行動，而且迫使其改變行為或政策的核戰略？[12]基於某些原因，這算是個有爭議性的問題。首先，許多人認為核強制力（coercion）或威逼（compellence）是不可能成功的，即使可能，也需要危險和破壞穩定的策略和力量。其次，要區分哪些行動具有嚇阻力，哪些行動具有強制力往往很困難，而且還得要看具體情況。在一九五八年至一九六二年間長達四年的西柏林危機中，美國認為自己使用核武是為了有效嚇阻蘇聯，因為在美國看來，蘇聯正試圖用原子彈威脅來迫使局勢改變。[13]另一方面，蘇聯可能認為，透過對柏林進行核威脅，是其正在阻止美國改變德國的無核局勢；對俄羅斯來說，任何向西德提供原子彈的行動都是一種強制行為。換句話說，雙方都認為自己欲達成核嚇阻，而對方則是試著進行核威逼。

另外，核武對於危機的影響，以及某些類型的核戰略和核態勢，是否有助於一方或另一方在擁核敵國之間的對立中獲勝的辯論也隨之出現。哪個會是影響核危機結果的最大因素，是核平衡中的優勢、決心或利益？

學術文獻一直在努力解決這些問題。不過，目前尚不清楚什麼算是核優勢，如何衡量核優勢，以及在一個相互脆弱的世界中核優勢是否重要。大多數安全研究學者都懷疑，若是沒有所謂出色的第一擊能力（這種能力即使不是不可能也很難獲得），數量上的優勢是否還會在危機中扮演關鍵角色。然而，有證據顯示，部分美國總統認為，核武的數量、種類和部署類型不僅能阻止敵國發動攻擊，還能推動國際局勢的發展。此外，目前也不清楚該如何針對國家的決心或利益進行事前的比較衡量。最後，或許也是最重要的一點，便是該如何定義核危機？任何爭端中，只要一方或多方擁有核彈，即使沒有核威脅，是否也算是核危機？[14] 抑或者，核武的使用必須直接或間接登場，才算是核危機？

當然，這四種有關核武戰略性目的的不同觀點都是相互關聯的。核嚇阻戰略，並擴及核威逼戰略，其可信度都取決於在某些情況下實際使用核彈的意願。這邏輯也是追求裁核目標者的動力。若是武器無法使用，而嚇阻戰略又建立在虛構的基礎上，那麼核武便是種龐大的資源浪費。不過，要是某些核戰略造成核武使用成為可能，甚至煞有其事，就又是許多人想要消除的危險局勢了。

IV

至於，關於誰擁有核彈，以及誰能夠擁有核彈的問題呢？在「誰將擁有核武？」這個問題上，或許再也沒有比過去政策制定者和戰略家們的預測更離譜的答案了。這個問題包含兩個面向。首先，便是哪些國家（或非國家行為者）有興趣和手段發展核子武器並將其納入軍事戰略？其次，國家、國際組織或政權所奉行的任何戰略能不能阻止行為者取得這些武器？

多數分析家曾預期，許多獨立的核武計畫會隨著時間過去而出現，幾乎無法阻止甚至減緩所謂的核武擴散現象。[15] 無論是近期或更長期的國際政治和軍事歷史，都會被血腥而代價高昂的帝國主義、全面戰爭、入侵和征服所主導。基於任何國家的首要戰略目標都是避免被摧毀或征服，核武及其所提供的生存嚇阻力本應是國際體系中幾乎每個國家所渴望擁有的。另外，歷史也證明各國都會為了確保自身安全而不遺餘力地爭奪任何戰略優勢，尤其是在涉及取得提高保護或壯大權力的科技方面。儘管美國所主導的原子彈研發工作在技術和科學方面很是複雜，但歷史上卻鮮少有如此誘人和強大的科技，能一直堅守其機密、不為競爭對手所掌握的例子。長久來說，新科技的創造者在防止他人複製該技術方面的努力，也不算成功。因此，努力限制軍事科技向其他國家擴散，往好的方面來說，可算是徒勞無功，往壞的方面來說，則是適得其反。

思及此種情況，一九四五年的分析家或許會預言，核武國家的數量將隨著時間急遽增加，而美國幾乎無法或不願阻止這一切的發生。核子時代初期的情況便證明了這一點。蘇聯於一九四九年、英國於一九五二年、法國於一九六〇年研發出原子彈。到了一九六〇年代初，幾乎從澳洲到瑞典，遍及許多國家都有積極的核武計畫，或是正在發展的核武能力。美國曾有意限制核武擴散，但其政策往往前後不一。任何在一九六一年有關核擴散的合理預測，其重心會放在國家對於核彈的戰略性渴望及其取得核彈的能力方面，都曾估計核武國家到二十一世紀初將會有二十、四十，甚至六十個之多。不過，卻極少人認為美國，甚至國際社會將採取行動限制核擴散現象的看法。

事實恰好跟大多數預測相反，核擴散的步伐在隨後幾十年間明顯放緩。美國將限制獨立核武計畫的擴散作為其大戰略的核心要素，並採用了包括核戰略在內等多種工具來實現此項目標。[16]這並不是世界上核武國家的數量出乎所有人意料地維持在個位數的唯一原因。畢竟，核子武器既昂貴又難以製造。對於各國在過去半個世紀中面臨的許多挑戰而言，核武的戰略作用相對較小，而且在侵略與征服威脅似乎正在縮小的世界中，核武反而可能會產生不必要的弱點。然而，美國的限制核武大戰略，還是個關鍵的決定性因素。

打從核子時代一開始，美國就希望核武國家能保持較少的數量。不過，美國戰略家認為，限制核武的目標不值得犧牲其他大戰略目標，例如圍堵蘇聯和贏得盟國。正如美國在一九五〇年代與法國合作的經驗顯示，在限制核擴散方面的反覆態度不僅不可能成功，還可能疏遠其友邦與盟國。要是核擴散現象不可避免，或許正確的戰略方向反而是得搶占先機，向盟國提供核協防，甚至是核武，以利助其與蘇聯抗衡。高層官員甚至建議向印度和日本提供核協防。然而，最具爭議的是那些建議讓西德更接近核決策的人。他們曾問道，美國怎麼能接受擁有核武的英國和法國，卻不允許忠實盟友西德取得核彈呢？然而，對於德國擁核問題的不確定態度，反倒成了尼基塔・赫魯雪夫（Nikita Khrushchev）得以在一九五〇年代末和一九六〇年代初表現出氣勢洶洶的氣焰。

美國的大戰略並沒有採取放任或支持核擴散的態度，而是在一九六〇年代早期和中期開始加倍重視限制核擴散現象，並堅持至今。一九六二年古巴飛彈危機和一九六四年中國試爆核裝置之後，共同的責任感和國家利益促使超級大國擱置地緣政治和意識形態競爭，一同致力於核武不擴散的理念。國際體系似乎正處於核「臨界點」（tipping point），彷彿再不採取行動，數十個國家就可能在接下來幾年內持有核彈。美國意識到，蘇聯（及美國的盟國）對於西德持有核武的擔憂是合理的，同時也理解西德不能（像德國在兩次大戰期間）得以單獨區隔出來。美國採用一連串戰略工具來實現其限制核武的大戰略目標，包括與其死對頭蘇聯合作以利限制核武擴散。美國也嘗試過以強制和威脅方式致使他國放棄核武。有關核不擴散的國際準則得到了支持，《部分禁止核試條約》（Partial Test Ban Treaty）和《核不擴散條約》（Nuclear Nonproliferation Treaty）等軍備控制安排，則是列為優先事項。至此，無核國家的安全保障才有所加強。

核戰略也是範圍更廣泛的限核大戰略中的重要工具。儘管蘇聯和美國之間似乎不可避免地出現了互為弱勢的局面，在這種情況下，任何核武的第一擊都無法成功避免被毀滅性的反擊所摧毀，但美國仍然拒絕切斷其通往龍頭地位的潛在可能。[17] 美國倒是迴避了不率先使用核武的政策，因為其安全保證是承諾會為了受到攻擊的盟國使用核武。為了使這些戰略具有可信度，美國的核武力量態勢由武器、部署和使用計畫組成，旨在實現美其名的「損害限制」（damage limitation），即在核戰中能比敵國更容易脫身。美國會擁護前瞻性核戰略還有其他原因，包括相信某些態勢或許能讓美國在與蘇聯的核危機中獲勝（諷刺的是，美國甚至會在限核戰略方面與蘇聯合作）。然而，本質上，美國之所以要獲取某種類型的核武器，例如更精確、更迅速、更隱蔽的核武，並將其置於不排除可能率先使用核武戰略，以及打擊敵方核武為目標的戰略中，都是受到美國欲使其限制核擴散的安全保障更加具可信度的緣故。

V

最後，核武是好是壞？一般情況下，一種武器要不是能在戰場上發揮作用，幫助行為者取得軍事勝利，要不就不能。正如大家所看到的，核武能在戰場上發揮的作用有限，因為在許多甚至大多數情況下，若是真的在戰場上動用到核武，反而更顯示該戰略嚴重失敗。更關鍵的問題或許是：「核武如何影響大國的戰略環境與大戰略格局？」答案有兩種解決方法。首先，便是核武如何影響國際安全和國際政治？該核武是否能使世界比過去更加穩定和安全？第二，核武如何影響各國，尤其是美國的戰略和大戰略策畫？核武是否有助於推動美國的利益和目標？

從全球角度來看，很難否認在世界大戰幾乎消失、征戰明顯減少的過程中，核武扮演著重要、甚至是決定性的角色。相關性顯然不算是因果關係。全力動員的全面戰爭之所以會逐漸消失可能有許多原因，從規範變化到經濟相互依存，再到人口結構的變化，可說是層出不窮。此外，即使到了核子時代，戰爭仍持續不斷，而且內戰尤其致命。雖然無法證實，但核武和核嚇阻戰略確實可能在減少大規模入侵與征戰方面發揮其作用。然而，若是考量到第一枚原子彈爆炸前的三十年間，曾發生了兩次世界大戰，造成數千萬人死亡，而且在世界大戰前的歲月裡，帝國征戰同樣肆無忌憚，這大概是大家多半想不到的結果。

雖然核武在減少甚至消除全面世界大戰方面的作用，很顯然只是個理想的結果。然而，這種所謂長期和平的實現，還是籠罩在深沉的恐懼，以及一旦嚇阻失敗就得動用核武這般無法想像的陰影下。畢竟在這般以可能動用毀滅性武器所維持的國際秩序下，實在很難計算其所帶來的隱性和非隱性損害。在使用核武方面採取戰略性保證所付出的代價雖然較小，但並非微不足道。此外，二十世紀後期所出現的國際核秩序在本質上並不公平，因為這個體系只允許某些國家持有核武，卻阻止其他大多數國家享有同樣的特權。這令人不禁想問，這般建立在核嚇阻與核不擴散理念基礎上的體系，是否能夠長期承受固有的道德兩難與政治不公？

核武是否改善了國家的戰略和大戰略環境？另一種思考這個問題的方式，便是去試想在沒有核武的世界中，國家是否更容易實現其大戰略利益。諷刺的是，安全環境的改善確實削弱了許多中小強國制定戰略（或至少是軍事戰略）的整個過程。隨著多種類型戰爭的減少，戰略很少會像以前那樣成為各國最有影響力的思想家或決策者的思考重點，尤其是在德國或日本這樣的國家，更不用說荷蘭、巴西或印尼了。然而，對於大國來說，核武在制定戰略，尤其是大戰略方面有著深遠的影響，而這種影響並不受人歡迎。

把這個問題套在美國身上，則是特別有意思。核武確實有助於解決美國在冷戰期間所面臨的戰略性難題，即是嚇阻具有超強傳統軍事力量的敵國，並在必要時抵禦其對西歐和東亞的攻擊，同時又不必履行傳統軍事保證的方式，因為傳統軍事保證的成本可能過高，而且不受美國大眾歡迎。而美國把核保護傘（nuclear umbrella）擴張至其歐洲和東亞的盟國，也成為後來形成有效、長久的聯盟所信奉的組織原則。

另一方面，一個持有核武的世界往往會使得美國處於極大的戰略劣勢。第二次世界大戰後，美國有著歷史上前所未有的經濟力量、傳統軍事力量和軟實力。而在一個無核世界中，美國幾乎不會在行動自由上受到任何限制（諷刺的是，其中更包括恢復其傳統孤立主義的自由）。然而，核武非凡的嚇阻力卻代表著，傳統軍事、經濟力量或軟實力都遠遠落後的國家，只要持有核武就能影響到美國的行為。從某種程度上說，原子彈是弱者的武器，能讓一個幾乎沒有其他軍事投射力量但持有核武的國家，得以在國際體系中傲視群雄。例如，在無核世界之中，美國很少會考慮到北韓的戰略目標，也很少會擔心巴基斯坦。核武及其遠距投射的能力，也使美國不得不面對自十九世紀初以來便少有的生存脆弱性。

以美國為例，核武化的世界既擴大了、也限制了戰略性選擇，美國因此得以協防其公開的盟友，同時也把自己的脆弱處暴露在其他擁有核彈的國家面前，造成自己其他形式的力量被最小化或抵銷。美國大戰略的大部分動力，都來自於努力爭取核武的戰略性利益，同時擺脫其所受限制。

VI

因此，核武也為戰略帶來了困境。約書亞・羅夫納（Joshua Rovner）認為，戰略是國家的**勝利理論**（theory of victory）。[18] 核武是實現這目標的可怕工具。在一個核武化的世界裡，不太可能會有什麼戰略性目標會值得冒著其領土受到核反擊的風險，或是冒著道德譴責的風險對無核國家使用核武。即使不存在相互的脆弱性，核武造成的毀滅性後果也會使其在多數軍事情況下失去道德和戰略價值。諷刺的是，核武的主要戰略性用途，反倒是防止核武的使用。在達成核嚇阻這項目標上，國家並不需要具有廣大部隊或精密戰略。此外，若是衡量到核武即便無法消除大家對侵略和征戰的恐懼，也能多少減少這種恐懼，很可能核武國家也會對其他國家取得核武的前景保持樂觀態度。

然而，就算戰略成效不彰也無法消除國家在國際上的目標或利益。羅夫納認為，大戰略是國家的**安全理論**。即使在正常情況下，某個國家的軍事戰略也可能與其大戰略相悖；畢竟，歷史上還是有許多軍事勝利未必能加強國家安全的例子。[19] 而排除了其軍事勝利的可能性，核武也成為國家大戰略的特別挑戰。

在美國核戰略派別中也能見到這種緊張關係。最初，引領思潮的是布洛迪（其認為核武代表軍事戰略的全部意義不再是「贏得戰爭」，而是「避免戰爭」）和謝林等思想巨擘，接著便是肯尼斯．華茲（Kenneth Waltz）和傑維斯等著名國際關係理論家，戰略學家則認為，策劃核戰略是可以也應該要緊扣著「核武除了嚇阻戰爭以外別無他用」的核心思想。[20] 雖然定義仍然難以精準確立，但大家在使用「戰略穩定」一詞時，大致上也就是這個意思。

戰略穩定該如何建立？在兩個敵對國之間的核競賽中，一旦雙方達成相互脆弱性（mutual vulnerability）或是具備承受第二擊的存活能力，攻擊對方就變得毫無意義，因為沒有任何政治目標值得冒著其領土受到毀滅性核反擊的風險。戰爭是能避免的。雖然這項理由背後的戰略性邏輯非常有力，但仍有幾個重要問題沒有得到解答。

首先，要達成相互嚇阻的地步，需要在何種戰略下部署何種等級和類型的軍隊？是需要大量軍隊才能在第一擊中存活下來，還是只需要少量武器就足夠了？其次，有些倡議者認為，相互脆弱性會自然地出現，因為隨著各國運載核彈能力的發展，防禦核彈將變得幾乎不可能。另外有些人則認為，要達成第二擊的脆弱性更加困難，核平衡對變化非常敏感，如果沒有軍備控制等政治干預，各國便會開始出現昂貴且具有潛在危險的軍備競賽。基於過去某些導致戰爭危機的特定解讀，例如一九一四年七月的歐洲危機，以及一九四一年日本和德國分別對美國和蘇聯所發動的突襲，許多分析家認為，各方力量必須相互制約，以避免其發動第一擊，或是在無意中將衝突升級為全面核交換的局面。

第三，各種類型的核戰略能嚇阻敵方哪些行動？核嚇阻是僅限於防止敵方對己方本土發動核攻擊，還是也能嚇阻大規模常規攻擊？如果核嚇阻只適用於防止核武攻擊，那麼所謂的穩定－不穩定悖論是否會使常規戰爭更有可能發生？能否制定出嚇阻代理人攻擊的核戰略？是否有核戰略能嚇阻某國盟友可能受到的核攻擊，甚至是常規攻擊？努力「擴展」嚇阻或擴大受核嚇阻保護的活動和行為者的範圍，便成為戰略界所關切的焦點。

然而，還有一個更大、尚未解決的議題，即是透過核戰略實現戰略穩定的目標，似乎與美國的大戰略目標背道而馳。美國的大戰略影響美國所作的遠不止於嚇阻對其本土的核攻擊。美國的大戰略尋求協防遙遠又脆弱盟國的方法，以防禦擁有龐大傳統軍事優勢的敵方；美國大戰略也努力在不允許這些盟國取得核武的情況下完成前項任務。此外，美國大戰略更避免到海外部署大規模軍隊，以期在防止其經濟走向破產的情況下完成這項任務。雖然制定目標只納入戰略穩定的核戰略，並無法實現這些宏偉的戰略目標，然而，注重優勢地位和先發制人的核戰略卻可能削弱蘇聯的傳統軍事優勢，使盟國不再需要獨立持有核武，而且全都不至於對美國經濟造成太大負擔。高層戰略家所偏好的核戰略，剛好跟美國在實現其遠大戰略目標所產生的核武需求相違背。

這種矛盾的出現，都是因為美國所尋求的核武力量和戰略陣列，全都遠超出戰略穩定的需求。即使通過《反彈道飛彈條約》（Antiballistic Missile Treaty）和《限制戰略武器條約》（Strategic Arms Limitation Treaty）等看似納入了相互脆弱性和戰略穩定的核戰略，美國政府仍在之後持續建立部隊和設計作戰計畫，其計畫強調精確度、速度和隱蔽性，而這些都是比較適合針對敵方核武力量、先下手為強或先發制人的策略。戰略家們常常認為核武和作戰計畫「不合邏輯」，因為其威脅到了戰略穩定，但現在回過頭來看，二者很有可能在某種程度上是受到美國野心勃勃的大戰略目標所影響。

VII

核武確實在本質上大大挑戰了戰略概念一回。畢竟，核武很難找到其戰略用途，因為實在很難想像動用核武就能在戰場上贏取勝利。甚至要明確定義由誰制定核戰略，更是件難上加難的事。

你不妨想像自己是位來自外太空的訪客，其任務是確定甘迺迪政府在一九六一年和一九六二年各自的核戰略內容。這會是個很好的測驗。甘迺迪政府在其短短的任期內面臨一連串與核武作用相關的問題，並面臨著可以說是核武史上最危險的時期，因為美蘇在柏林問題上的對立持續發酵，並在一九六二年十月的古巴飛彈危機中達到高潮。至於，你能從哪裡找到美國的核戰略，又該如何評估？

此時倒是可以先參考謝林的著作，因為他是一位傑出且有影響力的戰略家，同時又與政府關係密切。一九六〇年和一九六一年，他出版了兩本經典著作，即《入世賽局：衝突的戰略》（The Strategy of Conflict）及另一本與哈普林合著的《戰略與軍備控制》。[21]《入世賽局：衝突的戰略》強調「留有餘地的威脅」是加強嚇阻力的一種方式，是有限戰爭戰略的一部分，排除了意外升級和全面核戰爭的風險。[22]令人更加困惑的是，在一九六一年柏林危機達到最緊張的時刻，甘迺迪總統參考了謝林所寫的備忘錄，其中便曾建議向蘇聯發射核武，但不是為了要在戰場上占有任何軍事優勢，而是為了向敵方展示其決心。[23]對謝林來說，美國的核戰略到底是要在相互理解、軍備控制和脆弱性的基礎上達成戰略穩定，還是要利用核武的不確定性和危險性來汲取地緣政治利益？這般自相矛盾，卻又確實貫穿了美國最精闢戰略家之一的著作，其一方面鼓勵各國透過軍備控制和相互脆弱性取得穩定平衡，另一方面又建議採取可能引發不穩定性或利用該不穩定性來達成政治目標的戰略。

除此之外，你或許還能參考演講內容和文件紀錄。例如，美國國防部副部長羅斯韋爾・吉爾派屈克（Roswell Gilpatric）在一九六一年秋季一次演講中便曾語出警告，美國所具備的核武實力「即使受到蘇聯發動突襲，也能發揮出與敵人在第一擊中威脅對美國發動攻擊前，其尚未受損的總軍事實力相當，甚至更大的威力。」[24]這究竟是如文中所示的第二次打擊威脅，還是吉爾派屈克並不隱晦地威脅道出美國所擁有的重要核武優勢，甚至有意願在危機中先發制人地使用該武力？當時有許多人，包括部分蘇聯人，都是這般理解這項訊息的。幾個月後，麥納馬拉在「無城市原則」的演講中，除了闡述要求增加倚重傳統軍事力量的彈性反應戰略，也強調盟國所籌備規模較小的獨立核武「既危險、昂貴，而且容易過時」。[25]你或許會意外發現，在發表這次演講的同時，國防部長也建議削減美國的常規部隊，並願意協助法國進行核武計畫，而且似乎沒有下令對美國的戰爭計畫做出重大改變。一九六一年九月，參謀首長聯席會議主席李曼・藍尼茲（Lyman Lemnitzer）向甘迺迪總統介紹了單一綜合作戰計畫。史考特・薩根（Scott Sagan）認為，這是個「高度缺乏彈性」的「大規模先發制人計畫」。[26]雖然單一綜合作戰計畫在之後幾年曾進行修改，但仍然不夠彈性，也是先發制人性質。然而，卻不清楚這是否為甘迺迪政府的實際戰爭計畫，因為從文件紀錄顯示，該政府確實發展出更有彈性、規模更小的戰略，而不是像彈性反應戰略所建議的去發動一場有限戰爭，反而率先以第一擊去壓制蘇聯的軍事力量。[27]

最後，也是最重要的一點，便是甘迺迪總統的個人看法。甘迺迪就跟其他總統一樣，花了大量的時間和精力在解決核武使用的現實問題上。而他又得出了什麼結論呢？當甘迺迪問前國務卿狄恩・艾奇遜（Dean Acheson）該何時使用核武，艾奇遜回答，總統應該「在選擇的時刻可能到來之前，進行最詳盡、最隱蔽的考量」，而且「根本不該把結論告訴任何人」。28翻閱該紀錄文件，甘迺迪總統似乎確實遵循了此項建議；時至今日，若是古巴飛彈危機真的走向失控，到底甘迺迪總統是否會授權使用核武，仍然無人能得知其答案。

核戰略確實難以捉摸。有關核戰略的來源與目的二者，都很不容易確定及評估，尤其是因為多數情況下，一旦實際動用到核武，就注定是一場戰略性災難的緣故。核戰略的影響也十分深遠，而且不僅僅是因為它是一種足以摧毀整座城市和社會的武器。核武既為大戰略提供了機會，也帶來了挑戰。因此，在鑑別、理解和評估任何的核戰略之前，我們都必須先去了解，什麼是國家想透過這種可怕的武器在國際上實現的目標。

Chapter

3

核子時代的有限戰爭：美國的韓國戰略

丹尼爾．馬斯頓（Daniel Marston）是歷史學家和獲獎作家。他專攻十八世紀至二十一世紀的戰爭和社會。目前，他在約翰霍普金斯大學的高等國際研究學院擔任戰略思想家計畫（Strategic Thinkers Program）的負責人。

韓戰（一九五〇年至一九五三年）是第一場在核陰影下爆發的大規模常規戰爭，[1]也是美國冷戰圍堵政策所面臨的第一次軍事考驗。本章將評估三位美國將軍道格拉斯・麥克阿瑟（Douglas MacArthur）、馬修・李奇威（Matthew Ridgway）和馬克・克拉克（Mark Clark）在制定並實施符合美國政策目標不斷變化的戰略表現。將軍們必須時刻意識到其戰略的廣泛影響，以及其決定是否會導致朝鮮半島以外的局勢急劇升級。

修・斯特拉坎（Hew Strachan）寫道，「戰略有兩項主要任務」：

第一項任務是先確立當前戰爭的性質。因為錯誤判斷會帶來嚴重後果，若是錯把一場大規模戰爭假定成一場規模較小、範圍有限的戰爭，那麼這場戰爭就會是一場錯誤的戰爭。此外，在開始時是某種類型的戰爭，很明顯地，也可能會轉變成另一種類型的戰爭。因此，認識和了解戰爭的特徵，就會是時不時要追問的環節，而不僅僅只是在戰爭一開始要判斷的事。不過，戰略的第二項任務，則是一旦對戰爭的特徵有所了解，就要對戰爭進行管理與指揮。前者更多的是被動反應，後者更多的是主動出擊。交戰國的政策制定者完全有可能決定將戰爭升級，將局部衝突變成全球衝突。[2]

透過檢視美國在韓戰中的經歷，我們能清楚看到戰爭與戰略的相互性（reciprocity）。一九五〇年初，美國正處於制定圍堵戰略，以因應蘇聯擴張威脅的階段；當時，韓國被視為是美國的邊緣利益。然而，北韓入侵的衝擊改變了美國對韓國戰略重要性的評估，到了一九五〇年夏季，美國便深深地捲入一場在韓國爆發的常規戰爭。

部分由於美國軍事行動的成功，美國將戰爭升級到了引發中國干預、散布全球戰爭恐懼的地步。美國指揮官面臨的挑戰便是制定某項戰略，既能確保美國在朝鮮半島的政策目標，又不至於引發範圍更大的衝突。若是說第二次世界大戰是一場為了取得近乎全面勝利所發動近乎全面的戰爭，那麼韓戰就變成一場為有限目標而進行的有限衝突，同時美國軍事領導人所能使用的暴力強度，也會受到政治方面強加的限制，而且這種限制經常會改變。因此，在大國再次面臨區域戰爭可能以不可預測的方式升級的未來情形時，美國在韓戰中的經歷及其在戰爭與戰略相互性本質方面所得到的教訓，都值得我們重新審視。

I

在韓戰期間，有兩位不同的美國總統：杜魯門和艾森豪先後擔任總司令，控制著美國所有的軍事力量。而總統的最高顧問組織，則包括參謀首長聯席會議、國家安全會議，以及國防部長和國務卿。參謀首長聯席會議又稱參謀聯席會，其中包括參謀聯席會主席、美國陸軍參謀長、美國空軍參謀長和海軍作戰部長。而國家安全會議成立於一九四七年，負責就涉及國家安全的國內、外交和軍事政策的整合情形向總統提供建議。國防部長和國務卿則都是國家安全會議和內閣成員。

將軍們所採取的戰略實施（strategic implementation），以及在韓戰中試著處理其相互性議題的努力，都出現在不同的指揮層級中。麥克阿瑟將軍、李奇威將軍和克拉克將軍不只是聯合國盟軍總指揮官（Commander in Chief of the UNC, CINCUNC），同時也指揮遠東司令部（Far East Command, FECOM）和聯合國盟軍（United Nations Command, UNC），並直接向參謀聯席會報告；他們也會與國防部長交流互動，而所有在韓戰中作戰的南韓、美國和聯合國部隊都歸聯合國軍司令部指揮。

就跟許多衝突一樣，戰爭本身的背景亦凸顯出目標、國家利益，以及國家安全機構為制定協調一致政策所做努力的變化。一九四五年日本戰敗後，蘇聯和美國分占朝鮮半島。蘇聯占領該半島北半部，而美國占領其南半部，以北緯三十八度線為界。一九四八年，南朝鮮半島正式獨立並成立大韓民國；隨後，北韓也組織叛亂行動，以破壞其鄰國的穩定。針對這種動盪不安的局勢，一九四八年四月四日，杜魯門總統批准了參謀聯席會所提出的一項立場，其聲明道：

> 美國不該一去不回似的捲入韓國局勢，以致於朝鮮半島上任何派系或任何其他勢力所採取的行動，都能視為是美國的「開戰理由」（casus belli）。[3]

美國國務卿艾奇遜在一九五〇年初的「周邊論」（Perimeter Speech）中也加強了這項立場，其在演說中討論了美國在西太平洋的重要國家利益，並將南韓排除在外。當時，美國的國防資源仍受到二戰後縮編的嚴重限制，杜魯門強調要謹慎限制美國的軍事保證，將美國的資源集中在西歐，其次是日本。

毛澤東主席在一九五〇年春季向北韓高層外交官發表的聲明中，便曾充分聲明該立場，其表示道：「用和平手段統一韓國是不可能的，只有軍事手段才能統一韓國。至於美國人，根本不必怕他們。美國人不會為了這麼小的一塊領土去打第三次世界大戰。」[4]最終，毛澤東的觀點證明部分正確。儘管這場戰役確實將中美兩國捲入了一場重大衝突中，但是美國確實不會為了南韓去打第三次世界大戰。

II

一九五〇年六月二十五日，北韓在當地時間凌晨四點及蘇聯的授意下進攻南韓。[5] 擔任遠東司令部總指揮官（Commander in Chief of the Far East Command, CINCFEC）的麥克阿瑟將軍通知華盛頓領導高層，北韓的侵略行為算是一種戰爭行為。當時國務卿艾奇遜和總統杜魯門一致認為，必須召開聯合國安理會（UN Security Council, UNSC）來處理該戰爭行為，安理會於是在二十五日蘇聯大使缺席的情形下召開會議，而後者以缺席方式抗議聯合國（United Nations, UN）拒絕接納中華人民共和國加入聯合國。聯合國安理會決議表示，北韓的攻擊行為「構成了侵害和平的要件」，但該決議尚未授權軍事回應。[6] 參謀聯席會在二十五日也召開了一次電傳會議，批准擴大麥克阿瑟將軍在南韓下令任何美方行動的授權，並在從日本調度美國地面部隊穩定局勢的情況下，隨時準備派遣海空部隊保護美國公民及通往南韓海上航線的安全。

總統、參謀聯席會、國防部長路易斯・詹森（Louis Johnson）、國務卿艾奇遜和各軍事部門部長們，則是在隨後舉行的會議上，針對美國得以採取的行動及可能貢獻等議題展開了激烈的辯論。討論的結果是一致同意美國需要接下挑戰，包括使用武力來阻止北韓的侵略。

美國決定進行干預的原因之一與本章的核心主題有關，即戰爭與戰略之間的互動關係。如前所述，美國領導人並未計劃要協防南韓免受侵略，但北韓的進攻促使杜魯門得出結論，即使是周邊利益也必須受到防衛，以避免在顛覆或侵略行為面前放棄這些利益，導致歐洲和日本這般更重要盟國的弱化。在一九四九年莫斯科當局取得核武之後，這次侵略事件正好與大眾日益擔憂蘇聯的好戰傾向不謀而合。正如約翰・劉易斯・加迪斯（John Lewis Gaddis）所寫，這次襲擊似乎證實了，「即使面對美國的核優勢，蘇聯也有可能透過代理人發動戰爭。」[7]北韓此次進攻也因此重新形塑了美國的全球戰略。華盛頓當局對南亞和東南亞的非共產主義政府提出了新保證，並在其他地區，尤其是歐洲，大力加強軍事力量，其目的便是提供更大的安全保障，以抵禦更多的侵略威脅，同時也準備在北韓打一場區域戰爭。

起初，麥克阿瑟將軍得到使用海空部隊資源的授權，並為了可能動用地面部隊而維持南韓各條陸路的暢通。這一切都沒有與聯合國安理會進行任何磋商。六月二十七日，杜魯門總統發表了一份正式聲明：「安全理事會已呼籲聯合國所有會員國為聯合國執行本決議提供一切協助。在這種情況下，我已命令美國空軍和海軍為南韓政府軍隊提供掩護和支援。」[8]英國政府則於六月二十八日宣布，英國在遠東駐站的船艦也將為美國海軍和南韓提供支援。從一開始，英國就緊跟著美國的立場，並在戰略決策中扮演了次級夥伴（junior partner）的重要角色。

到了六月二十八日，首爾已被迅速進攻的北韓軍隊攻陷，杜魯門總統在二十九日與許多重要文官和軍事領導人舉行了另一次會議。國務卿詹森提出了一份指令草案，內容論及了跟蘇聯開戰的可能性，總統則是否定了這種未來可能性，明確表示其所欲未來指令只會聚焦在區域問題上。只不過，杜魯門確實也批准了對北緯三十八度線以北、遠離蘇聯和中國邊境的北韓軍事目標進行空襲。隨後，杜魯門於三十日發布了一項範圍更廣的指令，取消了美國派遣地面部隊進入北韓的所有限制。約瑟夫・史達林（Joseph Stalin）對於該事態發展的反應，在於七月五日其向中國外交部長發出電報，並暗示事態恐將嚴重升級：

> 我們認為，正確做法是立即在中韓邊境集中九個中國師團兵力，以便在敵方越過北緯三十八度線時，中方得以在北韓調度志願軍。我們則會努力為該軍隊提供空中掩護。[9]

聯合國安理會在七月七日通過決議，杜魯門總統便成為在北韓發動反侵略戰爭的「執行代理人」（executive agent）。杜魯門總統指定參謀聯席會為「他在韓國的代理人」；而參謀聯席會則要求任命麥克阿瑟將軍為所有聯合國軍隊（UN forces）（後成立為聯合國盟軍）的總指揮官。[10] 麥克阿瑟一取得指揮權，南韓總統李承晚（Syngman Rhee）便立即將所有南韓軍隊置於他以及聯合國盟軍的指揮之下。[11]

不過，即使美國做出派軍協防南韓的保證，還是必須在全球戰略視角下去維持該保證。七月十日同一天，參謀聯席會在與國務卿詹森的會面中，強調應避免與蘇聯直接對抗的必要性，並表示：「美國為了對抗蘇聯而投入大量兵力在戰略重要性不高的區域，甚至是在蘇聯選擇的區域，這是很冒險的決定。」[12] 隨著北韓軍隊將南韓與美國軍隊驅向釜山，戰爭局勢顯然越來越不利。到了七月底，美軍將許多軍事資源轉移到韓國，導致美國在世界其他地區的軍事指揮和利益開始面臨風險。部分杜魯門政府官員擔心，這可能是一場蘇聯發起的代理戰爭，目的是要分散美國在其他地區的注意力，使其無法進行更大規模的戰役。那些幾個月前還被認為對美國國家利益無足輕重的區域，現在已經成為其全球規畫與戰略的主要耗損點，這點凸顯出準確規劃和預測未來威脅和突發事件的難度，尤其是那些以往認為是次要、但可能導致局勢重新定位的意外發展。

III

一九五〇年九月至十二月期間，戰略在實施方面已明顯出現僵局。六月和七月，美國的目標是將地面戰役限制在北緯三十八度線以南。七月，麥克阿瑟將軍及其軍隊開始計劃在仁川進行兩棲登陸〔又稱鐵路行動（Operation CHROMITE）〕；其目的便是去分散釜山周邊地區的北韓軍隊。[13]在仁川行動開始前夕，鐵路行動確實帶來了「若該行動成功，美軍就有可能進入北韓」的可能前景，但這項可能的政策轉變卻並未得到普遍支持。

一份寫於九月一日的國家安全委員會文件草案，則是試著在聯合國盟軍於仁川獲勝並成功將北韓軍隊從釜山地區驅逐出去的前提下，列出聯合國盟軍在越過北緯三十八度線可能帶來的隱患。其中，需要留意的關鍵問題，便是蘇聯或中共加入戰場以支持北韓。不過，麥克阿瑟將軍早在八月三十一日收到情報，據稱中國已經把二十多萬軍隊調到東北地區，隨時準備進入北韓。九月七日，參謀聯席會主席布萊德利將軍便曾表示：

> 兩位參謀聯席會成員在與麥克阿瑟將軍進行磋商之後，參謀聯席會同意了將軍認為欲達成的最初目標是摧毀北韓軍隊的想法。而我們相信，（預期在北緯三十八度線以南）擊敗北韓軍隊之後，緊接著就必須要在北緯三十八度線以北及以南同時展開行動。這種地面行動應該由南韓軍隊實施，因為根據推測，這些行動很可能要以游擊方式展開。[14]

在這個階段的參謀聯席會既定規畫，還是將美軍留在北緯三十八度線以南，只有南韓軍隊進入北韓。麥克阿瑟將軍及其在遠東司令部的參謀依此制定了計畫，但他們也暗示美軍越界進入北韓的可能性。麥克阿瑟在七月的一次會議上曾公開表示：「我可能要占領整個北韓才行。」[15] 九月十五日，美國陸軍第十軍在仁川登陸，到了十六日，釜山周邊的美軍第八軍團開始發動反攻。經過一番激烈交戰，第八軍團在二十三日衝出突圍，往北方朝第十軍所在處前進，各部隊於二十六日會師。北韓方面則是潰不成軍，撤往北方。

隨著美軍在仁川的成功登陸，以及北韓軍隊在釜山周邊地區的節節敗退，受到戰役勝利的影響，政策目標也轉變成在聯合國主導下實現統一韓國的潛在可能。聯合國決議曾暗示有越過北緯三十八度線的必要，但英國及其他國家仍不免擔心蘇聯和中共可能做出的軍事反應。許多杜魯門總統的顧問也擔心一旦越過北緯三十八度線會引發更廣泛的全面戰爭，反倒是參謀聯席會及麥克阿瑟將軍認為，這是一個在政治上統一韓國、一勞永逸地結束朝鮮半島緊張局勢的機會。

九月二十七日，參謀聯席會向麥克阿瑟將軍下達了越過北緯三十八度線並摧毀北韓軍隊的指令。只要蘇聯或中國沒有進入北韓或發出相關威脅，這項指令就必須執行，而且執行條件是在蘇聯或東北地區邊界附近只能出動南韓軍隊。就在這項指令到達的同一天，麥克阿瑟的計畫小組提出了越過北緯三十八度線的戰略。該戰略計畫要求第十軍重新登陸，在北韓元山（Wonsan）的東海岸登陸，而第八集團軍則越境北上，以攻下北韓首都平壤。至於南韓軍隊，則成為美國和西方軍隊的先鋒。

到了二十八日，麥克阿瑟向參謀聯席會報告其計畫，並表示沒有情報顯示蘇聯或中共軍隊進入北韓。國防部長和杜魯門總統則在二十九日批准其分兵計畫，同日，新任國防部長喬治・馬歇爾（George Marshall）亦私下向麥克阿瑟將軍發送訊息，加強參謀聯席會的命令，並暗示美英聯軍將會扮演更廣大的角色：

有關假定第八軍團宣布南韓各師將會停在北緯三十八度線重新編隊的報告：我們希望你們能在戰術及戰略方面毫無阻礙地前進北緯三十八度線以北。上述內容或許會在聯合國造成尷尬場面，因為聯合國顯然不希望碰到必須在通過北緯三十八度線這項決議上進行表決的情形，反而是想看到你們這樣做在軍事上是有必要性的。[16]

美國於十月正式請求聯合國批准占領北韓。十月一日，南韓軍隊越過了北緯三十八度線，當時第八軍團的陸軍情報副參謀長曾報告，有數十萬中國軍隊正在東北地區、北韓邊境集結；聯合國盟軍情報處報告，中國軍隊已經進入北韓。而麥克阿瑟將軍和遠東司令部其他人則駁回了這些報告，十月七日，聯合國大會通過了一項決議，「默許」對北韓進行征服和占領。[17]

戰爭顯然從最初的局勢不斷升級。十月九日，也就是第一批美軍進入北韓的同一天，參謀聯席會向麥克阿瑟將軍發出訊息：

> 此後，若是韓國有任何地方公開或祕密地部署了重要的中共軍隊，而事先又未作宣布，只要你認為目前手下的部隊行動具有合理的成功機會，你就應該繼續行動。而在任何情況下，對中國領土上的目標採取任何軍事行動之前，你都必須取得華盛頓當局的授權。[18]

其他如印度等其他國家的情報報告和資訊顯示，中國有所「動靜」，並打算進入北韓，以反對聯合國盟軍在如此接近其邊境的地方駐紮。南韓第一軍向北韓東海岸前進的速度比預期的還要快；該軍團在十月十一日攻占元山，然後第十軍按計畫登陸並出擊支援南韓軍隊，該軍隊也準備好迅速向蘇聯邊境移動。中國外交部將聯合國盟軍的行動形容為「對中國安全的嚴重威脅」。[19] 中國在十月十四日也開始移動軍隊進入北韓境內。

隨著美軍第八軍團和南韓編隊越境並入境北韓，杜魯門總統要求十月十五日在威克島（Wake Island）召開為期一天的會議，召集麥克阿瑟將軍和參謀聯席會主席布萊德利將軍。麥克阿瑟將軍通報說道，預計在感恩節前就能終結北韓的抵抗，許多美軍將能在聖誕節前撤離北韓。布萊德利將軍聽到這個消息後非常高興，因為他希望能將一些部隊從北韓調往歐洲等其他「熱點地區」（hot spots）。[20]

在威克島會議期間所提出的最後一個問題，便是中國問題。十月十五日，麥克阿瑟將軍表示，雖然中國在東北地區可能集結了數十萬大軍，但他們並沒有進入北韓；而他也不知道中國在前一天就已經進入了北韓。此外，麥克阿瑟認為，即使中國軍隊越境了，中國也沒有空軍，很容易就會被聯合國空軍和地面部隊摧毀。事實證明，這個嚴酷的評估在許多方面都是錯誤的，同時也顯示出軍事領導人經常犯的關鍵錯誤：低估了對手。麥克阿瑟及其參謀低估了中國軍隊的組織能力，不該忽視中國才剛結束內戰不久而質疑其軍隊戰鬥力。由於這種低估，麥克阿瑟未能制定和實施其修正後的戰略，以因應中國事實上可能出手干預，甚至有可能對聯合國盟軍造成重大損失的情形。[21]

十月二十四日，麥克阿瑟將軍下了一個關鍵性的越權決定，有些歷史學家和軍方人員將其確定為違抗命令。如前所述，南韓軍隊是唯一一支經核准得以越過特定界線的部隊，更不用說靠近蘇聯和東北地區邊界的任何地方了。麥克阿瑟取消了該項限制，命令第八軍團指揮官華爾頓・華克（Walton Walker）中將和第十軍參謀長愛德華・阿爾蒙德（Edward Almond）中將向前進攻，以支援南韓軍隊。參謀聯席會對這項命令感到驚訝，並要求麥克阿瑟將軍予以澄清，但他們的溝通並不順利。參謀聯席會表示：「（麥克阿瑟）發出這些指令無疑是具有充分理由的，（參謀聯席會）希望能了解這些理由，因為（這項）行動在此地引起了不少疑慮。」[22]

華克將軍將其兩個兵團向鴨綠江以北推進。十月二十五日，第一批中國軍隊在鴨綠江以南八十公里處與南韓第六師交戰並擊敗該師。十一月一日至二日晚間，中國軍隊與美軍第一騎兵師交鋒，華克將軍命令第八軍團向南撤退，沿著地形較好的地區進行防禦。跟先前報告相反的是，無論美國和日本方面如何輕視這些首批中國部隊，認為其不過是一支小規模的先鋒部隊，這顯然已經算是中國因應衝突的重大介入行動。遠東司令部陸軍情報副參謀長明確表示，中國在鴨綠江沿岸有將近二十九個師的兵力，隨時能進入戰場。

十一月五日，麥克阿瑟將軍命令遠東空軍中將喬治・史崔特梅爾（George Stratemeyer），「摧毀鴨綠江沿岸一切通信方式及所有設施、城市和村莊」。[23]十一月六日，遠東空軍指揮官向華盛頓當局的美國空軍官員通報了這項命令，並將這項訊息轉達給國防部副部長羅伯特・

洛維特（Robert Lovett），後者再將這項訊息轉達給國務卿艾奇遜。國務卿和國防部官員都明白，若是炸彈意外落在中國，風險將大大增加，很有可能導致蘇聯挺身支持北京。國防部長馬歇爾適時收到通知，大家一致認為，除非麥克阿瑟的部隊面臨被摧毀的危險，否則必須在空襲開始之前就停止計畫中的空襲。

然而，麥克阿瑟將軍回應道，空襲必須進行，「越是延遲一小時，美國及其他聯合國盟軍都將付出慘痛的代價。」[24] 參謀聯席會、美國總統及其顧問都很擔心會突然從麥克阿瑟將軍那裡收到令人驚慌失措的消息；他們批准了空襲，但因為擔心戰爭會蔓延到北韓以外的地區，便加上非常嚴格的限制。[25] 第一次空襲開始於十一月八日，由於鴨綠江結冰，橋梁就變得不那麼重要，所以空襲很快就暫停下來。[26]

隨著戰爭進入危險的新階段，美國國防部和國務院內部也開始就戰爭升級問題展開激烈的討論。參謀聯席會在十一月九日交給國務卿馬歇爾的備忘錄中寫道，美國必須避免在北韓進行曠日費時的持久戰，更不用說要擴大戰爭規模了。

美國軍隊持續介入北韓衝突，反而符合蘇聯和世界共產主義的利益，因為這將嚴重消耗美國的軍事和經濟實力；就算美國只是將微薄的軍事力量投入到一個戰略上並不重要的地區，也是符合蘇聯的利益。因此，從全球戰爭的角度來看，在蘇聯改良、完成其征服全球的計畫，並準備給予出其不意的一擊時，美國將會失去平衡，美國應在全球戰爭風險增加的基礎上制定好計畫，並有所準備。[27]

同時，杜魯門總統及其國家安全團隊也試著緩和其與英國和法國的緊張關係，這種緊張關係因政策目標的轉變和決策的反動性而加劇。麥克阿瑟將軍一直對英國為緩和局勢所付出的外交努力不屑一顧，經常說英國不過是在安撫中國，就像張伯倫（Chamberlain）在一九三八年對德國所做的那樣。[28]從中國介入衝突一事也顯示，美國無法以有限資源「打贏」韓戰。至此，美國便很清楚自己並不打算將戰爭擴大到北韓以外的地區；同時只是希望在聯合國獲得支持，以抵制中國的干預，但也只是為了圍堵其威脅。這終究還是進退兩難的處境。在此期間，關於使用核武的爭論依舊；在華盛頓當局有許多軍事和政策領導人都對此表示不安和懷疑，其不僅強調這實在缺乏關鍵目標，更重要的是，也擔心與蘇聯的全球戰爭會因此升級。[29]美國及其歐洲盟國並沒有做好全面戰爭的準備，而且也擔心因為常規軍事力量的不平衡會導致在歐洲戰敗。韓戰必須是一場有限的戰爭；畢竟，在歐洲或世界任何地方擴大戰爭的風險實在太大。麥克阿瑟的失敗在於他未能認清或適應這個根本限制。

隨著中國干預的範圍及其導致美國戰事失利的情形逐漸明朗，這個問題也開始浮現出來。一九五〇年十一月二十五日至二十八日的清川江戰役（Battle of the Ch'Ongch'on）結束後，第八軍團開始往北緯三十八度線撤退，在東部的第十軍也是如此。十一月二十八日，麥克阿瑟將軍試圖主張戰局再次轉變。他在交給參謀聯席會的備忘錄中聲稱：「所有寄望韓戰區域衝突對上作為外來象徵性因素所組成敵軍的北韓軍隊的想法，現在可以完全拋諸腦後了。中國軍隊在北韓投入了大量軍力，而且軍力還在持續增加中，我們所面臨的是一場全新的戰爭。」[30] 到了十一月二十九日，麥克阿瑟將軍要求從中國國民黨派遣增援部隊至北韓，以支援聯合國盟軍；參謀聯席會立即拒絕了這項要求，因為他們意識到這有可能引發與中共，甚至可能與蘇聯之間更大規模的全面戰爭。[31]

杜魯門總統和英國首相克萊門特・艾德禮（Clement Attlee）於十二月四日會晤，討論了限制衝突的必要性。[32] 他們在兩項決定上達成了共識，一是只在韓國打一場有限戰爭；二是力求透過談判來解決危機，並在一九五〇年六月二十五日之前恢復原狀。[33] 到了十二月二十五日，聯合國盟軍便撤離北緯三十八度線。首爾於一九五一年一月被攻下，隨後又在三月被聯合國軍隊重新占領。期間，華克將軍因交通事故喪生，由李奇威將軍接替其職務。中國軍隊成功地將聯合國盟軍擊退回原先駐守邊界線，而第八軍團在北緯三十八度線以南掘地，並需要時間休息復原。

麥克阿瑟將軍在九月和十月實施的戰略曾成功地將北韓趕出了南韓。然而，在華盛頓當局部分政策制定者的支持下，麥克阿瑟所採用的擴張性戰略造成了過度擴張的後果。該戰略也沒有考慮到鴨綠江對岸的中國，其在蘇聯支持下的戰略利益，更重要的是，沒有考慮到他們破壞美國戰略目標的能力。從一九五〇年底到一九五一年，麥克阿瑟將軍一直堅持這種「擴張」戰略；他特別向參謀聯席會的多位官員明確表示，「透過轟炸、封鎖和其他措施將戰爭推向中國」的必要性。[34] 麥克阿瑟也正式質疑對於西歐安全及新成立的北約的關切。他在十二月三十日對陸軍參謀部發表聲明如下：

> 我完全理解對於歐洲安全的需求，並且完全同意要為之竭盡一切所能，但是我不能接受在其他地方的敗仗，因為我確信若是接受戰敗事實，也將會保證日後在歐洲的敗仗。根據最樂觀的估計，協防歐洲的準備工作或許是以兩年後的戰備狀態作為目標，而目前在遠東地區面臨緊急情況下所動員的軍力，則是絲毫不會動搖到這項基礎概念。[35]

雖然麥克阿瑟最初是透過官方管道表達這些觀點，但在二月和三月，他開始更加公開地表達其立場，最終導致被解職。

一九五一年春季，麥克阿瑟將軍很顯然對衝突的本質，以及如何管理衝突都存在誤解。當政策制定者明確表示，若是出現中共或蘇聯干預的跡象，他就必須要重新評估自己的戰略時，麥克阿瑟卻無視其建議，將聯合國盟軍及美國軍隊更進一步推向北韓，希望能促成北韓投降。當收到情報說中國很可能已經進入北韓時，他反而更加賣力地推動其聯合國盟軍向前。他沒有意識到，雖然戰場或戰術上可能會成功，但這些成功卻可能會以危險的方式改變戰爭的戰略環境。當戰爭的地緣政治環境發生重大變化時，麥克阿瑟根本沒有能力，也不願意調整其首要戰略。

IV

李奇威將軍接管第八軍團後，便開始著手對其進行整編和重組。在此期間，李奇威提出了有關對抗中國和北韓的「消耗戰」（attrition）概念。跟麥克阿瑟將軍一樣，李奇威也意識到敵人在數量上占有很大優勢；然而，聯合國盟軍可以透過其海陸空的砲火優勢造成其軍力消耗，從而迫使中國和北韓尋求杜魯門和艾德禮在一九五〇年十二月所提出的談判解決方案。這種方法明顯不同於第二次世界大戰的戰略及其對全面戰爭與勝利的考量。消耗戰的重點在於強調遵循有限戰爭、尋求談判解決的必要性，同時也將有限戰爭的概念重新帶入美國的軍事和政策詞彙中。

一月初，李奇威將軍的消耗戰方針得到了美國政府的支持。《國家情報特別評估》（National Intelligence Special Estimate）便寫道：

若有必要對中國採取大規模行動，韓戰局勢將有利於聯合國及美國聯合地面行動，因為：一、聯合國部隊的海空優勢可以有效打擊數量上占優勢的地面部隊；二、在韓國狹小的戰區中，中共的消耗程度相對較高。[36]

麥克阿瑟將軍同意李奇威將軍的觀點；他在二月對新聞媒體說道：「我們的戰略計畫仍未改變，其中包括不斷行動，使敵人失去平衡，同時（相對地）限制其主動性，結果就是要持續不斷地消耗其人力和補給。」[37]

雖然麥克阿瑟將軍已經說明了消耗戰的目的，但是對於參謀聯席會、國防部和國務院內部的許多人來說，其問題仍然是：「不只是中國甘願受懲罰多久的問題，還有美國大眾願意接受美國持續損耗多久，而且是按照每二十個中國人對上一個美國人的比例。」[38] 經過聯合國盟軍一連串撤退和反擊行動，例如霹靂行動、殺手行動、行動開膛手行動、勇敢行動與無畏行動等，一九五一年四月初前線才終於在北緯三十八度線趨於穩定。第八軍團所採取的消耗戰成效明顯，似乎也就說服了美國大眾及其領導高層，認為消耗戰是可行的，至少當下是如此。[39]

一九五一年四月可說是戰事多磨的時期。四月五日，參謀聯席會便針對與蘇聯爆發全面戰爭的可能性進行辯論。參謀聯席會主席布萊德利將軍認為：

> 單靠軍事行動並無法以美國滿意的方式解決韓國問題。此外，由於韓國問題是世界緊張局勢的表現，因此，僅限於在韓國所採取的政治軍事行動，可能也無法圓滿解決該問題；除非世界緊張局勢普遍趨向緩和，否則恐怕還是沒辦法有令美國滿意的方式，得以解決該問題。[40]

實際上，軍事解決方案必須是有限的，不然就必須是可能升級到美國不準備給予軍事保證的程度。正當參謀聯席會就全球圍堵以及韓戰所扮演角色等根本性問題爭論不休時，麥克阿瑟將軍在發表了一連串近乎不服從命令的言論和行動後被解職，由李奇威將軍接任聯合國總指揮官。[41]

繼任者李奇威將軍清楚了解減緩和限制戰爭的政策目標；正如他向指揮官們宣布：「我們當前展開的行動很可能會擴大敵對行動，造成世界性的戰火連綿，這種嚴峻而現實的危險使得本指揮部的所有人員，尤其是那些有能力採取進攻行動的人員，都肩負著沉重的責任。」[42]布萊德利將軍證實，身為第八軍團指揮官的李奇威將軍，其行動指令很簡單：「在採取審慎措施保護部隊安全的同時，去殺光所有能殺的中國士兵。」[43]

第二件大事，是中國在四月二十一日至二十二日晚間，發動了第五次、也是戰爭中最後一次大規模攻勢。聯合國盟軍再次從（沿著北緯三十八度線東西向戰線的）「堪薩斯防線」（KANSAS Line）逼退至北緯三十八度線以南；首爾戰事儘管岌岌可危，不過依舊能堅守。在遠東司令部和參謀聯席會之間進行了一連串來來回回的公報和會議之後，李奇威將軍於五月一日收到了一套經過修訂的指令，該指令持續限制戰爭及消耗敵人的目標：

> 您經授權得在韓國的地理邊界和海域內進行的空中和海上行動，（這）不包括對東北地區、蘇聯領土或包括鴨綠江電力設施在內的北韓電力系統採取空中或海上行動的權力，而且

依政策不得在距離蘇聯領土二十四公里的範圍內採取任何行動。[44]

總統、國家安全會議和參謀聯席會都支持李奇威將軍在北韓的成果，一九五一年五月，NSC 48/5號文件也重申了美國在該地區的政策，其特別表示：

（為了）保護（駐韓）美軍和聯合國盟軍的安全，（你們要）設法避免韓國的敵對行動擴大成與蘇聯的全面戰爭，並設法避免與共產主義中國的敵對行動擴大到韓國以外的地區，特別是在沒有我們主要盟國支持之下，在韓國努力達成可接受的政治解決方案，該解決方案不會危及美國在蘇聯、台灣問題上的立場，也不會危及共產主義中國在聯合國的席次問題，在沒有這種解決方案的情況下，並認同目前沒有其他可接受的替代方案，繼續實施目前在韓國的軍事行動方針，在保證不以軍事力量統一韓國的前提下，惟其目的在於：一、造成敵人最大損失；二、防止南韓遭到軍事侵略；三、限制共產主義在亞洲其他地區的滲透力。[45]

李奇威將軍向其在聯合國部隊的指揮官們重申了這些觀點，並說道：「你們將在維護自身軍隊安全的前提下，指揮軍隊努力對韓國境內的敵對勢力，造成最大程度的傷亡和物資損失。」[46]

中國最後一波大規模攻勢逐漸停止之後，聯合國部隊在五月中旬再次發動攻勢。新任第八軍團指揮官詹姆斯・符立德（James Van Fleet）中將便曾提議在舊堪薩斯防線以外的地區進行兩棲登陸，但是李奇威將軍反對這項計畫，理由是風險太大。根據李奇威將軍的消耗戰戰略，他認為能透過有限目標攻擊來達到該目的，主要是向堪薩斯防線以北的堪薩斯／懷俄明防線（KANSAS/WYOMING Line）推進。到了六月初，軍隊已經抵達堪薩斯防線並努力加強防守，同時已獲准向懷俄明防線小幅前進。雖然預計中國和北韓軍隊會進行反擊，但聯合國盟軍提前加強防線，致使敵人逐次蒙受損失。

李奇威將軍的消耗戰略贏得了美國政策制定者的支持，到了夏末，大家一致認為其所制定的戰略實現了華盛頓當局所設定的有限政策目標。同時，消耗戰略在外交上也取得了重大突破。蘇聯駐聯合國大使先是在六月二十三日要求停火談判，接著中國和北韓也在七月二日同意了這項要求。

雖然李奇威將軍已經擬定了未來數月和數年的戰略，但要在談判桌上維持壓力及取得勝利的複雜程度，明顯也是一連串令人頭痛的問題。中國和北韓在八月中斷了最初的談判，雙方重新恢復有限目標攻擊。其中有些行動，例如在潘趣缽（Punchbowl）和傷心嶺

（Heartbreak Ridge）的戰役，也在聯合國盟軍內部造成了緊張局勢。其他行動，例如突擊隊行動（COMMANDO），則是取得了部分重要成果，包括在一九五一年十月恢復停戰談判。

一九五一年底，戰爭進入最後階段，雙方陷入僵局，目標攻擊有限。在這段期間，空中和海上行動增加，地面行動減少，以解決問題並迫使敵方在談判桌上讓步。雙方所面臨的問題，在於要消耗到多大程度上才有成效，以及在談判桌上得以讓步的空間有多少。雖然消耗戰具有一定的限制性，而且也是傾向於減緩戰爭，但是彷彿見不到「隧道盡頭曙光」的現實，更是開始在美國國內造成不良影響。民眾開始對戰爭感到厭倦，一九五二年總統大選前夕，戰爭的持續可行性便成為重要的辯論主題之一。

V

談判一直持續到一九五二年，雙方都在堪薩斯／懷俄明防線沿線進行了嚴密部署。主要的後勤交點也因此建立，以利支援雙方的「軍火」消耗及有限地面進攻，或是有如老禿山（Old Baldy）及三角山（Triangle Hill）戰役一般的前哨戰。一九五二年五月，克拉克將軍從李奇威將軍手中接過指揮權，同時兼任聯合國盟軍總指揮官和遠東司令部總指揮官

（CICFECOM），而符立德將軍則繼續擔任第八軍團指揮官。克拉克將軍起初採取與李奇威將軍相同的戰略，但很快就注意到華盛頓當局對於消耗戰的看法普遍存在緊張。一九五二年九月二十九日，克拉克將軍向陸軍參謀部提出一份備忘錄，內容概述聯合國盟軍所面臨的困境，這是克拉克將軍期望促成決議，以考慮擴大並升級戰爭的最初跡象：

> 我堅信，迄今未能實現停戰的根本原因，是我們沒有施加足夠的軍事壓力，將停戰的要求強加給敵方，依本司令部及既有部隊在目前限制（有限空中打擊及有限海上交戰）情形下所展開的行動，其目的在於取得軍事勝利並按照我們的條件實現停戰，積極進攻行動很明顯並不可行，無論如何，在後援部隊抵達戰區之後，我希望能在發動大規模地面攻勢之前先進行延長戰。[47]

一九五二年十月，克拉克將軍及其參謀正式制定了一項擴大戰爭的計畫，預設向鴨綠江前進並封鎖中國。在到達鴨綠江後，若是中國和北韓沒有達成停戰協議，則繼續向中國推進。這想法後來又稱為「8-52號作戰計畫」（OPLAN 8–52）。符立德將軍及其他指揮官都支持這樣的行動，因為他們覺得聯合國盟軍缺乏攻擊精神。雖然8-52號作戰計畫本質上欲升級戰爭，但仍然沒有納入核武的使用，而是稍後才會出現。艾森豪在十月二十五日表示，若他當選總統，將動身前往韓國，「新政府的首要任務，便是審查並重新檢視目前所能採取的所有行動方案，其目標只有一個：早日光榮地結束韓戰。」[48]

一九五二年十一月艾森豪當選總統；在考慮到先前競選時的發言，以及國務卿杜勒斯所強調欲採用不對稱核回應（asymmetric nuclear response）來嚇阻共產黨的攻勢行動，蘇聯、中國及北韓都因此猜測其當選是否會導致戰事大幅升級。克拉克在十一月向新任美國總統簡要匯報8-52號作戰計畫內容，但是艾森豪及參謀聯席會並不支持該計畫，因為該計畫顯然把戰事升級太過，其所需資源會對其他軍事保證造成壓力。然而，停戰談判陷入僵局，促使艾森豪政府在一九五三年二月大幅提高賭注，並表示：「要是（停戰談判）沒有令人滿意的進展，我們就打算果斷行事，不加限制地使用武器，不再將敵對行動限制於朝鮮半島範圍內。」[49]

史達林於一九五三年三月五日逝世，也為戰事僵局帶來了突破可能，但隨著談判延宕，美國也持續就升級戰事計畫進行辯論，以迫使中國和北韓接受停戰條件。三月二十七日，國務卿團隊與參謀聯席會進行了第一次重要討論。當時，柯林斯（Collins）將軍表示道：

在我們剛提出有關韓國問題備選行動方案的新文件中，有一節表示應考慮使用原子武器。依個人看法，我對於在韓國戰術性使用原子武器的立場抱持懷疑態度，現在，我們在釜山和仁川的部署儼然是原子武器的理想打擊目標。在釜山港使用原子武器會嚴重破壞我們在韓國的軍事地位。若我們應採取大規模兩棲作戰行動，我們將會再次成為理想打擊目標，因為兩棲登陸艦隊在把部隊送上岸時，將是原子武器的最佳目標。另一方面，共軍分散在二百四十一公里的戰線上，而且據守在壕溝中，對我們來說，他們並不像我們在他們眼中一般，是個划算的目標。[50]

國務院政策規劃辦公室主任尼茲，同時也是NSC-68號文件的主要制定者，他對在戰場上使用核武一事表示質疑，並擔心蘇聯會做出反擊。

在三月三十一日的美國國家安全會議上，辯論仍持續不休。總統重點討論了向北韓首都進攻並跨越北緯三十八度線的可能性，以及使用核武的問題。艾森豪表示：「若是透過使用原子武器，我們能：一、取得對共產黨軍隊的實質性勝利；二、抵達韓國北緯三十八度線，那麼付出代價是值得的。」[51]這次會議的結論稱為NSC-147號文件。參謀聯席會最初並未同意該計畫，但在一九五三年五月表示同意，並認同NSC-147號文件中許多關鍵要素，包括使用核武。參謀聯席會要求克拉克將軍修改其最初的8-52號作戰計畫內容，最重要的是，正式將在必要情形下使用核武的計畫加入該計畫內容中。

修訂後的8-52號作戰計畫從未實際付諸行動，因為停戰談判最終在五月至七月間有了進展（部分原因是美國向其盟友南韓總統李承晚大力施壓，迫使其接受新出現的條款），也因為修訂後的8-52號作戰計畫，其所需的資源在數月內，還無法在韓國準備就緒的緣故。在戰事最後幾個月內，中國和北韓對聯合國盟軍發動了多次進攻，導致地面戰事升級，但雙方於一九五三年七月二十七日簽署並頒布了停戰協議，暫時結束了敵對行動。

VI

雖然韓戰是一場有限衝突，但是卻為其戰後二十世紀（甚至更長）期間，蒙上了一層陰影。對於二戰後的美國來說，有限戰爭是一門陌生的學科，這也是韓戰中戰略與戰爭關係如此複雜的原因之一。在核子時代，戰略和行動勢必要在充滿危機的大國角力中，居次於政治和全球焦點之下。區域戰爭不再僅限於區域性；所有戰略和作戰決策都必須在更廣泛的政治考量下做出。

三位總指揮將官在解決由此產生的兩難問題上，各自交出風格迥異的戰績。麥克阿瑟將軍利用其在戰場上的明顯優勢，在仁川戰役後升級該戰爭局勢。當政策制定者明確表示，若是面臨蘇聯或中國介入戰事的情形，他就必須重新評估自己的戰略，他卻無視政策制定者的想法，持續向北韓推進，希望北韓能就此投降。在面對中國介入戰事的現實時，他反而擴張過度，試圖擴大戰爭規模，而非聽從建議，撤出已經越界的部隊。在被解職前夕，麥克阿瑟仍未意識到採取有限戰爭的必要性，因為該戰事將衍生更廣大的全球和政治影響。

相較之下，李奇威將軍在斯特拉坎所提出的兩項主要戰略任務方面，顯然掌握得更好。李奇威是以作戰／戰術指揮官的身分就任的；他意識到其本身軍隊的限制性，也注意到在中國的干預下，美國政策制定者顯然是想打一場有限戰爭的事實。他在擔任第八軍團指揮官時，成功運用了消耗戰的作戰方法。而在接任聯合國盟軍總指揮官後，李奇威將自己的經驗及知識提升到戰略層次。他不僅向其軍事及政治導師尋求指導意見，也提出有關戰事升級的難題。在文官領導階層和軍事領導階層之間，進行了熱烈而坦誠的對話。李奇威很清楚聯合國盟軍打的是一場有限戰爭；他不只對其上級高層，也向其麾下指揮官明確地說明了這點。在戰略層面，他採用與有限戰爭政策目標明確掛鉤的消耗戰，並以此達成停戰協議。李奇威的方法有助於重塑華盛頓當局方面的政策辯論，因為他清楚地意識到其軍隊在實現有限目標之外，對於其他目標方面有其限制。雖然這是戰略在實施方面的重要發展，但是到了一九五二年，「消耗戰」已成為美國政治和民眾詞彙中一個負面詞彙，代表著一場代價高昂、耗時漫長、沒有明確最終目標的戰役。在有限戰爭中，消耗戰算是一種有效的戰略，儘管這會讓雙方都精疲力竭，尤其是敵方對傷亡有更高容忍度的時候。

克拉克將軍在上任前就了解麥克阿瑟和李奇威的經歷。他認為一九五二年夏季的戰爭是有限的，但也意識到其與美國大眾之間的緊張關係，尤其是「為打成平手而死」的口號。在第二次世界大戰期間主導戰略思維的「全面勝利」思想，已經被「必須接受一個更模糊的結果」所取代。不過到了一九五二年十月，即使要達成這個結果，似乎也需要在韓國及其周邊地區進行大規模的戰事升級，克拉克將軍及其文官上級便開始準備放棄先前要限制戰爭的想法，但由於停戰談判的成功，這項計畫便從未實現。

這個案例研究凸顯了戰爭與戰略之間相互關係的基本爭論。一九五〇年初，由於美國的圍堵戰略仍在成形階段，所以朝鮮半島並未被視為是美國的重要利益所在。儘管如此，到了一九五〇年夏季，美國還是被捲入朝鮮半島上爆發的一場常規戰爭之中，這場衝突很有可能會演變成更廣泛的全球衝突。這不是第一次，也可能不是最後一次，出現區域性常規衝突的升級並吸引更大國家介入的情況。這場衝突與以往衝突的主要差異在於，這是第一場區域性戰爭，戰爭升級與核對立的可能性密不可分。事後看來，這場戰爭仍然算是有限戰爭，其結果仍是回到戰前情況，只是相比當時局勢發展而言，似乎已經是更大的成就了。

同樣的脈絡，從韓戰經驗中顯示，戰爭的性質會隨著政策目標的變化而迅速改變，而政策目標也會隨著戰場上所發生的事件而迅速改變。「敵人」（在此是指北韓和中共）的時程及決定，都會造成戰事升級及轉移到以往未曾預期的區域而產生影響。戰爭和戰略會互相影響，而雙方在關係和互動中都有發言權。政策和策略的實施在過去和現在都是複雜又惱人的，其最重要的還是具有適應性。

韓戰已經結束幾個世代之久，但其經驗教訓仍然存在。而今又回到了一個大國戰爭隨時可能爆發的時代，在這個時代，區域衝突很可能會迅速升級，並使其他大國陷入困境中。此外，未來所有大國之間的戰爭都將在核武的陰影下進行。在這種情況下，政策制定者和軍事指揮官必須不斷權衡戰略和作戰決定，不僅要考慮其直接效果，還要考慮這些決策是否可能使已經危險的局勢升級或降級。

戰爭及戰略的變化過程並非是線性的，歷史便為之提供了兩個永恆的啟示。第一，戰爭在開始時或許是一回事，但很快就會變成另一回事；第二，由於戰略與戰爭之間不可避免的相互性，政策目標可能會產生變動。關於戰爭及戰略，沒有什麼是簡單的，其可能既混亂又煩人，而且最重要的是，對各方來說都是血腥的。

Chapter

4

本－古里安、納賽爾及以阿衝突中的戰略

蓋伊・萊倫（Guy Laron）在耶路撒冷希伯來大學擔任國際關係課程的資深講師。他曾經在馬里蘭大學、西北大學以及牛津大學擔任客座教授。他的著作包括《蘇伊士運河危機的起源》（Origins of the Suez Crisis）和《第三次中東戰爭》（The Six Day War）。

實在很難想像怎麼會有如此不同的兩個人。一個出生在東歐，一個出生在中東。一個正步入其政治生涯最後十年，另一個則剛起步。一個在工人黨中慢慢崛起；另一個在一場決定性的政變後，年僅三十四歲就達到了權力的巔峰。而歷史讓他們注定成為敵人。

以色列總理戴維・本－古里安（David Ben-Gurion）和埃及總統賈邁勒・阿卜杜勒・納賽爾（Gamal Abd al-Nasser）雖然出身不同，但作為戰略家，他們都有一個共同的特點，就是他們都明白，要想在當地贏得勝利，就必須要放眼世界。兩人都意識到，無論自己國家的實力如何，支持其國家的區域及國際聯盟的規模和實力都非常重要。

此外，納賽爾和本－古里安也必須制定軍事戰略，以利發揮各自的優勢，並抓住對方的弱點。本－古里安和納賽爾在甫上台時，都還沒有考慮到這些藍圖發展。而以色列總理和埃及軍事獨裁者所發展出來的理念，是他們在各自領導其國家之間的衝突中，在經濟、外交、科技及軍事等方面努力學習的結果。

他們的衝突對立正好出現在現代中東歷史上具有決定性意義的十年。因此，他們所做的決定也影響了該地區未來幾十年的發展。每一位以色列領導人都或多或少採用了本－古里安的方法。而任何一位試圖在該地區嶄露頭角的阿拉伯領導人，腦海中也都會浮現出納賽爾的身影。[1]

I

一開始，本－古里安和納賽爾並沒有刻意要採取對立立場。一九五二年，納賽爾藉由其所帶領的自由軍官運動（Free Officers Movement）上台執政之際，本－古里安尚且對埃及新政權表示歡迎。在其以色列議會演說中，本－古里安更祝福埃及軍政府成功取得政權。本－古里安當時很可能是真心的，雖然他內心對於擴大以色列的領土有其他的想法，但埃及並不是他優先考慮的對象。他的目光轉向了以色列與約旦那條漫長又曲折的邊界。在某些地方，其東部邊界距離以色列海岸線也就只有十九公里。以色列人一直擔心，約旦軍團會一接到通知就衝向海灘，並切斷以色列南北之間的通訊。

同樣地，納賽爾也有其他優先事項。首先，他必須在政變後的動盪中生存下來，並控制好權力槓桿的平衡。其次，他所注意的是自一九四五年以來一直在破壞埃及政治穩定的問題，即是蘇伊士運河西岸所駐紮的八萬英軍。這些軍隊是二戰遺留下來的問題，當時英國將埃及變成了其在中東的主要後勤中心。一九四二年，英國部隊進軍開羅，迫使法魯克國王（King Farouk）解散其政府，並任命了一個符合倫敦喜好的內閣政府。而正是這次屈辱的經驗讓埃及政府清楚意識到，只要英國駐軍還在，他們的國家就永遠不會獲得自由。為了解決這個問題，納賽爾也與英國及美國進行了緊張的談判。

然而，以阿衝突的現實隨即逼迫著本－古里安和納賽爾。兩個鄰國之間的緊張關係從一九五〇年代初開始加劇。以色列懷疑埃及在阻止巴勒斯坦難民越境方面做得不夠。這些難民居住在當時由埃及控制的加薩走廊的難民營。一九四八年戰爭之前，這些難民一直居住在巴勒斯坦，不過就在戰爭爆發後，數十萬巴勒斯坦人便離開了巴勒斯坦，有時是自願，有時則是被迫要逃往阿拉伯鄰國。戰爭結束後，新成立國家的以色列控制著曾稱為巴勒斯坦的領土，並拒絕讓難民回來。

對這些巴勒斯坦人來說，將他們與其稱為家園的土地隔開的新邊界只是一條人為的界線。他們夜間越過邊界，尋找偷竊物品的機會（通常他們會收割自己以前耕種的田地）。不過，當他們遇到遷居過來的以色列定居者時，就會發生暴力衝突，最後導致雙雙死亡。以色列人視其為一場生存鬥爭，事關他們為這個經過長期苦苦奮鬥才擁有的國家，建立主權的權利。

從加薩向以色列的滲透迅速增加，尤其是從一九五四年開始。埃及警方盡力阻止，卻無法完全封鎖邊界。一九五五年二月，當時任職以色列國防部長的本－古里安想採取一項大膽的行動。他授權以色列一〇一突擊隊深入加薩，炸毀一個抽水馬達。這次代號為「黑箭」的行動最後失控，有三十四名埃及軍官和士兵不幸因此喪生。這是自一九四八年以來最嚴重的小規模邊境衝突。

II

就在那一刻，納賽爾必須制定一項戰略來因應其所面臨的威脅。他決定對那些想要越過邊境的巴勒斯坦難民張開雙臂。埃及軍事情報部門開始訓練和組織這些稱之為**自由戰士**（fidayeen）（意譯為「自願犧牲的人」）的滲透者。這些巴勒斯坦**自由戰士**被派往深入以色列，以充當埃及的耳目。在內給（Negev）的沙地上，**自由戰士**更加精通戰爭這門學問，在遇到以色列定居者和士兵時也更具有殺傷力。納賽爾認為，他可以利用**自由戰士**來阻止以色列發動「黑箭行動」一般的軍事行動。

納賽爾對以色列突擊隊攻擊的反應是啟動低強度戰爭。以色列的反應則令人回想起一九四八年戰爭的經驗，那場戰爭一開始只是一場內戰，巴勒斯坦非正規部隊襲擊了猶太人的車隊，當時包括耶路撒冷在內的許多猶太人定居處都受到包圍。一開始，猶太武裝部隊〔當時稱為哈加納軍（Hagana）〕一直等到最後一名英國士兵離開這個國家，才開始著手事前計畫。待英國人完全撤出，哈加納軍便實施D計畫，其目的即是善用其後勤優勢。D計畫大概闡述了如何調動猶太軍隊，以便將其集中在特定的戰線上。如此一來，猶太軍隊就能在戰場上占有人數優勢，儘管整體而言，巴勒斯坦非正規軍的人數要多於猶太士兵，但是在確保以色列於戰爭第一階段取得勝利方面，該計畫占有決定性的關鍵。

前身為哈加納軍的以色列國防軍（Israeli Defense Forces, IDF），也以同樣的方式面對巴勒斯坦人的滲透問題。以色列國防軍的將官們並沒有採取阻止難民進入以色列的防衛措施，而是傾向利用以色列的組織優勢。根據一九四八年所制定的守則，一九五〇年代初建立的以色列國防軍所制定的戰略，一般更加強調集中使用武力的做法。以色列國防軍並沒有將部隊分散在邊境線上，反而利用以色列在夜間規劃、執行和作戰的超強能力，進而擬定計畫去打擊阿拉伯國家境內的目標。與其以牙還牙，以色列更傾向於大規模報復，讓任何滲透行為付出慘痛代價。

依照這個邏輯，以色列國防軍在一九五五年十月和十一月採取了三次大規模行動來反應**自由戰士**的攻擊行為，其目的都是為了要羞辱納賽爾。這些行動都相當成功。埃及前哨戰被輕易攻占，八十四名埃及軍官和士兵被俘，另外還有九十三人被殺害。在軍事上，納賽爾無力阻止以色列進行戰事升級。因此，他暫停了在以色列境內的**自由戰士**行動。納賽爾深知自己的軍隊實在太弱了。不過，他也決定在國際舞台上下了令以色列不免踉蹌的一步棋。

III

一九五五年九月，納賽爾向全世界發表了一項聲明，宣布埃及與共產主義捷克簽署了一項大宗軍火交易合約。所有人都清楚，埃及實際上是在與蘇聯進行交易，從而將自己與共產主義集團綁在一起。只是這樣做，納賽爾算是背棄了其自上台以來與美國保持的非正式聯盟關係，因為華盛頓當局一直希望埃及能成為以北約為藍圖的區域防衛聯盟的基石；該計畫稱為中東防衛組織（Middle East Defense Organization, MEDO）。不過，捷克－埃及軍火交易之所以能改變遊戲規則，還有另一個原因，即是這筆交易包括八十架噴射機和一百五十輛坦克。這些都是埃及自二戰結束以來一直想要購買的武器，因為這些是建立現代化軍隊的最起碼條件。噴射機將使埃及擁有一支名副其實的空軍，坦克將使埃及能夠建立第一支裝甲師隊。以色列人因此得出主要的結論，便是軍事平衡正往有利於埃及的方向傾斜。

雖然莫斯科並非納賽爾的首選，但在與華盛頓當局討價還價數月後，他意識到美國提出的要求，例如簽署正式的軍事同盟，都是他無法接受的。畢竟任何向西方大國提出的保證，都會激起埃及大眾輿論的撻伐。此外，美國也試著削弱納賽爾的談判地位，因此設計出另一個由伊拉克主導的區域防衛聯盟作為替代方案。該聯盟於一九五五年二月成立，後來稱之為「巴格達條約組織」（Baghdad Pact）。

儘管納賽爾不免失望，畢竟要不是以色列的介入，他恐怕還是願意繼續與西方再討價還價一番。而埃及武裝部隊在以色列軍隊手中慘遭羞辱的失敗，也使埃及軍官指責納賽爾沒有兌現其達成大筆軍火交易的承諾。這些軍官聲稱，若是有更好的武器，就能夠好好應對以色列帶來的威脅。由於擔心軍隊會倒戈，納賽爾也就被現實推向「熊抱」俄羅斯了。

一開始只是權宜之計，後來卻發展成了戰略聯盟。可以說，納賽爾是衝著武器來的，但最後卻為了蘇聯提供給開發中國家一籮筐的好處而留下來，例如經濟援助、統包設施（turn-key installation）、以物易物，以及前來埃及針對操作蘇聯武器、管理計畫性經濟、建立特務部門並創建一黨制國家等提供建議的專家顧問。俄羅斯的套裝方案完全符合納賽爾的需要。他在其職涯早期階段就曾認為，解決埃及困境的辦法，便是建立一個強大的干預主義國家。納賽爾聲稱其奉行的是一種稱為阿拉伯社會主義的意識形態。實際上，納賽爾信奉的是具有阿拉伯特色的共產主義。舉例而言，到了一九六〇年代初，埃及大部分經濟已經國有化。

無論如何，主控權還是在以色列手上。以色列總理摩西・夏雷特（Moshe Sharett）曾在其任期一九五三年底至一九五五年十一月之間，宣布以色列將不遺餘力地進行反武器交易，這算是以色列首次的公開回應，即使夏雷特在發表演說時，還不清楚這目標是否可能達成。以色列與美國關係友好，從華盛頓獲得了慷慨的經濟資助，但艾森豪政府拒絕向以色列出售武器。因為華盛頓的官員們很清楚，任何強化對以關係的訊號，都會削弱美國在阿拉伯世界的影響力。而出於相同的原因，倫敦對以色列也是維持禮貌但有所保留的態度。

儘管如此，還是有個歐洲大國認為必須在那個特殊的時期，加強該猶太國家的實力，那便是跟耶路撒冷一樣懼怕納賽爾的法國。當時，埃及支持阿爾及利亞的地下運動，目的在於把法國逐出北非。事實上，這種支持也不過是提供一些現金及少量輕型武器，但法國總理居伊・莫勒（Guy Mollet）的內閣堅信，推翻納賽爾將結束阿爾及利亞的叛亂，因此，以色列和法國便建立起自己的戰略聯盟。

巴黎同意向以色列出售噴射機〔即法國軍用製造商達梭航太（Dassault Aviation）所製造的「神祕號」（Mysteres）和「暴風號」（Ouragans）〕及AMX型坦克，這也使得埃及在與捷克簽署協議時取得的優勢化為烏有。本－古里安很清楚，從法國購買這些武器，就代表以色列保證在未來勢必要與埃及對立，但他認為這沒有任何問題。因為本－古里安認為，唯有與西方大國結盟，以色列的命運才會有保障。他曾試著說服美國接受這個角色，但失敗了，而跟法國聯手算是次好的選擇。埃及和以色列現在可說是已經全副武裝了。他們有共同的邊界，彼此懷恨敵對。這都是引發戰爭的導火線，而戰爭也確實在一九五六年十月底爆發。

IV

當納賽爾在一九五六年七月決定將蘇伊士運河公司國有化時，他也曾預設了幾個過於樂觀的假設。他認為倫敦和巴黎會對於埃及徵用他們的財產反應遲緩，而華盛頓當局會反對西歐進行軍事干預。同樣，納賽爾認為以色列不會參與衝突，即使參與，以色列也只會試著併吞一小塊西奈半島（Sinai）的土地。納賽爾認為，就算最壞的情況發生，埃及在西奈半島東北部的防衛碉堡還是能拖延住以色列的地面進攻。

在邊界另一面，本－古里安確實對蘇伊士危機的影響理解緩慢。一九五六年七月危機發生時，他認為以色列與這場戰爭無關。然而，隨著夏去冬來，本－古里安才意識到蘇伊士運河公司國有化危機，對以色列來說是一個機會之窗，除了能懲罰支持巴勒斯坦自由戰士的埃及，摧毀埃及向捷克購買的軍事武器，甚至還能併吞西奈半島。此外，以色列還能在兩個歐洲大國的支持下完成這一切。

透過進攻埃及，以色列將為法國提供有價值的服務，進而鞏固兩國之間的聯盟關係。而且，這只是個開始。在與英國和法國官員的討論中，本－古里安認為這場戰爭會是一次重繪中東地圖的機會。因此，以色列總理提議把約旦劃分給伊拉克和以色列，以利以色列占領約旦河西岸。他也提議將黎巴嫩南部劃歸以色列，並在利塔尼河（Litani River）以北建立一個馬龍派基督教（Maronite-Christian）國家。然而，倫敦和巴黎都對這些提議委婉地表示謝絕。

一九五六年十月底，埃及和以色列軍隊以兩種不同的戰略方式投入戰鬥。埃及軍隊強調靜態和相互支持的防線；以色列軍隊則堅持其進攻傾向，並計劃採用裝甲部隊來突破埃及的防衛碉堡。雖然雙方都為戰爭做好充分準備，但兩支軍隊都沒有打得特別好。最終，決定這場戰役命運的關鍵，還是因為埃及軍隊根本不是以色列、英國和法國三方軍事聯盟的對手。

埃及將軍們明白，他們無法同時保衛西奈半島和蘇伊士運河。因此，在敵對行動開始前幾週，埃及就削減了在西奈半島的兵力，並將部隊撤向蘇伊士運河，因為他們預計英法會在那裡登陸。因此，當以色列國防軍部隊於十月二十九日進入西奈半島時，以色列便在數量上占了優勢。然而，即使在如此有利的條件下，以色列國防軍仍難以攻下烏姆卡達夫（Umm-Qatef），此為俯瞰通往蘇伊士運河道路的埃及營區。

直到十月三十一日晚間，英法聯軍對埃及機場發動空中攻勢，納賽爾因此驚慌失措，下令撤出西奈半島上所有的埃及軍隊，以色列國防軍才得以完成這項任務。埃及軍隊開始撤退之後，以色列騎兵迅速乘勝追擊。到了十一月二日，以色列坦克在幾乎沒有遇到任何抵抗的情況下，進入了距離蘇伊士運河幾公里的地方。十一月五日，當以色列軍隊到達西奈半島南端的沙姆沙伊赫（Sharm al-Sheikh）時，本－古里安命令其參謀總長摩西・戴揚（Moshe Dayan）開始為以色列在半島的永久占領做好準備。然而，本－古里安話音剛落，美國就開始施加其從埃及領土撤軍的巨大壓力。到了一九五七年三月，以色列才不情願地從西奈半島撤出所有以色列部隊，這也表示國際社會在以色列進行擴張方面，其支持立場仍然十分有限。

即便如此，這場一九五六年的戰爭，還是透露出在中東正浮現冷戰的預兆。以色列作為包括英、法在內的西方聯軍之一攻擊埃及。埃及一方則得到蘇聯的支持，其對埃及的敵方發出核威脅。戰爭圍繞著蘇伊士運河的控制權而展開，因為蘇伊士運河是石油運輸至西歐的主要水道，[2]西方自然希望西歐經濟的命脈能不被一個與莫斯科結盟的民族主義獨裁者控制。然而，這項目標在一九五六年的戰爭中未能實現。戰事最終結果，造成西歐和美國更加懷疑納賽爾及其在該地區不斷崛起的影響力。因此，這場短暫的戰爭確實攪動了中東局勢，使本－古里安和納賽爾必須重新評估並調整各自的戰略。

V

納賽爾在蘇伊士危機前就十分信奉泛阿拉伯主義（Pan-Arabism），但他在一九五六年後才真正將該思想付諸實踐。泛阿拉伯主義不是一個人的理想，而是整個社會族群的理想。在阿拉伯世界受過教育的城市白領階級相信，只要能建立一個涵蓋中東和北非大部分地區的超級國家，困擾他們社會的弊病就會迎刃而解。這樣一個強大國家能利用石油收入來推動工業化，並建立一個足以面對來自西方或東方壓力的強大聯盟。納賽爾在一九五六年七月將英法合資的蘇伊士公司收歸國有，並在整個夏季頂住了國際壓力，成為了這個願景的化身。

一九五七年，艾森豪政府試著透過建立一個包括約旦、沙烏地阿拉伯和伊拉克在內的保守阿拉伯政權聯盟，以利圍堵納賽爾日益增長的區域影響力。隨後，艾森豪政府更努力地說服該聯盟，以入侵敘利亞作為威脅，藉此懲罰敘利亞與莫斯科的友好關係。這場危機在年底達到高峰。最終，入侵的威脅還是消退了，但敘利亞軍隊中大部分軍官卻被這次經驗所動搖。

敘利亞武裝部隊中的民族主義軍官既害怕華盛頓當局的干涉，也害怕敘利亞共產黨日益增長的勢力。一九五八年一月，一群敘利亞軍官在未徵求民選官員意見的情況下前往開羅，將敘利亞拱手交給納賽爾。敘利亞總統和總理對此毫不樂見。然而，大馬士革街頭的熱情卻十分高漲，兩位領導人別無選擇，只能宣布其支持埃及－敘利亞聯盟，並正式在一九五八年二月成立新政體。

事實證明，泛阿拉伯主義的熱情相當具有傳染性。五月，黎巴嫩的憲政危機也開始使民族矛盾問題浮出水面。身為一名基督徒的黎巴嫩總統卡米勒・夏蒙（Camille Chamoun），不顧其任期限制，執意要延續其政權；納賽爾則是從他新贏得的敘利亞基地，向黎巴嫩的遜尼派反對運動提供現金和輕型武器。直到年底，別稱「雪松之地」的黎巴嫩仍不斷遭受騷亂和血腥戰鬥之苦。外部觀察家則認為，黎巴嫩正逐漸走向納賽爾的軌道。

六月底，親納賽爾軍官的政變陰謀在約旦首都安曼被揭開。作為回應，約旦國王胡笙（King Hussein）要求其伊拉克盟友派兵支持其政權，這也為戲劇性的局勢新發展埋下了伏筆。七月初，準備進入約旦的伊拉克軍隊先是經過巴格達，為已經開始實施的政變計畫提供掩護。原來，伊拉克軍隊有一部分是由自由軍官運動所領導的，該運動仿效納賽爾在埃及所建立的自由軍官運動。政變發生後，伊拉克王室在王宮遭到屠殺，伊拉克便從民主憲政變成了軍事獨裁。

一九五八年七月所發生的政變事件，算是泛阿拉伯主義的高峰。埃及獨裁者似乎想染指每個中東國家，即黎巴嫩、敘利亞、約旦和伊拉克。似乎有那麼一瞬間，埃及不僅控制了石油運向歐洲的重要通道，即蘇伊士運河，也控制了所有通道。若是這些國家全都像敘利亞一樣納入納賽爾的控制之下，納賽爾便得以控制從黎凡特（Levant）到波斯灣的廣大地區。這剎那的輝煌時刻並非偶然。以開羅為基地的強大廣播電台「阿拉伯之聲」（The Voice of Arabs）就曾投入大量資源，向整個地區進行泛阿拉伯主義思想的宣傳。此外，埃及間諜也活躍在多個阿拉伯國家的首都中。

然而，納賽爾的野心比表面上看起來小得多。這位埃及獨裁者希望能被兩個超級大國視為區域老大。這樣，他就能從蘇聯和美國手上得到援助。然而，他也明白，治理阿拉伯世界確實超越了埃及的能力所及，因為埃及本身也面臨許多社會挑戰。事實上，儘管在黎巴嫩、約旦和伊拉克發生的事件，都受到納賽爾及其願景的啟發，但這些事件並不是他所控制的。即使這些事件終於塵埃落定，這些國家仍然保持獨立狀態，並沒有真的表現出想要加入敘利亞－埃及聯盟的意願。[3]

正是在這種背景下，本－古里安也提出了其區域構想。該計畫稱為「周邊聯盟」（alliance of the periphery）或「B地帶」（Belt B），其目的是包圍納賽爾的泛阿拉伯集團。隨著時間經過，該計畫也經歷了各種更動，但其基本原則還是與土耳其和伊朗等非阿拉伯國家建立聯盟關係。本－古里安戰略尚有另一塊組成部分，便是深化以色列在非洲的參與程度，並加強其與阿拉伯國家接壤國家之間的關係。以色列將其與土耳其和伊朗的關係稱為「北方三角」，也試圖要在非洲與衣索比亞和蘇丹等國形成「南方三角」。

正式建立北方三角關係，是在局勢極其動蕩的一九五八年夏季落實的。同年六月，以色列和土耳其代表舉行會議，討論蘇聯和埃及在該地區與日俱增的影響力。在會議之後，本－古里安與土耳其隨即簽署一項協議，以協調雙方的政治戰略。同時，以色列和伊朗也舉行了聯合會議。到了七月底，本－古里安在給艾森豪的報告信中說道：「我們已開始加強與中東外圍四個鄰國的關係，其目的是要建立一座堅強的大壩，以抵禦納賽爾－蘇聯所帶來的泛阿拉伯主義洪流。」[4]

八月，以色列與土耳其和伊朗特務部門也簽署了雙邊協議。土耳其和伊朗承諾將分享有關埃及活動的情報，而以色列則承諾提供有關蘇聯在該地區政策的情報。此外，另一項協議內容是以色列願意訓練土耳其和伊朗間諜。到了年底，以色列、土耳其和伊朗更同意舉行情報部門三方會議。這些代號為「三叉戟」的聯合會議在一九五八年至一九六八年間，固定每月都在特拉維夫、德黑蘭或安卡拉等地召開一次會議。

然而，早在一九五八年夏季之前，這些相關作業就已經啟動。事實上，這些與伊朗建立戰略聯盟的措施，更早於周邊聯盟的建立。這些措施甚至能直接溯及蘇伊士危機所造成的地緣政治後果。一九五七年初，以色列從西奈半島撤軍，以換取埃及默許停止阻礙欲前往以色列船隻的行動。在美國調停下達成的這項協議，打開了以色列與波斯灣之間的海上貿易通道。因此，以色列和伊朗在當年就已建立貿易關係和軍事聯盟。第一艘來自伊朗的油輪，即是在一九五七年年中抵達以色列的艾拉特（Eilat）港。[5]

VI

埃及和以色列在尋求區域和國際衝突解決方案的同時，也寄望於取得先進的軍事科技，只不過其結果卻大相逕庭。在二戰爆發前，本－古里安主要考慮將科學用於農業和工業目的。直到戰爭期間，他才意識到科技在戰場上扮演的關鍵角色。他在美國停留了一年，親眼目睹羅斯福（Roosevelt）政府如何將美國的工業和科學能力進行整合，並生產出最先進的軍事科技。隨著戰爭結束，本－古里安開始號召猶太巴勒斯坦高等教育機構，即希伯來大學、以色列理工學院和魏茲曼科學研究所（Weizmann Institute of Science）等科學家們為以色列軍事工業的需求服務。

大約也是在這個時候，本－古里安意識到科學實力確實能成為另一種克服阿拉伯軍隊人數優勢的方法。若是以色列人有更先進的武器，就能抵銷阿拉伯軍隊的人數優勢。一九四七年底，本－古里安決定在哈加納軍中設立一支龐大的科學部門。一九四八年戰爭期間，巴勒斯坦的科學研究機構便開始全力投入於運用科技為以色列取勝的工作中。隸屬以色列國防軍中的科學軍團，就是在這項活動中成長壯大的。到了一九五一年，科學軍團更成為以色列最大的研究機構之一，其具有五個研究所、五百六十名員工和九十萬以色列鎊的預算。

一九五二年，本－古里安創立了原子能委員會（Atomic Energy Committee, AEC），雖然是民間機構形式，但實際上核子研究還是在國防部的研發部門內進行。本－古里安不僅密切注意該部門的日常管理，並支持其迅速擴張。然而，卻因為國內爭議及無法取得關鍵零件，導致以色列的核子計畫在一九五〇年代中期陷入了困境。

蘇伊士危機則是再次成為關鍵轉折。因為以色列與法國的戰略聯盟，便為打破前者的核僵局指了一條明路。在一九五六年與埃及開戰前的一次高峰會上，以色列官員得到了法國部長們有關達成一項重大核協議的口頭承諾。以色列人想要的是統包設施，並以支付全額作為對價，而法國將派人到以色列建造一座反應爐及一個鈽分離裝置。法國方面不僅同意這些條件，也讓以色列得以改良載運系統的開發作業。最終，以色列更獲准從同為法國空軍製造商達梭航太公司那裡購買到飛彈技術。[6]

這一切全都要耗費大量的資金，其具體數字至今仍鎖在以色列機密檔案裡，但同時代的估計數字大約在一．八億至三．四億美元之間。[7]一九五〇年代後期，以色列仍是一個有許多其他迫切需求的開發中國家。那麼，又是什麼能讓本－古里安這般一心一意地追求核子計畫呢？根據一位關係密切的顧問表示，蘇伊士危機顛覆了本－古里安的思考方向。這場危機讓他意識到，以色列需要放棄「支配戰略」（strategy of dominance），即透過擴大邊界來保護以色列，轉而採取以核武作為「嚇阻戰略」的主要工具。這位顧問表示，這種策略適合「八面受敵之城」。[8]

至於在以阿邊界的另一側，納賽爾對於飛彈的看法，也是從蘇伊士危機開始形成的。一九五六年十月底，法國和英國的飛機出其不意地襲擊了埃及空軍，並摧毀了地面上的飛機。這次戰敗經驗讓納賽爾意識到，在面對科技更為先進的對手時，其空軍的戰略價值顯得多麼有限。由於提升埃及空軍的實力很需要時間和努力，飛彈便成為解決問題的捷徑。

一九五八年五月，納賽爾向蘇聯主席赫魯雪夫索取「中程飛彈與轟炸機」。納賽爾顯然想要足以威脅以色列後方的武器，卻從莫斯科那裡得到「不行」的斷然回應。[9]由於無法從莫斯科當局獲得幫助，納賽爾便試著獨自推動飛彈計畫。從一九六〇年開始，埃及官員也開始招募曾參與納粹飛彈計畫的德國科學家。要是他們願意到埃及協助建立飛彈計畫，就能賺到豐厚的薪水。

但事實證明，這只不過是徒勞無功。埃及很難為此計畫投入足夠的資源。此外，埃及在國際市場上取得相關設備的管道有限，而且價格高得離譜。另外，埃及所建造的飛彈工廠，也很難製造出正常運作的引擎。除此之外，來到埃及的德國科學家，所帶來的飛彈設計知識都已經過時，並沒有運用最新的突破技術。尤其是他們對導向系統（guidance systems）的了解十分有限，所以儘管飛彈能夠飛行卻都無法瞄準，最終導致飛彈根本無法作為武器使用。不過，利用這些飛彈作為宣傳，還是很有價值。一九六二年七月，埃及媒體大肆宣傳在沙漠中發射埃及製飛彈一事。一九六三年七月，這些飛彈還在閱兵儀式上展出。這大概是這項計畫所能達到的高峰了。到了一九六五年，飛彈計畫便停滯不前。[10]

納賽爾在發展核武方面，並沒有達成更大的成功目標。一九五〇年代中期，他成立了原子能源局（Atomic Energy Agency, AEA），並建立核子研究中心。但直到一九六〇年底，納賽爾還是最為關切原子能在和平研究方面，及其解決埃及日益增加的能源需求的潛力。一九五八年一月，當蘇聯大使建議在中東建立無核區時，納賽爾尚且表示同意。[11]然而，就在一九六〇年底，美國媒體揭露以色列迪摩納（Dimona）存在一座核子反應爐之後，納賽爾便改變了主意。他下令原子能源局開始研究生產核武的可能性。納賽爾明確表示，政策轉變背後的主要因素，即是他擔心以色列會先得到原子彈的緣故。

一九六一年一月，曾有兩名埃及駐華盛頓大使館的基層官員，先是接近一名蘇聯外交官，詢問蘇聯是否願意向埃及出售核彈。然而，卻再次得到否定的答案[12]。同年，埃及位於伊夏斯（Inshas）的二百萬瓦反應爐便曾出現臨界反應。不過，這也只是一座小型的研究反應爐，無法生產大量武器級材料。此外，建造該反應爐的蘇聯也要求將所有用過的燃料送回蘇聯。

一年後，即一九六二年，埃及與印度原子能委員會簽署了一項合作協議。埃及希望能透過與具有更先進學術及科技基礎設施的友好國家，進行科學合作並從中受益。一九六四年十月，納賽爾因為受到中國首次原子彈成功試驗的鼓舞，派遣了一支代表團前往中國。代表團成員除了祝賀中國政府成為第一個生產核武的開發中國家，也請求中國協助埃及在發展該領域方面的計畫。中國允許代表團參觀幾個核裝置，但拒絕了將核裝置交到埃及手上的請求。中國的建議非常明確：「你們必須先建造好自己的基礎設施。」[13]到了一九六五年，埃及的核武計畫就跟飛彈計畫一樣，一頭撞進了死胡同。

納賽爾的失敗與本－古里安的成功都有許多原因。其中最主要的原因，便是本－古里安找到了願意出售關鍵設備的盟友，而納賽爾卻沒有。除此之外，以色列具有可供本土生產武器的科學基礎設施，而這些能力都有賴於以色列建國之前，曾建立一流高等教育機構的功勞。在以色列建國之前，巴勒斯坦的猶太大學便已成為逃離希特勒歐洲的猶太裔化學和物理教授們的避難所。隨著時間經過，這些機構培訓並教育出一批以色列的技術人員和科學家，他們懂得操作迪摩納核子反應爐，並進一步開發從法國購買而來的飛彈技術。反觀，埃及卻缺乏同樣的知識和科技基礎設施。因此，埃及科學家根本就無法完成前納粹專家曾發展過的飛彈計畫。

VII

本－古里安於一九六三年辭去總理職務，但直到一九七〇年他仍是一名活躍的後座議員，並在一九七三年十月戰爭後不久去世。而一九七〇年九月，納賽爾也在擔任埃及總統期間因心臟病發作去世，其各自的中東政治時代就此結束。然而，兩人精心制定的戰略仍是其繼任者得以借鏡的樣板。他們也以一種更諷刺的方式，留下了大量政治遺產，可以說本－古里安和納賽爾曾做過的決定，都限制了追隨他們腳步、阿拉伯及以色列繼任領導人的選擇。

以色列國防軍從一九四八年至一九五六年的經驗中所得出的結論，便是其進攻原則十分有效。以進攻作為核心戰略，使以色列戰勝其敵人足足兩次。以色列將軍們也認為，以色列國防軍是該地區最強大的軍隊。因此，實現本－古里安在一九五六年戰爭前所訂定的目標，也出現了一扇獨特的機遇之窗。以色列國防軍的計畫部門堅信，透過征服約旦河西岸、西奈半島和戈蘭高地（Golan Heights），以色列國防軍將創建「防禦邊界」。在一九六七年戰爭之前的幾年內，就已經出現了如何實現該目標的詳細藍圖。

同時，陸軍應全面機械化。坦克將成為打破敘利亞在戈蘭高地、埃及在西奈半島建構堅固碉堡的主要工具。加強空軍實力，將使以色列能夠重複在蘇伊士危機中，法國和英國噴射機發動突然空襲的戰略，並在阿拉伯飛機還在地面時就對其進行轟炸。空中優勢將使以色列陸軍得以盡快推進。

一九六三年，激進的復興黨政權（Baath party regime）在敘利亞崛起，為這種情況的發生創造了條件。敘利亞向巴勒斯坦法塔赫（Fatah）組織提供援助和庇護。他們在敘利亞境內收留法塔赫組織團體，對其進行訓練，並指導其如何透過黎巴嫩和約旦邊境潛入以色列。一旦進入以色列境內，法塔赫組織就開始實施破壞活動。而以色列的反應就跟一九五〇年代一樣，進行越境報復攻擊。

敘利亞人也修建了水利工程，將約旦河（Jordan River）支流從加利利海（Galilee）引開，藉此奪取以色列的水源。以色列也以轟炸敘利亞引水工地作為回應。快到一九六七年五月，以色列領導人公開威脅敘利亞，要對其採取大規模行動。開羅當局收到了消息，納賽爾決定以軍隊進入西奈半島作為回應，以阻止以色列攻擊其軍事盟友敘利亞。跟一九五〇年代一樣，大規模的報復行動也使中東緊張局勢升級。

然而，在一九六〇年代，以色列開始有了大規模報復之外的另一項選擇。敘利亞的引水計畫在技術上十分複雜，並且相當仰賴與其他阿拉伯國家的合作，而這些國家並未與之合作。以色列本可以不採取行動。至於法塔赫游擊隊，以色列本可以在其東部和北部邊界部分地區建造圍牆，以阻止巴勒斯坦部隊進入。然而，以色列將軍們對於任何需要花費大筆支出以防衛固有邊界的事，都很不以為然，反而會選擇擴大邊界。

在隨後一九六七年六月所爆發的戰爭中，以色列的應急計畫比預期的更加有效。以色列空軍在戰爭開始的前四個小時內就有效地擊敗了埃及、約旦、敘利亞和伊拉克軍隊。同時，以色列陸軍也投入了戰役。

在先前的幾年裡，以色列坦克一直在訓練如何在極其複雜的地形中行駛，以便能出其不意地打擊敵軍。一九六七年六月，這項訓練在西奈半島獲得了驚人的成果。以色列坦克能夠駛過沙丘頂峰，並出現位於烏姆卡達夫的埃及防衛碉堡後方。結果，以色列贏得了決定性的勝利，控制住通往伊斯梅利亞市（Ismailia）的戰略重鎮。這時，埃及參謀長阿卜杜勒・哈基姆．阿米爾（Abd al-Hakim Amer）不禁驚慌失措，匆忙下令撤退，西奈半島上的埃及軍隊更因此潰不成軍，就像一九五六年一樣。

此時，以色列總參謀部已經意識到，是時候將部隊撤出西奈半島，並轉向其他戰線了。不幸的是，約旦和敘利亞都已經投入戰爭，並與以色列正式交火。至於在安曼和大馬士革，根本沒有人想到要單獨迎戰以色列。然而，這正是埃及軍隊崩潰後發生的事。約旦軍隊規模太小，敘利亞軍隊因民族矛盾而軍心渙散，無法對抗宛如戰爭機器的以色列。每支軍隊都在與以色列裝甲師首次交戰後四十八小時內倒戈。

局勢的迅速變化使以色列得以在六天內征服西奈半島、約旦河西岸和戈蘭高地。然而事實證明，攻下新領土遠比占有新領土容易得多。以色列和埃及軍隊的砲火交鋒和突擊隊突襲始於一九六七年夏季，並在一九六九年至一九七〇年期間進入了砲火密集的階段。雙方都把這場戰役形容成一場消耗戰。這場曠日費時的戰爭，充分展現著埃及軍隊的實力。

埃及軍隊能夠承受來自以色列的大膽突襲和深入轟炸，並持續戰鬥不休。一九七〇年八月簽訂停火協議後，埃及實現了其主要目標，即是將地對空飛彈（surface-to-air missile, SAM）砲台推進到蘇伊士運河。這些砲台可以防止以色列飛機騷擾想要穿越運河的埃及軍隊。

在一九七〇年至一九七三年這三年的平靜期，以色列國防軍對其進攻原則的虔誠，也逐漸成為一種崇拜。儘管一九六七年後的戰線更適合採取防衛戰略，但以色列將軍們顯然對碉堡的投資興趣缺缺。以色列在蘇伊士運河東岸修建惡名昭彰的「巴列夫防線」（Bar-Lev Line），即是彼此間隔很大的一連串前哨基地。顯然，以色列沒有足夠兵力來阻擋對岸駐紮的五十萬埃及軍隊。

不過，還有其他防衛方式。以色列國防軍底下的技術單位製造出一種裝置，能夠將柴油扔進運河並點燃，把任何渡口變成死亡陷阱。然而，總參謀部認為該系統成本太高。相反地，以色列將軍們更願意為坦克和噴射機進行升級投資。以色列軍官認為，任何防衛武器都是無用且浪費的，他們也不了解蘇聯製造的反坦克和防空飛彈，在戰場上會產生革命性的影響。

儘管以色列情報機構摩薩德（Mossad）能收集到有關這些武器在埃及為即將到來的衝突中所發揮關鍵作用的情報，但這些資訊並未得到充分理解。隨後，以色列坦克駕駛員和飛行員在一九七三年十月六日，即埃及橡皮艇穿越運河和敘利亞騎兵攻入戈蘭高地的當天，遭遇了埃及軍隊高效率的殺傷力。這次令以色列措手不及，因為阿拉伯軍隊借鑑了以色列國防軍的戰術，在沒有任何預先警告的情況下發動了攻擊。起初，計畫進展順利。敘利亞軍隊攻下了戈蘭高地大片的土地，而埃及部隊占領了西奈半島，其毗鄰運河附近一片深達十公里的地帶。

以色列國防軍在戰爭開始後四十八小時內傷亡慘重，但在此之後，以色列也在北部開始反攻。到了十月十日，以色列國防軍將敘利亞坦克趕出戈蘭高地。第二天，以色列國防軍將戰火轉移到敘利亞境內，逼近大馬士革四十公里。在西奈半島，以色列需要等待更長的時間才能有所突破。埃及只要守住他們在前兩天征服的西奈半島，埃及就占了上風。以色列國防軍在十月八日的反攻行動慘遭失敗，在之後幾天內，以色列都在集中精力保衛自己的陣地。

然而，埃及指揮部在十月十四日大舉進攻時，犯了一個嚴重錯誤，而以色列透過摩薩德間諜預先知道了該情況，並做好充分準備。十月十四日的坦克大戰是二戰結束以來世界上最大的坦克大戰，其中包含了以色列騎兵擅長的要素，即快速機動、隨機應變和精湛的槍法。埃及攻勢的失敗成為以色列國防軍得以突破埃及防衛的缺口之一，並於十月十六日成功穿越運河。之後幾日，以色列國防軍更擴大在運河西岸的搶灘行動。以色列軍隊從伊斯梅利亞向南推進，抵達蘇伊士城郊，並包圍了埃及第三軍團。此時，埃及總統安瓦爾・沙達特（Anwar al-Sadat）不得不尋求立即停火。

戰前，以色列國防軍的將軍們堅持認為，軍隊的主要目標是阻止敵人擴大占有任何領土。雖然他們在與敘利亞的戰役中實現了這項目標，但南部前線的情況卻更接近平手。以色列可能已經占據了運河西岸，但埃及的勢力仍持續在東岸壯大。（部分）勝利的代價，可以說是慘重的，包括人員傷亡和裝備損失，這場戰爭也促使以色列國防軍進行內部檢討。[14]

然而，面對黎巴嫩南部的巴勒斯坦解放組織（Palestinian Liberation Organization, PLO，下稱巴解組織）部隊，以色列總參謀部仍堅持其屢試不爽的方法。自一九七〇年代初以來，這些部隊一直在騷擾以色列平民。大規模的報復行動並沒有阻止巴解組織向加利利發射卡秋莎多管火箭彈（Katyusha）。最終，以色列坦克列隊於一九八二年六月進入黎巴嫩以解決這項問題；他們的目標又回到了本－古里安在一九五〇年代的規畫。以色列國防部長阿里爾・夏隆（Ariel Sharon）是當年本－古里安的信徒，他希望將巴解組織完全趕出黎巴嫩，並讓馬龍派基督教家族朱馬伊利爾家族（the Jumayyils）掌權。夏隆成功實現了第一個目標，卻未能實現第二個目標。結果，以色列在接下來的二十年陷入了黎巴嫩泥淖。

VIII

同時，冷戰與以阿衝突之間的關聯，在一九六〇年代變得更加緊密，換言之，這是以色列和埃及爭取外國支持其戰略的結果。一九六三年底上任的林登・詹森，做了一件過去美國總統從未做過的事，他不僅同意以色列購買防禦性武器，還有攻擊性武器。若是說在此之前，以色列軍火庫中大部分武器都是西歐製造的，那麼從一九六〇年代中期開始，美國便成為以色列武器的主要供應國。也正是在詹森總統的領導下，以色列和華盛頓當局正式結盟，簽署了戰略合作備忘錄，促成第一筆美以坦克交易。

在以埃邊界另一側，埃及與蘇聯的關係則是日益密切。蘇伊士危機後，蘇聯承諾資助及建造埃及近代史上最重要的發展計畫，即亞斯文水壩（Aswan Dam）。直到一九六四年赫魯雪夫下台之前，莫斯科當局一直對其在中東及非洲最重要的貿易夥伴不離不棄。莫斯科當局為埃及在葉門的戰爭，提供運輸和軍事支持，並為埃及的工業發展提供大量的資金。一九六四年後，克里姆林宮的新領導人開始對埃及日益增長的需求，給出相對強硬的意見，並加強了與敘利亞的關係。除了其他支持之外，俄羅斯還同意出資在幼發拉底河（Euphrates River）上建造一座大壩。

莫斯科當局與大馬士革當局之間不斷升溫的關係，以及復興黨政權向英、美石油公司勒索高稅收的習慣，皆導致詹森政府的官員呼籲以色列對敘利亞採取對立行動。藉此在以色列和敘利亞之間引發的邊境衝突，也使得中東戰爭可能一觸即發。二個超級大國都各自支持其代理人國家，這種趨勢在戰爭的最後一天（一九六七年六月十日）尤為明顯。蘇聯對以色列迅速越過戈蘭高地的行動感到震驚，威脅要進行軍事干預。詹森總統的反應，則是派遣第六艦隊進入東地中海。而危機之得以避免，完全是因為以色列在當天下午接受了聯合國的停火決議。

即使在戰爭結束後，槍砲聲也從未真正平息。由於戰爭餘燼中並未生出和平解決方案，當地參與國及超級大國都開始在為下一場戰爭做準備。蘇聯和美國都增加了在該地區的軍售，並將以阿衝突視為測試其最新武器，尤其是電子戰設備的機會。事實上，「六日戰爭」之後的幾年，算是中東冷戰的熱戰時期。

以色列與埃及、敘利亞和伊拉克之間的軍備競賽加劇了緊張局勢。此外，蘇聯在其埃及盟友的懇求，以及出於自身需求之下，也於一九七〇年三月派遣了一萬人的遠征軍去埃及。結果，以色列和蘇聯軍隊發現彼此在跟對方戰鬥。有時，以色列和蘇聯的飛行員會在蘇伊士運河上空交戰。一九七〇年夏季，駐紮在地對空砲台的蘇聯小分隊發揮了關鍵作用，摧毀了以色列的空中優勢，迫使耶路撒冷當局在八月接受停火要求。蘇聯軍隊在埃及一直駐紮到一九七二年夏季，納賽爾的繼任者沙達特要求其軍隊離開為止。然而，即使在其被迫離開之後，埃及軍隊中每個營都還是有蘇聯顧問。

在整個一九六七年至一九七三年期間，兩個超級大國在推動交戰雙方談判方面，呈現半推半就的態度。不過，對華盛頓和莫斯科當局來說，向自己的代理當事人施加壓力的代價似乎太高了，以色列和埃及之間的分歧也太深了。此外，這兩個超級大國還有更迫切的問題要解決（例如越南問題）。但事實證明，不採取足夠措施來迫使雙方達成和解也是有風險的。事實上，在一九七三年十月埃及和敘利亞決定向以色列開戰之際，便將超級大國推向了危機關頭，當時莫斯科當局的干預威脅，就曾導致美國進入戰略核戒備狀態。

一九七三年的戰爭，同樣凸顯出本－古里安和納賽爾所開創的依靠外部力量戰略，是一種頗具代價性的戰略。以色列和埃及越是依賴超級大國的支持，其自主權就越小。例如，以色列之所以避免在戰爭第一天發動先發制人的空襲，都是因為事先與華盛頓當局達成了合作備忘錄，即在任何情況下以色列都不會成為侵略者。同樣地，沙達特之所以同意授權於十月十四日在西奈半島發動毀滅性的裝甲攻勢，也都是因為蘇聯逼迫其如此行動。

最後一場依照冷戰路線進行的以阿戰爭，是一九八二年的黎巴嫩戰爭。以色列的入侵在事先得到了美國國務卿亞歷山大・海格（Alexander Haig）的默許，因為敘利亞和巴解組織都是蘇聯的代理當事人。在該戰爭期間，蘇聯顧問曾出現在敘利亞陸軍總部及其部分軍隊中，死傷人數不詳。而且就如同以埃贖罪日戰爭（Yom-Kippur War）一般，蘇聯竭盡全力為敘利亞軍隊提供補給。然而，蘇聯在阻止戰爭爆發方面並不夠努力，這點也使其巴勒斯坦和敘利亞盟友感到沮喪，主要原因還是擔憂可能與美國發生衝突。[15]

IX

在納賽爾執政的最後幾年，有關泛阿拉伯主義的行動計畫，幾乎是氣數已盡。一九六一年，敘利亞因為埃及視其為殖民地而脫離聯盟。納賽爾無視於曾經幫忙併吞國家的敘利亞軍官，還試圖將敘利亞變成埃及的糧倉，同時確保敘利亞只能從埃及購買成品。敘利亞的遭遇給其他阿拉伯國家敲響了警鐘。阿拉伯統治者開始意識到，泛阿拉伯主義其實是變相的埃及帝國主義。在隨後幾十年間，阿拉伯國家的國王和總統儘管口口聲聲說著泛阿拉伯主義，卻都只是淪為在口頭上支持泛阿拉伯主義。

在與敘利亞的聯盟瓦解後，納賽爾仍在不斷努力想辦法確保自己成為地區領袖，只是他每次都失敗。事實上，納賽爾在阿拉伯世界的霸權爭奪，其所呈現對立的局勢，主要是保守的沙烏地阿拉伯和激進的敘利亞。

一九六二年，開羅當局介入葉門內戰，並支持當地共和軍。除了葉門自由軍官與納賽爾主義在意識形態上較為相近之外，納賽爾也對沙烏地阿拉伯懷恨在心。納賽爾認為，沙烏地阿拉伯在一九六一年賄賂敘利亞軍官，藉此瓦解埃及－敘利亞聯盟。透過對葉門的軍事干預，開羅當局得以越過紅海，在沙烏地阿拉伯的後院建立了龐大的軍事駐地，埃及遠征軍甚至在高峰時期曾達到七萬人之多。這項決定最初看起來宛如是在地區棋盤上，下了一招妙棋，但最後事實證明，這不過是聰明反被聰明誤。埃及很快就發現自己捲入了一場血腥的低強度衝突，而且戰事持久地幾乎看不到盡頭。一九六七年五月，納賽爾又犯了一個致命的錯誤，他重新軍事化西奈半島，希望藉此重振其搖搖欲墜的區域野心，結果埃及和泛阿拉伯主義願景都慘遭失敗。

最後一位試圖利用泛阿拉伯主義的阿拉伯領導人是薩達姆・海珊（Saddam Hussein），他認為冷戰的結束和蘇聯的瓦解為其打開了一扇新的機會之窗。然而，海珊以為其對美國的輕視行為，即一九九〇年八月占領科威特一事，會使阿拉伯世界團結在其領導之下，最後他的希望不僅破滅了，也在軍事上走向慘敗下場。除此之外，此時有另一種全新的區域團結精神席捲中東。穆斯林兄弟會（Muslim Brotherhood）和革命後的伊朗，都採納並調整了「泛伊斯蘭」主義。在納賽爾死後幾十年間，這種宗教理念也以事實證明其比民族主義理念更為持久、也更具影響力。

事實上，周邊聯盟的概念反倒是更加持久。本－古里安卸任後，他的繼任者列維・艾希科（Levi Eshkol）曾進一步發展與伊朗的祕密關係。直至一九七九年，伊朗憑藉其豐富的石油資源，在以色列的盟友名單中位列僅次於美國。舉例來說，一九六五年，伊朗協助以色列在伊拉克庫德斯坦（Iraqi Kurdistan）建立了摩薩德情報站。藉此，以色列與另一個「周邊」盟友，即庫德民族主義運動，建立起聯盟。直到一九七五年，以色列與庫德族的合作使其大大削弱了伊拉克的實力。伊朗也資助以色列的飛彈計畫，並允許以色列在其領土上進行試驗。儘管何梅尼（Khomeini）奉行伊斯蘭基本教義，但該聯盟關係卻一直持續到一九八〇年代中期。此外，以色列在尋找其他周邊盟友，例如葉門和黎巴嫩等其他國家，其相關努力也從未停止過。

以色列更是沒有減少對彈道飛彈和非常規武器方面的重視。雖然以色列領導高層在一九六七年和一九七三年都討論過使用核武的問題，但兩次討論都認為以色列的常規力量已經足夠有效，使用末日武器只會適得其反。儘管納賽爾對葉門的保皇黨軍隊曾使用過化學武器，而海珊也在兩伊戰爭中使用過化學武器。然而，這兩個國家都沒有對以色列使用過非常規武器，而以色列則致力於確保自己仍然是中東唯一的核武大國。

一九八一年，以色列通過了所謂的「先發制人原則」（Begin Doctrine），規定以色列將充當《不擴散核武條約》（Non-Proliferation Treaty）的地區執法者，以利制止該區域國家中任何想要製造核武的企圖。同年，以色列轟炸了伊拉克位於圖瓦薩核設施（Tuwaitha complex）中一個名為「奧斯拉克」的核反應爐。以色列的攻擊給了海珊一個藉口，讓他得以命令其核科學團隊開始進行一項祕密計畫，該計畫原本能在一九九五年左右製造出一枚核彈。然而，海珊不得不提早與美國對抗，並於一九九〇年八月入侵科威特。伊拉克大部分的核基礎設施，也在隨後的戰爭中被摧毀。由於海珊在研發彈道飛彈方面比納賽爾更成功，因此他能在第一次波斯灣戰爭中，使用這些飛彈來對付以色列，就像他在一九八〇年代用這些飛彈對付伊朗一樣。海珊的飛毛腿飛彈（SCUD missiles）擊中了一些在以色列的目標，為他贏得了精神上的勝利。不過由於其造成損失有限，所以以色列並未作出重大反應。

X

艾奇遜為一九四九年至一九五三年間的美國國務卿，他將自己的回憶錄命名為《創世親歷記》（Present at the Creation）。他的意思是，其執政期間正是現代國際秩序出現的關鍵時刻。而就跟艾奇遜一樣，本－古里安和納賽爾也見證了中東地區新秩序的建立。

本－古里安和納賽爾在位時，中東地區也正經歷著戲劇性的歷史進程。世界大戰已經結束，英法帝國正在解體，冷戰正在形成。在這種情況下，本－古里安和納賽爾都做出了在其卸任後仍影響深遠的決定。

本－古里安在一九五〇年代以色列與埃及的對立中，精進並驗證了以色列國防軍的軍事原則。而納賽爾向蘇聯求援，將本－古里安從籬笆牆上推下，也因此促使以色列領導人尋求與西方結盟。此外，納賽爾的泛阿拉伯主義意識形態對區域秩序構成了挑戰，造成本－古里安不得不開始在中東周邊地區尋找盟友。本－古里安對於非常規武器的追求，更使得納賽爾陷入了瘋狂的追逐賽。

在這過程中，以阿對立局勢的主要特色也大抵成形。以色列依靠其在後勤、科技及執行等領域的優勢能力贏得戰爭，而阿拉伯方面則採取防禦措施來瓦解以色列的攻勢，並透過游擊戰使以色列陷入長期消耗戰。隨著以色列成功擴大其邊界，阿拉伯國家也隨之加強其在軍事和政治方面的協調。以色列在冷戰中堅定地依附在資本主義陣營一方，而阿拉伯國家則與莫斯科建立了聯盟關係，並參考蘇聯經濟體系中的某些要素。雖然大多數阿拉伯國家對以色列的存在感到沮喪和憤怒，但以色列總能找到願意突破陣營的地區盟友。此外，雖然以色列能夠在充滿敵意的環境中生存和發展，但事實也證明了阿拉伯國家有能力限制以色列的過度擴張。本－古里安和納賽爾確立了這些地區政治的輪廓。即使在他們離世後，同樣的模式仍持續不斷地塑造著中東的衝突和競爭。

Chapter

5

尼赫魯及其不結盟戰略

譚薇・馬丹（Tanvi Madan）是布魯金斯學會的資深研究員，同時負責主導印度專案。她的著作包括《決定性的三角關係：中國如何在冷戰期間影響美印關係》（Fateful Triangle: How China Shaped US-India Relations during the Cold War，二〇二〇年）。

一九五六年六月，美國國務卿杜勒斯曾口出狂言地表示，中立主義是「不道德又短視的」。[1]這句話被視為是在抨擊奉行不結盟政策的國家，畢竟很多人會把不結盟與中立混為一談。然而不久之後，杜勒斯再次澄清，他所指的是：「極少數中立國（若是有的話）。」沃爾特・李普曼（Walter Lippmann）對此感到困惑並評論道，對國務卿來說，「中立是不道德的，但沒有不道德的中立國。」[2]

杜勒斯的澄清或許反映出，艾森豪政府對於不結盟主義及其最主要支持者印度，其看法方面的變化。不過，這也反映了一個事實，對於許多政治觀察家來說，不結盟是非常模糊的概念。在當時及之後，不結盟對不同的人來說，具有不同的定義：對有些人來說是具有各種面向；另一些人來說是對冷戰的批判；還有一些人來說，則是因應國際事務的一種方式。[3]

印度首任總理賈瓦哈拉・尼赫魯（Jawaharlal Nehru）被認為是不結盟政策的制定者，其認為不結盟並不是被動、中立、不道德或漠不關心的概念。在印度擺脫英帝國統治的前一年，尼赫魯就已經事先預示了印度外交政策的核心：

> 長久以來，我們亞洲一直是向西方法庭和總理提出請願的申請人。現在，這段故事必須留在過去。我們建議大家要自力更生，並與願意與我們合作的所有其他各方合作。[4]

多年後，印度總理解釋道，不結盟「本質上是行動自由，即獨立自主的一部分，對於所有國家的友好政策，不因遵守任何軍事條約而妥協。」他更強調，對印度來說，不結盟不是種「任性的選擇」，而是深植於「我們過去歷史與思維方式，以及國家的根本需求」。[5] 對於一九四〇年代和一九五〇年代獨立的印度第一代領導人來說，這些迫切需求涉及到國內的國家建設，而此時冷戰正在國外展開。

除此之外，不結盟是尼赫魯面對世界的態度。尼赫魯相信，他所領導的新國家不可能與世隔絕。國際政治及其戰爭將不可避免地來到印度。但世界並不僅僅帶來挑戰，它也為一個需要發展經濟的國家提供了機會。因此，對印度來說，參與國際事務不是一種選擇，而是一種必然。然而，尼赫魯拒絕接受「與世界接觸的唯一方式是結盟」的觀點。他不同意只有加入美國或蘇聯陣營這兩個選擇，即使他承認大國競賽是當時國際秩序的關鍵，甚至是主流局勢。

尼赫魯的對策不是建立第三個陣營，而是採取第三條道路，後來這又稱為不結盟。隨著不結盟政策演變成一種方式，其中便包含嚇阻戰略及全方位外交戰略兩個要素。這二者的主要目的，在於滿足印度在冷戰背景下的安全、發展和自治目標。

不結盟不僅是印度的選擇。到了一九六〇年，《時代》（Time）雜誌報導其宣傳和影響力，評論道：「中立國已經感受到自己的分量，（並）不再認為自己只是配角，而是號召者。」[6]雜誌甚至表示，該陣營擁有自己的「五大」代表國，除了尼赫魯外，還有埃及的納賽爾、迦納的夸梅・恩克魯瑪（Kwame Nkrumah）、印尼的蘇卡諾（Sukarno）和南斯拉夫的西普・布羅茲・鐵托（Josip Broz Tito）。幾年後，尼赫魯在《外交事務》中表示，不結盟已成為「國際格局中不可分割的一部分，並受廣大社會認同，是一種得以理解的合法政策，特別是對新興的亞非國家而言。」[7]

這顯示不結盟至少源自於冷戰及非殖民化兩種趨勢。不結盟國家中，有許多是剛擺脫殖民統治的國家，它們有著尼赫魯所說的「相似的看法」。[8]然而，大家又各自有詮釋其不結盟政策的方式。本章將聚焦在尼赫魯所構想及實踐的不結盟戰略，特別是他對其嚇阻戰略及全方位外交戰略的理解。這兩項戰略都是印度對冷戰的反應及看法，目的都在於避免戰爭和依賴。但這些戰略不僅僅是防禦或被動性。相反地，尼赫魯積極主動尋求避免兩大政治陣營之間的緊張局勢升級，以免對印度造成傷害，並利用大國競賽來得到好處，以利協助印度。

I

到底什麼是不結盟？什麼不是？在冷戰期間曾引起廣泛的討論，而至今也依然是個常受討論的主題。二〇一二年，印度有一群具影響力的學者及前實務專家出版了一份報告，大致敘述了印度的外交政策，並將其命名為「不結盟二・〇」政策。這個標題，尤其是「不結盟」一詞，在印度國內外都引起迴響。有些評論家甚至將不結盟與一九六一年成立的不結盟運動混為一談。還有些人則是把不結盟解釋成中立、等距關係，甚至是一種「獨善其身的態度」。不過，也有人將其貶低為弱國「躲在原則後面」的概念，或「陳舊的概念」，甚至是與印度國家利益關係不大的「抽象原則」。[9]

雖然解釋各不相同，但幾乎所有評論家都認同，不結盟政策的出現很大原因是對冷戰的回應。有些人認為，不結盟政策產生的背景使得不結盟政策不適用於二十一世紀的印度。另外有些人則認為，不結盟仍應是新德里當局的有效煉金石，也是印度應繼續遵循的道路。

在冷戰背景下，不結盟被解釋為對兩極安全框架的防禦性反應或抵制，或是解釋成贏取影響力的進攻性方法。有些人則認為這是一種孤立戰略，並表示：「不結盟作為一種外交政策，旨在使印度不受冷戰風暴和壓力的影響，從而使印度能夠專注於經濟發展。」[10]更有些人堅稱，這是一項獨立宣言，「是一個新獨立國家，不願受任何其他行為體的戰略需求和偏好所拘束的最終展現。」[11]

正如尼赫魯在冷戰期間所構想和實踐的，尼赫魯的不結盟戰略既有防禦的因素，也有進攻的因素。不結盟既是為了排除依賴性，以及避免其依賴關係與脆弱性，也是為了堅持其獨立自主。正如魯德拉・喬杜里（Rudra Chaudhuri）所言，在印度獨立初期，印度執政黨國民大會黨（Indian National Congress，下稱國大黨）「同意印度在戰略決策過程中，享有完全且毫不妥協的自主權。」[12]但印度的政策制定者很快就意識到了現實，即使印度願意，也不可能自我封閉起來，而且很可能在一段時間內，還是得要依賴其他國家。此外，儘管印度希望能自給自足，不受他人決定的影響，但現實情況並非如此，畢竟為了實現自己的目標，印度還是必須與世界有所接觸。隨著時間過去，印度領導人逐漸形成並發展了一項策略，即是在政治和經濟的限制下，以弱者的姿態來塑造國際環境，並擴大自己的選擇範圍。

冷戰結束二十年後，頗具影響力的學者兼實踐家蘇傑生（K. Subrahmanyam）堅稱，不結盟是「保障印度安全的戰略」。[13]的確，安全是關鍵目標，但對印度領導階層中的許多人來說，這不僅僅是保護傳統意義上的國家安全。由尼赫魯塑造和反映的印度主流安全觀，不僅將保護國家領土完整作為目標，還將實現經濟安全和保護印度的自治權（即行動自由）作為目標。對於一個剛擺脫殖民統治的國家來說，自治的願望並非無法理解。然而，這也代表印度領導層需要一個務實的計畫，得以在冷戰背景下以最大可能範圍來協調這些目標。

對於在一個派系林立的世界中，實現印度目標的最佳方法，各方並沒有共識。在印度政府內部和外部，個人認為應優先考慮或優先選擇哪些合作夥伴或目標的觀點不盡相同。有些人，尤其是左派，主張與蘇聯建立更密切的關係；而右派人士則認為，與美國或西方結盟是更好的選擇。印度第一副總理兼內政部長瓦拉布赫巴伊・帕特爾（Vallabhbhai Patel）等領導人，則是從新印度目標的角度看待局勢。他也不希望「損害我們印度反對帝國主義的立場」，或是印度的自治權。不過，帕特爾堅信，若是「我們必須保衛我們的邊界不受共產主義的滲透和侵占，我們就不得不依賴外部的同情和支持。」[14]

帕特爾和其他人都同意印度採取更廣泛的外交政策方針，即不加入一個政治陣營，但建議向其中一個或另一個超級大國傾斜。帕特爾認為，美國「在人員、資金和機械方面的支持」，對於其工業政策至關重要，同樣對印度的「進步」也相當重要。因此，他希望能與美國建立更密切的關係。[15] 印度駐倫敦首任高級專員克里希納・梅農（V.K. Krishna Menon）是最早使用「不結盟」一詞的人之一，他反而更傾向於蘇聯。印度第一代外交政策官員，包括吉里賈・尚卡爾・巴吉帕（Girija Shankar Bajpai）、梅農及尼赫魯的妹妹維賈亞・拉克希米・潘迪特（Vijaya Lakshmi Pandit）（曾各自在華盛頓、莫斯科、北京和倫敦及國內擔任要職的三人）之間的交流，也展現了不同的觀點。

雖然尼赫魯的做法曾引起爭議，並隨著時間過去而不斷變化，新德里當局有時也確實有所傾斜，但印度仍然走在尼赫魯所偏好的不結盟路線上。一九四七年至一九六四年間，身兼總理及外長的尼赫魯，充分在外交決策中發揮其主導角色和影響力，並確立了其不結盟路線。這種外交政策具有兩條相輔相成的軌道，一條是嚇阻戰略，另一條是全方位戰略。

II

在尼赫魯時期，印度努力的重點便是圍堵戰爭和依賴關係。同時，這也促使印度積極從事外交參與和避免結盟。

一九四七年，印度宣布獨立，尼赫魯開始聚焦在國家建設上。特別是印巴分治之後，尼赫魯政府的首要任務便是政治、社會和經濟發展，以及國家凝聚力。為此，印度領導階層需要一個和平的環境，尤其是在亞洲。尼赫魯認為，印度「首先」需要的是「一些時間及和平來進行建設」。[16]

不過，國際上的競賽也越加激烈了。就在尼赫魯於一九四七年八月宣布，印度「為生命和自由而覺醒」的幾個月前，美國總統發表了「杜魯門主義」言論，反映並強化了冷戰路線。此外，印度的政策制定者，還必須解決與新成立的巴基斯坦相關的安全問題；不論遠近的附加衝突都有可能進一步擾亂其發展計畫。

印度領導人已經看到了世界大戰對印度的影響。對許多美國政策制定者來說，第二次世界大戰的重要教訓之一，就是應該對抗侵略者，而非安撫姑息。尼赫魯汲取了不同的教訓，例如過去跟英國命運捆綁在一起的印度，是如何捲入一場並非由印度人選擇的戰爭；印度資源的消耗及其發展的後果；以及對許多國家經濟的不利影響等。總理認為：「印度尚未從上次戰爭的影響中恢復過來。因此，印度不希望再捲入另一場戰爭。」[17]

印度的政策制定者相信，另一場戰爭很可能會到來。尼赫魯常被貼上理想主義者的標籤，但他對獨立後的印度所處世界的看法卻相當灰暗，儘管他並不是唯一這樣想的人。一九四八年，帕特爾稱東西方之間的局勢是一種「無法緩解的陰霾」。[18] 印度外交部祕書長巴吉帕（Bajpai）則表達其「擔憂，唯恐那些星星之火可能會隨時點燃散落的火藥。」[19]

這種擔憂最終促成一種雙管齊下的方法。首先，為了降低依賴的可能性，印度必須要遠離西方及東方陣營。其次，為了能預防衝突發生，印度必須奉行緩和與解決政策，這就需要與各方進行接觸。一九四七年三月至四月間，尼赫魯在德里所舉行的亞洲關係會議（即一九五五年萬隆會議（Bandung conference）少有人知的前身）上的演講，便反映了上述兩個要素：

在這場世界歷史的危機中，亞洲必然會扮演至關重要的角色。亞洲國家不能再被其他國家當作棋子，在世界事務中必然要有自己的政策。歐美固然為人類進步貢獻甚大，但西方也把我們推向了無窮無盡的戰爭和衝突，甚至直至今日，在一場可怕的戰爭之後的翌日，大家還在談論我們即將迎來的核子時代中所要面臨的戰爭。在這個核子時代，亞洲必須有效地維護和平。確實，除非亞洲能善盡其角色，否則就不可能有和平可言。[20]

嚇阻戰略的第一個要素，就是避免結盟。甚至在印度獨立之前，身為臨時政府成員的尼赫魯就曾表示：「我們建議，要盡可能遠離超級大國各自結盟的政治陣營，這種政治結盟方式在過去曾導致世界大戰，並可能再次導致更大規模的災難。」他認為，結盟增加了戰爭的可能性。而聯盟成員的身分會增加印度被捲入任何爆發的全球戰爭的可能性。這不僅會影響印度的安全和發展，還會影響印度的自主權，即是「在內政和外交關係中的行動獨立性」。印度國大黨成員回憶道，印度參與世界大戰的決定，並不是在德里，而是在倫敦做出的。正如尼赫魯的評論，印度再也不想陷入同樣的處境，成為「他人的玩物」。[21]尼赫魯明確表示：「加入任何會自動捲入戰爭的條約都不符合印度的利益。」[22]

尼赫魯及之後其他人都將這個立場，與喬治・華盛頓（George Washington）在一七九六年告別演說中所提出的「遠離永久性聯盟」的建議相提並論。印度總理的著作和言論中，充滿了與華盛頓類似的疑問：「為什麼要把我們的命運與歐洲的命運交織在一起，讓我們的和平與繁榮受困於歐洲的野心、競賽、利益、心情或任性呢？」[23]

這種對於受限制和失去行動自由的擔憂也代表著，儘管尼赫魯確實把不結盟視為第三條道路，但他並不想形成第三陣營。一九五五年，尼赫魯在萬隆會議上促成了亞非國家的聯合活動，但他同時也拒絕建立亞非國家同盟的呼籲。他認為該提議並不可行。[24]此外，「第三勢力」的想法「與現實毫無關係」。[25]後來對於在一九六〇年代初召開不結盟國家會議，尼赫魯很明顯表現得興趣缺缺，跟埃及、印尼及南斯拉夫對該項倡議的宣傳形成了強烈對比。

然而，置身於政治陣營之外還是不夠的。尼赫魯意識到，印度跟十八世紀的美國不同，其地理位置註定了印度無法「置身事外，與世隔絕」。若是戰爭爆發，尤其是在亞洲，「我們所有的發展計畫都會不得不擱置很多很多年。」尼赫魯認為印度無法置身事外。由於印度的獨立自主、與世界的整合，以及「在國際事務中的潛在影響力」，印度很可能會被「纏住」。即使印度設法不「直接捲入其中，也會大幅受到影響。」[26]

一九五〇年代初期到中期，超級大國競賽顯然影響了次大陸，蘇聯支持占領了西藏的中國，而美國則支持巴基斯坦。尼赫魯認為，美國對其鄰國及競爭對手的軍事援助使巴基斯坦更加自信，也促使印度加大國防投入，並加強與外國軍事供應商的關係。至於東亞，韓戰加劇了印度對超級大國緊張局勢蔓延的擔憂。尼赫魯認為，假設競賽進一步加劇，很可能會導致印度的對手得到更多的軍事援助，甚至引發區域衝突，這需要印度投入更多的國防開支，從而分散其對國內發展的注意力。而全球戰爭也會減少印度從國際獲取資源的可能。

這就是嚇阻戰略的第二個要素，即是確保國際安全以利印度的國家建設。這便涉及新德里當局努力避免衝突或升級衝突，並在衝突爆發時緩和或解決衝突，以防止冷戰白熱化。這也符合尼赫魯的願望，即印度不再像殖民主義時期那樣「被動地旁觀事態發展」。[27] 因此，印度參與了在北韓及東南亞地區建立和平的活動，充當中美之間的溝通管道（包括一九五〇年先知先覺地警告華盛頓當局，越過北緯三十八度線將導致韓戰升級）。印度也在蘇伊士、匈牙利、柏林危機和裁軍議題上積極進行外交活動，並在北韓擔任中立國遣返委員會（Neutral Nations Repatriation Commission）主席，為剛果的維和行動付出相當的貢獻。在更具體的地區事務上，尼赫魯與毛澤東所執政的中國進行交流接觸，並主張將其納入國際社會和聯合國。這促使新德里當局與北京當局共同提出了和平共處五項原則。

印度政府相信，印度在聯合國發揮的積極影響、與兩大政治陣營國家和第三世界國家的接觸，以及同為不結盟國家間的協調，都將有助於（而且也確實需要）其締造和平的努力。不結盟國家間的協調，不僅促成了萬隆會議，也促成了貝爾格萊德會議（Belgrade Conference）不結盟運動的召開，儘管尼赫魯並不情願把不結盟運動正式化。

這種外交先行和談判至上的做法，導致有些人將不結盟與非暴力混為一談。然而，正如斯里納．拉格萬（Srinath Raghavan）所言，尼赫魯並沒有在思想或實務中拒絕使用武力。正如拉賈．莫罕（C. Raja Mohan）所表示，有關印度及其鄰國安全議題方面，尼赫魯政府確實與不丹和尼泊爾結成了安全聯盟。此外，正如斯瓦普納．納尤杜．科娜（Swapna Nayudu Kona）所概述，尼赫魯的不結盟立場也發展至納入使用武力手段以利在北韓和剛果實現和平的趨勢。[28]

從尼赫魯的角度來看，印度在維持和平方面的努力及不結盟政策都提高了印度的地位。正如某位外交部長多年後所說，這使印度「在國際事務中扮演了與我們的軍事和經濟實力不相稱的角色」。[29] 這個角色也促使多個大國與印度合作，甚至協助印度。

III

嚇阻戰爭及避免印度捲入戰爭的努力，源自於尼赫魯擔憂世界局勢對印度可能造成的影響。這一點，以及世界能為印度提供些什麼的認知，是促成尼赫魯不結盟方針的另一個要素，即全方位戰略。這也包括與兩大政治陣營內外的國家保持交流聯繫。

自從從多年的屈從和依賴中走出來，獨立後的印度第一代政策制定者中的許多人更傾向於自力更生，因為他們想要保護印度的安全並確保其經濟發展。然而，他們很快就意識到，早期階段要實現自己的目標，甚至建立國家自身的能力，完全避免依賴外在行為者是不可行的。該挑戰在於如何利用其他國家提供的優勢，但同時又不讓他們利用印度。

因此，尼赫魯及其同僚提出了一項分散印度依賴性的戰略。印度希望這樣做：一、可以讓印度從不同的合作夥伴那裡獲得最大利益；二、可以最大限度地減少過度依賴其中任何一個合作夥伴；三、可以減少依賴外部援助及受其附加條件的約束，或是減少印度因為別無選擇，而不得不順從某個特定捐助者、某個供應方的利益和行動；四、可以保護其免受外部援助者對其可靠性方面的質疑。

尼赫魯政府清楚認識到印度對外部夥伴的需求。印度面臨外部和內部安全挑戰，而英國仍然是印度軍事裝備和訓練的主要來源。印度政府也需要糧食、經濟與科技援助，而且援助最好是來自多個國家。因此，一九四九年造訪紐約和華盛頓時，尼赫魯對美國的援助表示歡迎，他認為美國有能力幫助印度實現發展計畫。理想情況下，他也希望能得到蘇聯的援助。

尼赫魯與莫斯科當局進行接觸，試著使印度的外交關係更具全方位選擇，從而擺脫潛在的依賴性，並且盡可能增加印度在援助國方面的選擇。但他發現，史達林的蘇聯對印度興趣不大，認為印度是西方的走狗。當時印度與蘇聯的關係相當緊張（部分原因是蘇聯支持印度共產黨，尼赫魯和帕特爾則認為共產黨是個威脅）。此外，尼赫魯的一些幕僚認為：「跟蘇聯友好的條件便是政治屈從。」[30]

這使得美國的援助變得至關重要，重要到讓尼赫魯考慮「傾斜」，據說他曾對親信梅農說道：「為什麼不在某種程度上與美國結盟，增強我們的經濟和軍事實力呢？」[31] 尼赫魯也曾對其他人說過，必要時他不排除「向這個政治陣營，或是那個政治陣營多傾斜一些」。[32]

在一九四〇年代末和一九五〇年代初，印度的政策制定者們清楚地意識到，印度對美國的重要性，以及美國援助印度的意願，都與美國希望看到民主的印度與共產主義的中國形成對比，並進行潛在抗衡有關。他們也意識到，如果他們不加入對抗共產中國的行列，杜魯門政府或國會山莊對援助印度的興趣就會很有限。

印度官員討論過利用中國的「垮台」，來向美國決策者強調印度的重要性，事實上他們也確實這樣做了。例如，印度駐莫斯科代辦（chargé d'affaires）便曾建議：「中國的局勢將改變亞洲的平衡，在我看來，這是認真對待與蘇聯展開貿易談判問題的好時機。只是這樣做的結果之一，是會激怒那些一直對我們的資本、貨物要求不屑一顧的英美國家。」[33]

儘管印度政策制定者希望利用中國的挑戰，但他們向美國對話者明確表示，印度對於與美國結盟及扮演美國預設得以接洽中國的角色興趣不大。這種推卻之詞讓美國官員感到挫敗。而印度在一九五〇年承認北京共產黨政權等行為也讓評論家們感嘆，雖然印度「掌握著」保衛亞洲的「關鍵」，但其態度卻表現得「危險萬分」。[34]

當印度首次請求美國援助時，印美在韓戰上的分歧，尤其是印度對中國的態度，也對國會山莊的回應產生了負面影響。有項援助法案便曾在國會停滯了數月之久，因為眾議員正在爭論是否該向印度提供援助。既然德里不會支持或援助美國的外交政策，那麼該要求什麼作為回報呢？辯論為議員們提供了一個論壇，讓他們可以反覆、大聲地批評印度的對中政策。反過來，國會和報紙專欄對印度的抨擊，也在印度引起了迴響。國會的批評，以及特別是印度外交政策與美國糧食援助之間的關聯，都造成印度對美國的負面影響。美國國會最終通過了援助法案，但印度政策制定者不僅意識到依賴美國的弊端和要求，還意識到沒有多種合作選擇的劣勢。[35]

一九五〇年代中期，由於莫斯科當局出現變化，印度的選擇範圍也隨之擴大。一九五三年，尼赫魯表示，史達林逝世後，蘇聯的政策發生了「明確的變化」，這種變化「很可能會持續幾年」。[36]而這種變化持續了很長時間，因為新的蘇聯領導層向印度和其他不結盟國家伸出了橄欖枝，以對抗西方的力量和影響力。他們向新德里當局提供援助並示好。印度政策制定者發現，莫斯科當局以更好的條件提供了更多的經濟援助；其提供了西方更不願意提供的某些類型援助（尤其是科技方面的援助）；也提供了得以建設內部的能力（包括國有部門）的大型基礎設施計畫；更提供了貿易及軍事裝備，並支持印度在喀什米爾問題上的立場及其對果亞邦（Goa）的主權主張。

蘇聯所提供的選擇，增加了印度領導階層對其國家在依賴方面的選擇，從而擴大了新德里當局的空間。此外，正如印度駐莫斯科大使所強調的，印度可以嘗試在兩大政治陣營之間製造「一點競爭感」，以利從兩大政治陣營中獲得更多援助。尼赫魯明白，若是印度接受蘇聯的援助，美國會有「憤怒的反應」，但他認為這也可能在華盛頓當局產生「一種印度比他們想像的還要重要的感覺，所以應該更加努力來爭取印度站在他們這邊。」[37]

與此同時所出現的矛盾情形，即是印度與蘇聯關係的改善，以及中印關係的萌芽，都使得維持印度與美國的關係變得更加重要。因為尼赫魯既擔心過度依賴共產主義陣營，但同時也意識到印度所需的援助規模，所以維持傾向美國，將成為印度得以平衡蘇聯的選擇，使該政治陣營足以抗衡另一個政治陣營，並因此得以因應援助國在質疑其可靠性方面的問題，同時透過依賴關係多元化來維持一定的行動自由。

後兩個因素尤其重要，因為印度一直擔心蘇聯對印度共產黨的支持，以及尼赫魯和其他人眼中蘇聯對新獨立國家的專制態度。因此，在一九五〇年代後半期，印度政府向美國伸出了橄欖枝（包括邀請艾森豪總統造訪印度），試著阻止或限制來訪的蘇聯領導人公開批評美國，甚至拒絕蘇聯所提供的飛機，其部分原因便是美國官員聲稱，這會對印度從美國獲得經濟援助方面產生負面影響。

從一九五六年起，美國對印度不結盟立場及其態度的轉變，都使印度的全方位戰略發展變得更加可行。在艾森豪政府連任期間及甘迺迪政府時期，美國對印度的不結盟態度更為寬容。冷戰的戰場已經擴大到歐洲以外，尤其是未做出相關保證的其他國家，這不僅涉及領土的爭奪，還涉及人心、思想和胃口的追逐。在這種脈絡下，華盛頓當局不希望看到蘇聯支持的中國共產黨成功，而「自由」的印度卻失敗或淪為共產主義國家。因此，華盛頓當局主動提出協助尼赫魯政府進行建國計畫。

到了一九五〇年代中後期，有關中國的地緣政治和意識形態，尼赫魯政府自有其擔憂之處。美國在糧食與資金方面的援助是至關重要，甚至是不可或缺的，而這也不僅是為了援助本身，還因為其有助於證明民主是得以實現的。尼赫魯擔心印度民眾會將民主印度的表現與中國共產黨的表現相提並論，他的政府需要證明民主與發展並不互相排斥。因此，印度的政策制定者們便順應美國的預設，扮演了與中國形成對比或制衡的角色。這種殊途同歸的觀點，使美國更加重視和援助印度。

由於莫斯科和華盛頓當局都認為印度具利害關係，並都對其提供援助，印度的政策制定者們也因此享有全方位戰略的好處，避免許多依賴關係所帶來的代價。此外，印度獲得的援助還包括有助於內部建設能力方面的援助，政策制定者希望隨著時間經過，這項能力也會減少印度的對外依賴性。

一九五〇年代末及一九六〇年代初這段時期，似乎強化了印度的信念，即不結盟的好處大於不結盟的風險。同時，尼赫魯對其他國家選擇結盟路線，態度也變得更加寬容。他認同，對某些國家來說，結盟的風險可能比不結盟的風險要小；對於其他沒有自衛能力的國家來說，他理解他們甚至可能希望外國軍隊駐紮在自己國家的想法。[38] 然而，尼赫魯並不認為這會是印度所適用的情形。新德里當局成功從華盛頓和莫斯科二方，取得了軍事和經濟利益。印度的不結盟政策似乎正產生效果。

IV

一九六二年十月中印戰爭爆發後，尼赫魯的不結盟政策及其成本效益分析，也開始受到攻擊。印度的做法是否有效、明智，在國內外都出現了質疑聲浪。所謂「與所有國家為友」的嚇阻戰略，明顯未能限制中國或防止戰爭。此外，不結盟國家也很少公開支持印度，即使在新德里或北京之間，它們依然傾向維持其不結盟的態度。[39]當代和現今的批評者便表示，尼赫魯的全球和區域努力，或許短暫提高了印度的地位，卻在保障印度安全方面，犧牲了本可以有更好的成果與方法。

至於全方位戰略，對於尼赫魯的批評方面，較好的說法便是戰爭會暴露這項戰略的重大缺陷；最差的說法則是印度向西方陣營請求提供軍事援助，就代表該戰略已經失敗。全方位戰略應該不只有一種可用的選擇，而蘇聯這個選擇在中印戰爭期間就消失了。就算莫斯科當局起初能保持中立，後來還是選擇傾向盟友中國而非其朋友印度，畢竟蘇聯在面對古巴飛彈危機時，很需要北京當局的支持。印度反而別無選擇，只能向美國靠攏，並從當年十月開始就依賴西方陣營方面的援助。

十一月，軍事情勢變得更加嚴峻，印度的需求也隨之增加。尼赫魯請求甘迺迪總統提供

「更全面的援助」。[40]不過，美國駐印度大使認為尼赫魯的具體要求「相當於聯合防空的程度」。[41]美國國務卿狄恩·魯斯克（Dean Rusk）更進一步表示，尼赫魯「實際上不僅建議印度和美國結成軍事同盟，而且建議我們完全投入至一場戰爭之中，這是個跟任何不結盟理由都無法調和的建議。」[42]

中國宣布停戰時，華盛頓當局還在討論印度的請求，但從彼時開始，就有人開始懷疑其不結盟原則，在一九六二年十一月是否就算夭折了。因為尼赫魯本人曾認為拒絕軍事援助是不結盟的重要組成部分，而他向華盛頓當局提出的請求無疑是違反了這項原則。在該次戰爭之後，印度向美國請求並獲得額外的軍事援助，隨後於一九六三年簽署了《防空協定》（Air Defense Agreement），其中包括一項甘迺迪政府解釋成軍事保證的條款，即「在中共攻擊印度的情況下，美國政府將與印度政府就美國可能協助加強印度防空力量一事進行磋商。」[43]尼赫魯當時甚至承認：「印度對上中國時，就沒有不結盟原則了。」[44]印度駐美國大使後來回憶道：「其實我們已經成為美國的盟友，**至少在對抗中國**的過程中是如此。」[45]

儘管如此，印度還是想辦法去避免正式結盟。而美國的政策制定者們也不指望印度會放棄不結盟戰略。美國國家安全會議官員卡爾·凱森（Carl Kaysen）認為：「我們可以期待印度重新定義其不結盟政策，但我們並不期待印度會放棄這項政策。」[46]

凱森的評估是正確的。假設蘇聯這項選擇行不通，印度很有可能就會重新思考其不結盟戰略，因為尼赫魯所領導的印度顯然無法透過內部平衡來對抗中國。但是停戰之後，莫斯科當局主動接觸印度，也同樣變得毫無意義了。

蘇聯選擇的再次復活，以及不結盟戰略，都排除了尼赫魯所採取及未採取的路線，其明智性與否等相關問題，例如，要是美國不願意與印度結盟怎麼辦？〔畢竟國家安全會議幕僚羅伯特・柯莫（Robert Komer）也強調過，針對缺乏正式保證或是至少具有盟國常見「事先準備」的相關風險，美國可能無法為此及時提供協助。〕[47]此外，若是美國以結盟作為提供援助的條件，尼赫魯又會怎麼做？而尼赫魯認為結盟會將各國拖入戰爭，那麼結盟是否就能嚇阻中國的攻擊？

V

雖然印度沒有像凱森所預言一般放棄不結盟戰略，但尼赫魯及其繼任者確實調整了不結盟戰略。《華盛頓郵報》（Washington Post）南亞辦公室主任對此轉變的描述是：「不結盟已被雙邊結盟所取代。」[48]更廣泛地說，重新定義過的不結盟會加倍重視全方位戰略，同時不再強調嚇阻戰略。

戰爭清楚地顯示，印度需要更多的外部援助，不僅是經濟援助，還有軍事援助（裝備、備用零件、訓練、情報等）。但是印度政策制定者在戰時和戰後與美國和蘇聯打交道的經驗，也強化了他們想要讓印度的依賴關係更加全方位，並逐漸減少其依賴程度的願望。而蘇聯在戰爭期間所展現的態度，也顯示合作夥伴並不總是可靠。至於美國和英國的做法，則是顯示依賴（尤其是過度依賴某個陣營）還是有其條件，不免會限制了印度的選擇。華盛頓和倫敦當局在戰爭期間曾向印度提供援助，但在戰後就向尼赫魯施加壓力，要求其在討論進一步軍事援助的同時，先與巴基斯坦就喀什米爾問題達成解決方案，尼赫魯也因此感到不滿。美國官員似乎也表示，西方軍事援助的程度和性質，將取決於印度政府是否限制其計畫中的戰後國防開支成長。美國和英國的壓力都強化了印度的想法，即依賴關係將帶來不受歡迎的要求，而印度終究會抵制這些要求，只因為蘇聯拿出更佳的協助條件。

因此，在尼赫魯於一九六四年五月逝世後上任的拉爾・巴哈杜爾・夏斯特里（Lal Bahadur Shastri）領導下，這種全方位戰略也得以延續。除了政策上的考量外，這也是政治上較受歡迎的選項。根據在中印戰爭後對印度議員所進行的一項調查中，雖然對美國的好感度有所上升，但民意調查人員發現，中立仍然是「一個非常現實的概念」，有高達八三％的人不希望印度在美國或蘇聯為首的陣營間選邊站。[49]因此夏斯特里及其繼任者一旦偏離這項原則，就很有可能要付出代價。學者兼政府官員的薩希・塔魯爾（Shashi Tharoor）便曾表示，尼赫魯多年來成功地傳達了其執政的國際方針，這並不是他個人或國大黨的外交政策，而是國家的外交政策。藉此，他也把「對基本原則的反對，轉化成對印度本身獨立性的反對。」[50]

夏斯特里向兩大政治陣營尋求軍事和經濟援助。一九六四年十月，中國進行核試驗後，夏斯特里也向其他核武大國尋求核保護傘，並表示這是印度核武化的唯一選擇。最終，這更演變成向所有無核國家做出保證的要求。[51]對夏斯特里政府來說，尋求聯合保證而非單邊保證顯然是更為可取的策略。印度既不必加入某個聯盟，也可避免現身參與某個聯盟。

由於新德里當局對美國的不確定性，因此也不希望與華盛頓當局討論單邊保證。一九六五年印巴戰爭期間，這種依賴關係的弊端及其持續存在的必要性，更是變得顯而易見。一方面，當中國威脅要代表巴基斯坦介入戰爭時，印度政策制定者尚且有能力求助於美國。另一方面，戰爭期間的發展又讓大家對美國的可靠性產生懷疑，其中便包括了許多不同的看法，例如，假設中國政府採取行動，華盛頓是否真的會採取行動；還有美國無法兌現不允許巴基斯坦在對付印度時使用美國所提供武器的保證；以及暫停對印度和巴基斯坦的經濟援助、軍事援助與銷售。新德里當局會持續從蘇聯獲取軍事供應，政策制定者認為，這能顯示出保持全方位合作夥伴組合，而非完全依賴美國的好處。

夏斯特里的繼任者英迪拉・甘地（Indira Gandhi）也維持了這種全方位戰略的路線。在一九六〇年代中後期，印度在軍事援助方面更加依賴東方陣營，而在經濟援助方面則更加依賴西方陣營，但總體而言，印度政府試圖平衡各種關係。在考量到其中一個超級大國（美國）由於印度的經濟表現而對印度失去了興趣，另一個超級大國（蘇聯）則正與其競爭敵國巴基斯坦眉來眼去，她也將目光投向了超級大國之外。因此，她尋求加深與幾個亞洲和歐洲夥伴的關係。

即使到了一九六〇年代末，印度對華盛頓的重要性正在逐漸減弱，英迪拉・甘地仍拒絕莫斯科當局在一九六九年提出的一項本可帶來額外利益的條約。印度總理之所以猶豫不決，是因為其國內和中國可能會有所反應，對蘇聯的可靠性存在疑問，並擔心過度依賴蘇聯，而且她擔心條約會被視為放棄不結盟立場，或是針對第三方之舉。

不過，英迪拉・甘地政府還是在一九七一年夏季與蘇聯簽署條約，因為當時情況有變。印度發現，由於中美關係的緩和，其失去了美國在其對抗中國方面的隱性安全保證，更遑論當時印度正面臨對上中國合作夥伴巴基斯坦的危機。正如一九六二年戰爭期間，蘇聯選擇消失時，印度便傾向於美國一般，在一九七一年美國選擇消失時，印度自然就傾向於蘇聯，以尋求在對抗中國方面的保證。

然而一九七一年印巴戰爭爆發幾個月後，印度政策制定者為了恢復某種平衡，向美國伸出了橄欖枝。正如美國高層官員所預測的，英迪拉・甘地這樣做是因為她不想過度依賴蘇聯，而印度當時仍無法在沒有外部援助的情況下進行管理。但是當時印度的經濟表現不佳，美國也不需要印度與中國形成對立或制衡，因此印度對美國來說，可說是沒有任何價值了。因此，英迪拉・甘地發現自己必須尋求與其他國家建立夥伴關係，以利其在一定程度上平衡德里與莫斯科之間的關係。為避免蘇聯的不可靠，英迪拉・甘地政府也在啟動核武計畫選項的道路上邁出了關鍵的一步，而其實印度領導人一直對這個選項抱持開放態度，因為核武具有獨立嚇阻力量以保護國家安全的潛力。

一九七〇年代末，第一個非國大黨政黨上台執政，其重申了對全方位策略的支持。印度人民黨（Janata party）政府領導人批評英迪拉・甘地背離了這項戰略，認為她使印度過度依賴蘇聯。莫拉吉・德賽（Morarji Desai）總理自稱，其世界觀才是「真正的不結盟」，並表示：「外交政策不應建立在擔心會惹惱他人的基礎之上。」[52] 外交部長阿塔爾・比哈里・瓦帕伊（Atal Bihari Vajpayee）強調，印度既不應被他人的保證所牽絆，也不應迫於壓力接受他國的意識形態或政策，更不應將自己的國防重任交給他國。[53] 多年後，瓦帕伊在擔任總理期間曾表示：「我們準備奉行不結盟政策，因為不結盟並不只是一黨的政策。而在某次爭論中，我也曾對尼赫魯說過，即使你不奉行不結盟政策，國家也會奉行不結盟政策。」[54]

VI

撇開意圖不談，德賽政府面臨著英迪拉・甘地和拉吉夫・甘地領導下兩屆國大黨政府所面臨的同樣問題，即使他們試著平衡對蘇聯的依賴，也幾乎沒有其他國家想向印度提供實質援助。因此，印度對東方政治陣營的過度依賴，就一直持續到一九八〇年代，也限制了印度的行動自由。例如，儘管新德里當局對蘇聯入侵阿富汗感到失望，因為蘇聯的入侵將冷戰帶到了南亞，並導致美國與印度的競爭對手（巴基斯坦及中國），有更深入的接觸，新德里當局還是不得不對莫斯科的行為保持沉默。蘇聯解體後，除了自主權被削弱外，選擇跟一個陣營同立場的壞處，尤其又缺乏全方位合作夥伴的選項，也變得更加觸目驚心。而印度卻沒有後備計畫，並面臨著金融危機。

冷戰最後十年呈現出不結盟的缺點，這點印度在先前就已意識到，對於一項旨在提高印度自主彈性的戰略而言，其效果在很大程度上是取決於其他國家的意願與否。這些國家的選擇，則是取決於其優先事項順序，以及在該自身戰略中，其看待印度相對於其他國家的重要性。因此，舉例來說，只有當蘇聯和美國都尋求印度以制衡中國時，印度才能利用分散於蘇聯及美國的平衡來對抗中國。當莫斯科在一九六二年選擇盟國中國而非友國印度時，或者當華盛頓的對中政策改變並尋求與北京當局接觸時，印度就很難實現其全方位戰略。在危機中，印度別無選擇，只能與某個夥伴或陣營結盟。

不結盟戰略也並不是都能使印度免受其他國家的競爭或利益的影響。事實上，由於需要維持多重關係和保持平衡，印度往往會與多個國家糾纏在一起，並受到它們的影響，甚至被其左右。尼赫魯也發現，他在採取全方位路線和嚇阻戰爭方面所付出的努力，有時會讓印度陷入這樣的困境，也就是不僅沒有取悅到任何一個合作夥伴，反而惹惱了所有合作夥伴。英迪拉・甘地也是如此。因為印度需要美國的經濟援助，所以她一直沒有批評美國在因應越南問題的方式，但後來面對國內和莫斯科在有關印度放棄不結盟立場的批評，她卻在造訪蘇聯時一改原先態度，而這點相當不利於印度向華盛頓當局爭取援助。

印度政府也意識到，若是將不結盟本身看作目標而非方法，那麼相對於其他目標（如安全和繁榮）而言，不結盟可能會導致不理想的結果。因為想要達成不結盟，要不是把回報降到最低，就是得要對政策制定者綁手綁腳。例如一九六三年，尼赫魯曾同意美國在印度東部設立美國之音（Voice of America）發射台，向中國進行反中宣傳，但當他在國內遭到抨擊，認為這違反了不結盟原則時，他又改變了這一決定。

VII

儘管如此，不結盟的要素還是持續存在。二〇〇三年，在冷戰結束很久之後，當時印度人民黨所領導的聯合政府的外交部長聲稱，印度的不結盟「並不是一種消極行為。這是種為了平衡、不受干預及獨立自主行為的渴望。」[55] 隨後國大黨領導的聯合政府的國家安全顧問則重申：「不結盟是一種戰略，而非是意識形態，仍然具有現實意義，（它）仍然是我們在可預見的未來與世界其他國家展開合作的指引方針。」[56] 二〇一一年，印度外交次長雖然沒有使用「不結盟」一詞，但曾表示印度外交政策的關鍵支柱之一，即是：「與大國保持全面戰略關係，同時維持戰略自主性。」[57] 印度總理納倫德拉・莫迪（Narendra Modi）早在之前也有所闡述，他說道：「我們將（與印度的眾多夥伴）共同合作，無論是採取各自、還是三方或多方合作方式，以利實現區域的穩定與和平。但是，我們的友誼並不是圍堵聯盟。我們選擇原則和價值觀的一方，選擇和平與進步的一方，而不是選擇分裂的一方或統一的另一方。」[58] 在被問及新德里當局是否會在中美競賽中表明立場或選邊站時，印度外交部長斷言：「印度應該會表明立場，也應該會選邊站，站在我們自己這一方。」[59]

隨著新德里當局面臨對中挑戰的加劇，「表明立場」也造成印度立場傾斜，或是要結盟以平衡對手，就像一九六〇年代與美國、一九七〇年代與蘇聯的關係一樣。如同之前的瓦帕伊政府和曼莫漢・辛格（Manmohan Singh）政府一樣，莫迪政府發現與美國的緊密夥伴關係，對印度因應中國的挑戰來說是相當重要的。華盛頓有助於提高印度的能力和影響力，使其得以充當區域平衡者和全球合作夥伴。這點對印度尤其重要，因為莫斯科與北京當局關係密切，俄羅斯已不再是過去的戰略選擇。儘管如此，隨著中美競賽的加劇，新德里當局在向美國傾斜的同時，也仍持續追求全方位路線，不是為了在華盛頓和北京之間避險（hedge），而是為了避險於美國與中國關係的不確定性，及其對印太地區的保證，以及保持印度的自主性。這代表要加深與澳洲、法國、日本、新加坡、南韓、越南和英國等志同道合夥伴的關係，並維持與俄羅斯的關係。

因此，儘管不結盟存在種種弊端，而且在很大程度上是時代的產物，但其基本的全方位戰略至少在冷戰期間得以延續。即使在印度從依賴走向相互依存的過程中，對於印度的政策制定者來說，採取全方位路線的理由仍然相當充分。由於印度一直希望能獲得戰略自主權，全方位戰略仍然是政策制定者的首選。同時，該戰略具有足夠的彈性空間，能適應不斷變化的局勢，使印度得以在必要時進行傾斜或調整。對印度政策制定者來說，這種方法使他們能保持一定程度的行動自由，保持選擇的開放性，盡可能使印度獨善其身，並使利益最大化。不結盟還能有利於避免被拖入其他國家的危機或保證中，並免於因合作夥伴有自己的利益和優先事項而使其可靠性受到質疑。因此，特別是考量到近年來全球局勢的多變性，保持全方位的合作夥伴組合仍然是可取的策略。隨著幾個大國和中等強國的出現，以及印度在亞洲的崛起和地位，當其他國家尋求與新德里當局建立夥伴關係時，這種方法也仍然是可行的。但是，正如政策制定者過去所發現的，危機會為不結盟戰略帶來壓力，所以他們也可能必須再次調整該戰略，以適應更艱難的環境。

Chapter

6

林登・詹森及羅伯特・麥納馬拉：凌駕在歷史與專業之上的理論

馬克・莫亞爾（Mark Moyar）在希爾斯達耳學院擔任軍事史的威廉・哈里斯教授（William P. Harris Chair），並寫過七本書。他的最新著作是《勝利再現：越南戰爭，一九六五年至一九六八年》（Triumph Regained: The Vietnam War, 1965–1968）。目前，他正在撰寫越南戰爭三部曲的最後一卷。他是哈佛大學的最高榮譽學士畢業生，並且在劍橋大學取得了博士學位。

根據美國《憲法》規定，無論在戰爭或和平時期，美國的軍事領導都一直隸屬文官領導。最高層級的決定皆由美國總統做出，例如，政府是否應尋求國會授權使用武力。他們會將低層決策權下放給軍方，因為他們知道要在白宮逐一指揮士兵行動根本不切實際。然而，在最高決策層和最低決策層之間，存在著總統和將軍們都自認其最有資格做出的諸多決定。有些選擇是戰略性的，例如是否應該發動新軍事攻勢，或是應該向某個戰區投入哪些國家武裝力量。另一些選擇則是戰術性的，例如國家飛機在敵國領空附近應遵守哪些限制，或海軍在封鎖期間應遵守哪些交戰規則。總統可能認為某項決策太具有政治敏感問題，不能交由軍方決定；相對地，將軍們可能認為只有他們才具備必要的軍事專業知識，能夠在充分知情的情況下及時做出決策。

自美國革命以來，有關文職及武職當局分工的爭議，一直困擾著文官與武將之間的關係，但隨著現代通訊技術使文官當局能夠更迅速傳遞和接收訊息，這些爭議也變得更加明顯。在電報出現之前，從國家首都到遠征軍指揮官之間的訊息傳遞，很可能需要花費數週或數月的時間，這使得國家元首幾乎不可能向指揮官提供一般原則以外的指令。在越戰中，加密的無線電和電話通訊使總統和國防部長，得以在瞬間向地球另一端發布詳細命令，並要求軍事指揮官以相同的速度向他們回報大量資訊。這些條件促使總統們必須更有效區分以下幾種決策，即他們應自行決定而不考量軍方判斷的決策、應與軍方協商而做出的決策、應使軍方經文官批准後而做出的決策，以及應使軍方得未經文官批准而做出的決策。

華盛頓、亞伯拉罕・林肯（Abraham Lincoln）和艾森豪等總統，在區分國家安全決策方面表現出色，因為他們對軍事事務和軍事歷史都有著深刻的了解。反觀美國在越戰中遇到的許多問題，都能歸咎於詹森總統及其策略長、國防部長麥納馬拉，二者皆未能有效進行決策分級處理。詹森總統和麥納馬拉既缺乏軍事專業知識，也沒有意識到這些專業知識的價值，他們在做出許多決定時都沒有參考軍方的意見，而且在徵求將軍們的意見時，也常常會忽視軍方的專業見解。因為缺乏軍事知識，這兩位文職領導人在尋找最佳決策上，也經常不如其他知識淵博的領導人有效，例如麥納馬拉，就時常在非歷史性質的學術理論中尋找答案。

詹森總統和麥納馬拉無視軍事歷史和軍事專業知識的最終結果，便做出災難性的戰略決策。透過單方面限制使用武力，最終也引發了他們最想要避免的戰爭升級結果。他們斷然拒絕軍方領導層提出的戰略建議，浪費無數個具有軍事和外交優勢的機會，使美國在歷史上持續時間最長、意見最分歧的衝突中，走上失敗的道路。

詹森總統從未服過兵役，他對國內事務的興趣也大於外交政策。一九六三年十一月二十二日，甘迺迪遇刺身亡，詹森因此接任總統一職，希望能名留青史的他，把全副心力都投入推動全面的公民權利和反貧窮立法上。他對國內問題的重視，不只把外交和軍事問題排擠至次要位置，也因此造成他本就不多的軍事知識累積緩慢，甚至讓越戰的陰影籠罩了其他一切。此外，詹森總統對國內事務的重視，也使其在大多數軍事問題上，都傾向於聽從麥納馬拉的判斷。[1]

而麥納馬拉又是個善於鼓舞人心的人。他不僅畢業於哈佛商學院，是福特家族以外第一位擔任福特汽車公司執行長的人，也是個頭腦敏銳，記憶力超群，即使對自己所說的真實性並不十分確定，也能用聲音傳達出權威氣勢的人。任命麥納馬拉的甘迺迪總統，因為他這些特質而對之青睞有加，詹森總統亦是如此。亞歷山大・海格（Alexander Haig）是麥納馬拉在詹森接掌總統之初的助手之一，他回憶道：「那些一輩子都在聽證詞的人，在聽麥納馬拉的簡報時，就像皈依宗教的信徒一樣全神貫注。就在我把圖表放在圖架上，站在麥納馬拉身後，我看到詹森總統就是其中之一。」[2]

一九四七年的《國家安全法》（National Security Act）將參謀首長聯席會議對作戰部隊的行政權移交給國防部長，使參謀首長聯席會議從具有超凡影響力的指揮機關變成顧問，影響力只限於左右國防部長的能力。若是國防部長想剝奪參謀首長聯席會議的權力，他大可無視其意見，並限制其與總統的接觸。而這正是麥納馬拉自一九六一年以來一直在做的事。

麥納馬拉之所以選擇邊緣化參謀首長聯席會議，是因為參謀首長聯席會議在他眼中，不只思考古板僵化，行動囿於傳統框架，而且也無法運用最新的量化分析技術及最新的學術理論。在第二次世界大戰期間，麥納馬拉曾在美國陸軍航空隊（US Army Air Forces）擔任統計員，之後他將自己的統計專業帶到福特公司，並利用該專業來管理營運暨評估盈利能力，更藉此走上人生巔峰。麥納馬拉在一九六一年一月進入國防部，他深信既然福特公司能成為世界知名企業，他也應該要用同樣嚴謹的量化方法，來改革五角大廈呆板的官僚體系。

為了實現其願景，麥納馬拉把福特公司及其他民間機構的天才統計學家都聘請到國防部。這群稱為「奇才」的專家，要求五角大廈的官僚人員更有系統地收集和分析量化數據。雖然在五角大廈某些業務領域中推動量化工作，確實有其道理，但量化方法在有些領域帶來的問題，可能要比其解決的問題還要多。相較大型私人企業幾乎可以把每一件事都量化來看，包括投資報酬率這項評估成功與否的最終指標，國家安全卻無法單純用數字來衡量。因為既沒有相當於投資報酬率的數字做代表，也沒有毫無爭議可供衡量其成效的標準。跟戰爭進展最相關的統計數據，例如傷亡人數、領土控制範圍等，往往會被故意扭曲或在無意中失真。其他數據，例如轟炸對敵國的影響，則是缺乏確切的數據，而統計人員為產生數據所做的假設，也很可能會嚴重偏離目標。

麥納馬拉的軍旅生涯並沒有讓他對軍事戰略有深刻的體會。他在加州大學柏克萊分校（University of California-Berkley）接受的經濟學教育，以及在哈佛大學接受的商業教育，都沒有讓他多去接觸軍事戰略史或更廣泛的歷史，他反而對經濟學的先驗理論和歸納推理情有獨鍾。當他受命為國防部長，需要處理複雜的軍事戰略問題時，麥克納馬拉自然更寄望於經濟理論，而不是歷史事實和分析。

到了一九五〇年代，著名的經濟學家曾表示，其周詳的經濟理論可以解決遠遠超出經濟領域的問題。尤其是國際關係和衝突管理，都成為美國經濟學家的熱門話題，因為韓戰和核武軍備競賽，讓軍方、政府和大眾產生了限制和避免戰爭的想法。為了滿足該需求，經濟學家和政治學家們便撰寫了大量關於「有限戰爭」理論的書籍和文章。

關於有限戰爭最有影響力的論點，是哈佛大學經濟學家謝林於一九六〇年所出版的《入世賽局：衝突的戰略》一書，[3] 其依據經濟學家的假設和賽局模型來預測各國在衝突環境下的反應。不過，謝林的假設全來自抽象推理，而非歷史經驗。謝林假設，國家在反應周遭環境的行為是理性的，厭惡傷害的理性判斷就會使現代國家有所自制，因為國家很清楚在跟強硬敵方爆發軍事衝突之際，若是戰事升級就很可能會爆發核戰。謝林認為，在確保對方了解其保證的性質，並因此避免推得太過火的情況下，各國應在敵方有升級跡象時有限度地展示武力。而國家行為有所自制才會促使敵國行為的自制。

謝林的限制衝突理論，似乎在甘迺迪總統任期內的重大國際事件，即古巴飛彈危機中得到了印證。在甘迺迪的將軍們建議對古巴使用壓倒性武力後，甘迺迪卻選擇進行海上封鎖，而蘇聯也不戰而退，麥納馬拉因此把蘇聯的反應解讀成對於美國展示有限武力所做出的理性反應。實際上，蘇聯的反應並不是基於對美國意圖的準確認知，而是基於甘迺迪是否即將使用壓倒性武力的不明恐懼。[4]然而，直到三十年後蘇聯解體之前，這樁受掩蓋的真相仍不被外界所知。

參謀首長聯席會議建議對古巴實施軍事攻擊一事，使麥納馬拉相信軍方領導人總是急於在任何情況下使用壓倒性武力。甘迺迪總統任期內發生的其他事件，似乎也進一步證實了這項結論。參謀首長聯席會議贊成對寮國進行軍事干預，想藉此阻止北越軍隊及其寮國盟友的進攻，但在甘迺迪的嚴厲質詢下，將軍們未能有效解釋如何避免潛在的陷阱。甘迺迪隨後達成了促使寮國中立化的外交協議，美國和北越軍隊都依此撤出寮國。只是到了後來，大家才漸漸發覺，北越根本無意履行協議。北越在寮國修建的後勤路線，其目的都是為了將人員和物資滲透到南越，而該路線後來又稱為「胡志明小徑」（Ho Chi Minh Trail）。

一九六〇年代的軍官們都曾是第二次世界大戰的中尉和上尉，後來歷經韓戰晉升上校。透過上述經歷，這些軍事領導人吸收了有關人類對手實際運用武力的情形，以及其在看待強勢、優柔寡斷和軟弱的對手，又會如何反應等實務歷史知識。他們所見證的歷史行動和事件，恐怕會令二十世紀的經濟學理論灰頭土臉。畢竟，人類經常會做出違背他人認知的理性行為的事。自制的表現往往招致侵略，而不是相互牽制。對這群將軍來說，脫離實際經驗的有限戰爭理論和模擬，用某位將軍的話說，就是「一票學術蠢蛋在玩的耍廢演習」。[5]

II

政治因素也導致詹森總統和麥納馬拉經常在戰略方面，跟將軍們呈現背道而馳的意見。這在詹森上任的第一年表現得特別明顯，當時他對十一月總統大選的考量經常優先於地緣政治。作為競選中的領先者，詹森擔心若是選民發現越南局勢惡化，就會指責他，而且社會大眾對越南的注目，也會有損他重視國內議程的政績。因此，他決定盡一切可能不讓越南問題見報。為此，詹森試圖透過悄悄增派資源和授權對北越採取祕密行動來減緩越戰情勢的惡化，同時更避免採取引人注目的舉措。

一九六三年十一月吳廷琰（Ngo Dinh Diem）總統遇刺後，南越領導人之間發生內訌，削弱了南越武裝部隊和政府的軍力。參謀首長聯席會議敦促政府採取大膽措施以鞏固南越，進而阻止北越繼續擴大其勢力。他們建議美軍進攻北越，並將南越地面部隊調入寮國，以切斷北越的補給線。首長們堅稱：「美國必須做好準備，捨棄目前限制戰績的諸多自我設限，並採取風險較大的大膽行動。」他們表示，除了失去傷害敵人的機會之外，這些限制「現在很可能會向敵人傳達我們並不堅定的訊號，並鼓勵他們升級戰事及加大風險行為。」[6]

其實撇開政治因素不談，在參謀首長聯席會議所建議的行動中，本來最嚴重的既有風險便是促使中國干預越南問題。畢竟在一九五〇年美軍挺進北韓時，毛澤東曾派出數十萬中國作戰部隊進行狙擊，導致朝鮮半島陷入長達數年的血腥軍事僵局。不過，參謀首長聯席會議認為，中國因為受到國內嚴重經濟問題的影響而國力衰弱，所以中國軍隊進入北越的可能性很低。[7]

隨著時間來到一九六四年，詹森總統和麥納馬拉一再拒絕軍方建議。總統向親信表示，他希望能在十一月之前避免採取此類引人注目的行動，因為這可能會對他和其他民主黨人的選舉產生不利影響。[8]不過，即使在大選之後，詹森依然十分警惕，因為他和麥納馬拉都擔心中國干預的可能性，會比將軍們所說的要大得多。

麥納馬拉及其「奇才」們，也同樣以純粹的軍事理由反對軍方的建議。根據這些文官人員的分析，參謀首長聯席會議太過高估了建議對北越採取軍事行動的好處。麥納馬拉及其團隊則是受到反叛亂理論家的影響，強調叛亂分子在當地能自給自足，所以認為南越共產黨並不特別依賴從北越經寮國滲透路線進入南越的後援，因此切斷他們來自北方的補給線也不會有什麼實際效益。

不過，戰後揭露的資訊卻證實了，這些將軍（而非平民）在認知北越透過寮國滲透補給的重要性方面才是正確的。一九六四年，經由胡志明小徑運輸的物資數量翻了四倍，而隨著北越軍事活動的暴增，以及美國海軍對北越海上滲透行動的封鎖措施，這個數量在未來幾年還成倍增加。[9]北越和蘇聯的消息都表示，切斷寮國航線就能掐死南越的叛亂活動。此外，這兩個消息來源都堅稱，只需幾個師的兵力就能實現這項目標，而且這也比美國最終部署到南越的兵力要少得多。[10]

一九六四年八月初發生的兩起事件，打亂了詹森總統在大選前持續擱置戰爭的計畫。八月二日和四日，據報告在北部灣（Tonkin Gulf）執行任務的美國軍艦遭到了北越船隻的襲擊。整起事件的來龍去脈仍然撲朔迷離，但當時美國政府幾乎每個人都確信這兩起攻擊事件已經發生，並且有必要進行某種形式的報復。

參謀首長聯席會議和兩位主要作戰指揮官，即尤利西斯・夏普（Ulysses G. Sharp）海軍上將和威廉・魏摩蘭（William Westmoreland）將軍，都呼籲總統要針對北越和胡志明小徑進行持續的轟炸行動。麥納馬拉和其他文職領導人則建議採取有限的因應措施，並明確引用了有限戰爭理論。詹森選擇文官的建議，下令對北越海軍設施進行一次轟炸，並在一份公開聲明中強調軍事行動的有限性。[11]

詹森的反應並未產生如有限戰爭理論所預設的結果一般。中國將空襲視為詹森準備入侵北越甚至中國的訊號。外界並不知道，毛澤東沒興趣與美國再次開戰，他怕中國軍隊會重演在韓戰中所遭遇、幾乎一邊倒的流血衝突。中國立即通知河內當局，若是美軍入侵北越，中國將不派兵與美軍作戰。中國也建議，要是美國入侵，北越應該從基礎設施及人口的密集處撤退到山區，以避免美國強大火力的威力。[12]北越對於其最重要的盟友不願意與之共同對抗最重要的敵人，可以說是痛心疾首，但他們還是聽從中國的建議，計劃要撤退到山區。

美國情報機構對中國對東京灣事件（Tonkin Gulf incidents）的真實反應一無所知。要是美國事先知道這點，詹森總統和麥納馬拉就很難迴避掉參謀首長聯席會議的結論，即中國不會介入北越以回應美國的入侵。而北越打算像對付法國那樣上山反擊一事，也會加強美國進攻的理由，因為這將使美國的軍事形勢比最終實際面臨的情況要好得多。畢竟逃入山區會使北越失去大部分後勤基礎設施，以及其支持人力來源的大部分人口。法國曾在類似的條件下幾乎打垮越南共產黨，而當時的軍隊只有十五萬人，不到美國最終投入兵力的三分之一。

北越對詹森有限措施的理解與有限戰爭理論家的預言恰恰相反。北越並沒有把美國的自我限制視為必須達成相互限制的決心指標，而是將其視為可以透過侵略行動加以利用的弱點。一九六四年九月，北越領導人認為美國沒有在東京灣事件後採取進一步的軍事行動，證明美國缺乏對北越戰事升級行為做出強烈回應的意願。過去十年中，北越一直避免向南越投入大規模的北越作戰部隊，因為擔心這會激起美國大規模的軍事反應。現在，這種疑慮顯然已經煙消雲散，河內當局開始準備以整個北越師團入侵南越，以利取得決定性的軍事勝利。[13]

夏末秋初，詹森的競選言論更是讓河內當局有理由相信，他不會為了拯救南越而介入戰事。因為詹森譴責共和黨提名人高華德（Barry Goldwater）是魯莽的戰爭販子，以便將自己塑造成愛好和平的候選人。在競選活動上，詹森也信誓旦旦表示，他沒有把美國青年送往亞洲打仗的打算。[14]

十一月一日，美國總統大選前兩天，一個越共迫擊砲連（mortar company）向美軍飛機駐絫的邊和空軍基地（Bien Hoa Air Base）發射了一百發砲彈。此次轟炸造成四名美國人死亡，三十多人受傷，另外還摧毀了二十七架飛機。魏摩蘭將軍和夏普上將要求立即對北越進行報復。參謀首長聯席會議則透過麥納馬拉警告詹森，若是美國面對這樣的挑釁不採取報復行動，就應該趁早離開越南。

在下定決心之前，詹森先是諮詢了民意調查專家路易斯・哈里斯（Louis Harris）。總統擔心報復會讓某些選民不高興，但也擔心不報復會讓其他選民反對他。哈里斯回答，就算詹森沒有立即採取報復行動，也不太會有選民把票改投他人。[15] 詹森因此再次避免了任何軍事行動，而北越便將此視為美國不會介入拯救南越的訊號。

十一月三日，詹森在總統大選中獲勝的消息，更是向北越證實了未來四年入主白宮的是詹森，而非好戰的高華德。因此，在排除了高華德擔任總統所可能帶來的障礙之後，北越便準備好採取戰事升級行動，在幾天之內就命令第一批進攻部隊立即前往胡志明小徑。這些軍隊穿著南方游擊隊的服裝，盡量減少通訊聯絡，以掩飾其北越身分；河內當局知道，要是國際社會注意到的是外國入侵行動，而非看似當地產生的叛亂，詹森將會在介入時面臨更大的國內外壓力。[16]

III

大選之後，詹森對戰爭升級抱持更加開放的態度，儘管他仍然認為有限升級戰略便足以阻止北越過度升級。他下令麥納馬拉制定轟炸北越的計畫。而國防部長根據「逐步升級」（gradual escalation）的概念制定了一項計畫，這項原則源自於有限戰爭理論中的抽象推理。轟炸行動將從打擊少數重要性不大的目標開始，並隨著時間過去，慢慢增加轟炸程度及重要的目標。在麥納馬拉和其他文官支持者看來，這種策略比一開始就對最有利的目標進行高強度攻擊要來得好，因為比較不容易激怒中國。此外，逐步升級戰略也為之後以更猛烈攻勢打擊敵人留有威脅的餘地。加上麥納馬拉認為，對北越發動密集空襲造成的軍事損失並不大，因為他和其他文職顧問並不認為南越叛亂分子在很大程度上會依賴北越的援助。

參謀首長聯席會議強烈抗議採取逐步升級戰略。他們對人性的看法較為悲觀，並又以歷史為據，認為逐步升級的緩慢節奏會讓敵人相信美國缺乏決心，因此非但不會讓敵人表現克制，反而會導致他們升級戰事。將軍們認為，要是美國馬上開始對關鍵目標進行高強度轟炸，就會阻止北越升級戰事。[17] 將軍們認為，有越來越多的跡象顯示，中國不會介入對北越的猛烈攻擊，包括中國的公開聲明。一九六五年一月九日，毛澤東對美國記者艾德加・斯諾

（Edgar Snow）發表了最直截了當的聲明：

中國軍隊不會越境作戰。這點已經很清楚。只有當美國進攻中國時，我們才會參戰。18

這些爭論卻始終未能動搖詹森總統。一九六五年二月，他依照麥納馬拉的逐步升級戰略開始轟炸北越。該轟炸計畫被命名為「滾雷行動」（Operation Rolling Thunder），在接下來的三年半時間內斷斷續續地進行著。

以有限戰爭思維所進行的初步打擊，絲毫沒有遏止河內當局的野心。正如參謀首長聯席會議所預料，北越不認為詹森總統會出面阻止他們，因此持續進行入侵行動。當美國總統提出要進行談判時，北越認為這是他缺乏戰鬥意志的另一個表現。河內當局帶著一絲輕蔑態度回答道，只有在美國同意離開南越並讓共產黨接管南越之後，河內才會進行談判。19

由於低強度轟炸顯然無法使河內屈服，詹森總統也開始產生絕望的情緒。他對軍事方面的不熟悉，不只讓他沒有準備好質疑逐步升級戰略的績效，也沒有準備好權衡當前戰略與其他選擇。在向麥納馬拉催促戰略良方的同時，詹森更曝露出自己對於得以決定戰略選擇可行性的軍事環境所知不多的缺點。詹森說道：「我不認為，會有辦法透過你們的小型飛機或直升機，去找出這些人，然後透過無線電通報回來，再讓飛機飛進來，把他們炸得屁滾尿流。」其實美國和南越多年來都是如此進行，但麥納馬拉很有外交手腕，一直避免提及這件事。他反而回答道：「這正是我們要做的，不過要是這些人躲在樹下的話，就很難做到了。」[20]

由於麥納馬拉無法提出一個萬無一失的解決方案，詹森總統轉而向參謀首長聯席會議尋求建議。陸軍參謀長哈羅德・強生（Harold K. Johnson）建議部署四個美軍師，越過北緯十七度線進入寮國，以封鎖胡志明小徑。參謀長們也呼籲透過埋水雷或封鎖來關閉北越和柬埔寨的港口，而一九六五年二月在南越海岸發現了一艘北越運輸船，也讓此事變得更加緊迫。但麥納馬拉說服詹森總統拒絕了這些建議，並重申了他的主張，即南越共產黨武裝力量不需要廣大的外部支援，並認為阻礙海防可能會引發與蘇聯的危機。[21]

在北越發動更多攻擊後，麥納馬拉說服詹森總統授權部署美國海軍陸戰隊，以保衛美國在南越北部的設施。第一批海軍陸戰隊於三月八日抵達峴港（Da Nang）。麥納馬拉和詹森總統都沒有預料到，這次部署將是美國直接參與地面戰的第一步；兩人都不知道北越進攻部隊已經踏上了胡志明小徑。詹森總統深信美軍能避免戰爭，因此他考慮向美國人民描述美軍為「保全營」，而非海軍陸戰隊營。麥納馬拉原則上並不反對這種歪曲事實的做法，但他認為在這種情況下，媒體很容易就會識破騙局，政府也會因為試圖誤導大眾而顯得很糟糕。至於另一個風險較小的替代方案，麥納馬拉說服詹森總統在週六晚上宣布部署海軍陸戰隊，這樣就不會刊登在週日早報上，也會因為週日沒有晚報的緣故，將社會大眾對海軍陸戰隊的注意力降至最低。[22] 要不是因為敵方的進攻最終將美軍捲入殊死戰，這種混淆視聽的做法很可能會奏效一段時間，甚至可能成功。只是隨著時間過去，政府這般盡力掩蓋真相也招致了美國各政黨派別的嚴厲批評。

美軍被限制在南方基地的安全範圍內、不具攻擊性的「滾雷行動」，以及詹森總統放棄攻擊北越和中國的公開聲明，這些全都緩解了中國與美國在北越問題上發生直接衝突的擔憂。同時，蘇聯增加對北越的軍事援助，這讓中國政府擔心北越會與蘇聯走得太近。由於這些情勢發展，中國決定向北越派遣七個師部隊，主要從事建設和其他支援工作，與當前或未來可能出現的戰鬥情形相去甚遠。他們的存在絲毫沒有削弱毛澤東避免與美國開戰的決心，也沒有削弱他向國際大眾表明這點的意願。[23]

直到一九六五年四月，詹森政府才意識到，北越已轉為採取決定性的常規戰爭戰略，這件事是美國情報部門在取得北越陸軍第一師進入南方的有力證據後才證實。而這項消息也說服了麥納馬拉和詹森總統同意軍方的請求，向南越派遣更多作戰部隊，將美軍兵力從三萬三千人增加到八萬二千人。若是詹森在一九六四年夏季或秋季，也就是將軍們開始提出建議時就批准採取該部署，他就能向北越展示後者軍隊不可能在南方迅速取勝的決心。然而，現在要阻止北越的進攻恐怕為時已晚了。

河內當局的春季攻勢開始於五月，其對南越城市和軍事基地發動了一連串大規模攻擊。北越掌握了戰術和戰略主動權，在自己選擇的時間和地點，以及有礙美軍進行空中支援的天氣條件和地形下發動攻擊。至於仍在經歷政變和清洗的南越武裝部隊，則是損失慘重。到了六月第一週，隨著攻擊速度加快，南越軍隊傷亡人數更達到一千八百七十六人，創下了戰爭單週傷亡人數的最高紀錄。[24]

IV

六月七日，魏摩蘭敦促華盛頓當局派遣美國地面部隊投入戰爭，這是阻止北越軍隊消滅南越的唯一方法。魏摩蘭認為，美國的干預能避免其戰敗，但無法帶來快速的勝利。此外，干預將會為恢復南越政府實力及重新控制南越農村地區爭取些時間。

詹森總統很清楚，戰爭會讓他付出龐大的物質資源和政治資本代價，但他相信放棄南越也會付出龐大代價。他擔心，任由南越垮台將會導致其他亞洲國家出現倒向共產主義的「骨牌效應」，這將嚴重損害美國在亞洲的利益，並破壞其在全球的信譽。骨牌效應理論在當時及之後都得到了充分的證據支持。七月下旬，基於維護南越的戰略目的值得美國做出大規模的軍事保證，詹森總統決定美國將投入地面戰爭。

雖然詹森總統和麥納馬拉對美國在北越、寮國和柬埔寨的武力使用進行了限制和管理，但在南越境內的軍事行動上，他們聽從了魏摩蘭將軍的判斷。魏摩蘭的南越戰略，是針對北越部隊的機動軍事行動，與確保南越農村人口安全、恢復南越武裝部隊和政府都整合起來。若是麥納馬拉和詹森總統更熟悉軍事方面，他們很可能會對魏摩蘭的戰略有所質疑，儘管從將軍所面臨的條件和限制來看，這還算是個合理的戰略。至於魏摩蘭計畫中最受批評的戰略部分，即尋找並摧毀北越部隊，反而是防止北越向南越部隊、基地和城市發動大規模攻擊最為重要之處。

一九六五年夏末秋初，美軍作戰部隊發現了幾個北越部隊較大的集結地點，並與之交戰。美軍利用其超強的機動性和火力，每次都給北越造成重大損失，而自己付出的代價卻相對較小。這些失敗使河內當局指派用於決戰的許多北越部隊損失慘重，也讓為了進攻而集結的其他北越部隊明顯受到懲罰。北越領導階層因此放棄決定性軍事勝利的計畫，轉而採取持久消耗戰略，以消磨美國的意志。[25]

南越一度過直接危險的階段，參謀首長聯席會議和麥納馬拉就又開始對南越邊境以外戰略的爭論。參謀首長聯席會議敦促詹森總統將「滾雷行動」的速度加快一倍，並表示轟炸時間越長，敵人就越容易轉移目標和加強空中防禦。此外，將軍們也主張在北越港口埋水雷。前總統艾森豪和詹森一起支持這些行動。這位曾在第二次世界大戰中打敗軸心國的幕後策劃者說道：「我們的行動不應以最低需求為基礎，」相反地，美國「應該以壓倒性的力量將敵人滅頂。」[26]

麥納馬拉提出與先前相同的反對意見，說服詹森總統拒絕這些建議。麥納馬拉依然希望美國的克制能換來北越的克制。美國還不知道河內當局早在一九六四年十一月，就決定發動一九六五年的進攻行動，也因此美國仍然像麥納馬拉那樣相信，是一九六五年二月美國對北越的轟炸，而非一九六四年底美國的軟弱造成北越在春季發動攻勢。

就在麥克納馬拉主張有限戰爭的同時，美國情報界卻預測北越和中國會做出與麥納馬拉預測截然不同的反應。美國中央情報局、國防情報局、國家安全局和美國情報委員會在一份統一的評估報告中預言，美國加強對北越或寮國的轟炸將使河內戰事趨緩，而且不會導致中國介入戰爭。[27]麥納馬拉拒絕重新考量其觀點，反而仔細制定新的評估報告，以證明其戰略的正確性。麥納馬拉沒有委託其他情報專業人士，而是委託自己的政策專家，這破壞了情報與政策的分開原則，通常會有礙於情報作為政策目的的傾向。在該份評估報告中，麥納馬拉的政策幕僚認為，美國方面的戰事升級無法使北越行為出現有利的改變，反而有劍指中國及蘇聯的可能危險。[28]

一九六五年十一月，隨著情報部門發現北越部隊的滲透趨勢大增，關於北越是否願意接受相互自我限制的爭論也就告一段落了。根據新情報顯示，北越青年沿著胡志明小徑潛入的速度遠高於先前的估計，而敵方兵力的成長速度是之前的兩倍。根據估計，截至一九六五年底，北越在南方的正規軍人數從六個月前的五萬人增加到九萬人。[29]

V

現在很明顯，美國的克制正得到北越的升級反應。麥納馬拉對有限戰爭理論的信心嚴重動搖，而且再也無法完全恢復。本來就沒有像麥納馬拉那樣對學術思想情有獨鍾的詹森總統，更是對某一方的克制將導致另一方的克制這項觀點失去信心。於是麥納馬拉和詹森總統都決定，現在是升級戰事的時候了。他們配合北越軍隊的湧入，把美國在南越的兵力增加到四十萬人。

將軍們贊成增兵，認為這在軍事和心理上都是有利的，但是他們也告訴詹森總統，要是他想把兵力上限提高到四十萬人，就必須召集美國武裝部隊的後備部隊。預備役部隊擁有深厚的戰鬥經驗，確實適用於正在考量的戰時軍事擴張上。然而，詹森總統反對召集預備役，因為他擔心這會激怒美國民眾，不利於他的國內議程和個人聲望。他要求麥納馬拉提出替代計畫，在不動用後備軍力的情況下部署四十萬軍隊。麥納馬拉的解決方案，便是派遣大量新兵和下級軍官到越南。參謀首長聯席會議對此表示抗議，認為作戰領導能力和技術能力都會受到影響，但他們的話並未能阻止詹森總統批准麥納馬拉的計畫。[30]

十一月，參謀首長聯席會議與總統會面，主張對北越進行更猛烈的打擊，他們認為這在迫使北越結束（或至少是減少）其對南越的介入上是必要之舉。首長們告訴總統，若是不對北越進行強而有力的打擊，戰爭就會一拖再拖，沒有決定性勝利的希望。對此，詹森總統反而擺出了前所未有、連面對北越都不曾有過的強硬態度。根據當時在場的一名下級軍官回憶，總統「大聲辱罵、當面詛咒他們，為了他們到他的辦公室提出『軍事建議』而嘲諷他們。」詹森「大罵他們『混蛋』、『白痴』、『自以為是的蠢材』，而且大爆粗口，把國罵用得比新兵訓練營裡的海軍陸戰隊員還隨意。」總統斥責了首長們低估中國干預的可能性，認為這是「試著把第三次世界大戰的責任推給他。」[31]

詹森的反應與健全的戰略思考簡直相差甚遠。確實在如此重大的戰略問題上，總統理應質疑軍方的建議，但要是他真的認為軍方的建議不可靠，大可以置之不理，但他卻選擇貶低這群將軍，傷害了自己，也傷害了國家。這種惡毒相向只會使今後提出不同意見的人從此噤聲，而事態的發展也顯示，將軍們的戰略建議往往比詹森和麥納馬拉先入為主的想法更明智。

鑑於有越來越多的證據顯示，中國根本就不打算對美國在北越的行動開戰，更顯得詹森總統在中國干預問題上的怒火特別令人吃驚。一九六五年十月，中國再次公開表示，除非美國攻擊中國領土，否則他們不會與美國開戰。[32]接近年底時，中國政府曾私下向北越表示，他們不該指望中國提供多少軍事援助，因為他們正在跟「紙老虎」作戰，「自立自強」就能打敗他們。[33]

到了一九六六年至一九六七年期間，越戰變成了一場曠日持久的消耗戰，儘管美軍給北越造成了重大損失，但卻無法阻止河內當局從北越調度生力軍補充兵力。由於衝突似乎越來越難以解決，參謀首長聯席會議便時不時提出加強「滾雷行動」，並在寮國和柬埔寨展開地面行動的建議，但每次麥納馬拉及其在五角大廈的文職分析人員，都會用他們慣用的論點搪塞過去。

隨著時間經過，文職人員和軍事當局之間，有關滾雷行動有效性的爭論也越來越激烈。因為缺乏北越後勤方面的訊息，美國分析人員不得不依靠以往的經驗、常識和先驗假設來評估北越的後勤能力和需求。奇才們倒是幾乎不參考前兩項資料，反而十分依賴先驗假設。他們的假設卻不斷推導出北越後勤系統滿載無虞的評估結果，然後奇才們將其當作證據，證明無論怎麼轟炸都無法削弱北越的後勤能力，並將滲透物資降低到河內所期望的程度以下。將軍們及其分析人員對奇才們的假設和邏輯提出了質疑，因為根據歷史和個人經驗，他們認為轟炸北越後勤系統所產生的影響，必然比奇才們想像的要大。

戰後，河內當局所出版的史料倒是回答了這個問題。這些史料顯示，一九六六年至一九六七年期間，「滾雷行動」經常破壞北越的後勤系統，使其不具後備能力。北越部隊也因此時常物資短缺，導致他們無法進行某些軍事行動，並限制了他們所能採取行動的強度。[34]

美國也累積了相關證據，證明北越正不斷透過柬埔寨運送物資。來自北越、中國和蘇聯的船隻將物資運到西哈努克港（Sihanoukville），柬埔寨士兵就從那裡協助北越將物資偷運到南越。為了切斷這條補給線，魏摩蘭和參謀首長聯席會議要求對柬埔寨採取地面行動，並封鎖西哈努克港。然而，柬埔寨所提供的補給是否真的如軍方所說的那般大量，中情局分析人員卻表示懷疑，因為就中情局看來，南方的北越部隊還是從當地及寮國獲得主要的補給。麥納馬拉及其他文官便利用中情局的解釋理由，拒絕了軍方關於柬埔寨的建議。魏摩蘭為此感到非常不安，並指責中情局「只反映華盛頓當局想聽到的東西。」[35]

一九六七年秋季，詹森總統與麥納馬拉鬧翻了，部分原因是他越來越懷疑麥納馬拉在越南問題上的建議是否明智。早在該年之前不久，詹森總統開始質疑麥納馬拉的論點，即轟炸北越沒有軍事價值，也幾乎沒有其他戰略價值。到了秋季，詹森總統更加憂慮，因為麥納馬拉提出轟炸沒有任何軍事價值，應該減少，甚至停止滾雷行動的建議。至於，促使詹森總統對麥納馬拉的論點持懷疑態度的原因，則是北越竭力要求美國結束轟炸，美國的盟國卻懇求其加強轟炸，而且越來越多的美國文職官員堅持表示轟炸既有軍事好處，也有政治好處。美國軍方和情報界的大多數人都同意，結束轟炸將無法傳達出美國的決心，並促使北越透過談判結束戰爭。

一九六七年八月的史丹尼斯聽證會，更是把轟炸與否的相關爭議推上了高峰。來自密西西比州的參議員約翰・史丹尼斯（John Stennis）是一位保守的民主黨人，出於對逐步升級策略的不滿，他召集了聽證會。隨著美國捲入地面戰爭已經兩年多，他、國會中許多其他人，以及大部分民眾都得出了與將軍們相同的結論，也就是政府需要放棄逐步升級的戰略，以利加速擊敗敵人。

跟非民選內閣官員的麥納馬拉相比，民選政治家詹森更在意民眾和國會的不滿。在史丹尼斯聽證會開始的當天上午，詹森總統授權對幾個具軍事利益的北越目標實施打擊行動，而他之前一直避免打擊這些目標。雖然從長遠來看，此舉動能帶來重大的軍事利益，但從短期來看，只不過是激起鷹派的憤怒，他們更斥之為廉價的政治噱頭。[36]

在聽證會上，參謀首長聯席會議成員和其他五位將軍作證表示，他們從一開始就反對逐步升級。他們認為，這項戰略反而提供北越時間來建立防空體系，並將物資轉移到不太容易受到攻擊的地點。同時他們也表示，轟炸已經取得部分成果，例如讓五十萬北越人從其他活動中抽身出來，投入修復炸彈所造成的破壞並調整後勤路線，若是政府能加強轟炸，這些效果或許還會擴大。將軍們也主張在北越港口埋水雷。[37]

在這些將軍們之後，麥納馬拉也於八月二十五日出席了委員會會議。他認為，加強轟炸或在港口埋水雷對戰爭影響不大。麥納馬拉更毫不諱言地為滾雷行動辯護，他堅稱要是一開始就加大轟炸程度，轟炸可救不了美國人的命。密蘇里州民主黨參議員史都華・賽明頓（Stuart Symington）則插話說道，有位海軍陸戰隊高級指揮官曾作證，轟炸在破壞敵人重型裝備的移動方面很是重要，而每當轟炸暫停，美國的傷亡人數反而變得更多。

為了證明轟炸並未阻礙北越投入戰爭，麥納馬拉堅稱北越的後勤系統運送速度遠低於其最大能力。他說，北越每天向南方運送七十五噸補給品，便足夠南方北越軍營得以在平均三十天進行戰鬥一天，而他們的滲透系統每天可以運送二百多噸。因此，即使轟炸大幅降低二百噸的補給上限，北越每天仍能運送七十五噸。[38]

然而，反倒是將軍們在作證時，暴露了這項推理的漏洞。因為要是北越每天補給運輸量能超過七十五噸，他們一定會這麼做，畢竟他們很願意經常作戰，而非三十天中只戰鬥一天。若是北越的滲透系統確實不具有額外能力，那麼轟炸該系統就能進一步削弱北越在南方發動戰爭的能力。[39]戰後，北越的說法證實，他們的部隊在此期間仍然缺乏補給，因此無法像他們所希望的那樣頻繁作戰。[40]

參議員們不斷催促麥納馬拉解釋，為什麼他一直無視將軍們的建議，他卻堅持表示：「我不認為行政部門的軍事領導人和文職領導人之間會存在這種鴻溝。」[41]他在休庭期間向媒體說道：「我的政策與參謀首長聯席會議的政策沒有不同，我想他們會先這麼說的。」[42]

麥納馬拉對軍事戰略的可疑說詞，以及他對意見分歧的造假否定，都激怒了參謀首長聯席會議和參議員。[43]史坦尼斯委員會在聽證會結束後，即發表一份報告抨擊麥納馬拉和政府。委員會中的民主黨和共和黨一致抨擊滾雷計畫所採取的逐步升級方式，並譴責詹森政府無視軍方的建議。委員會表示，軍方證人都認為將密集轟炸和水雷結合起來，「是唯一最重要、也做得到的事情」。此外，將軍們更表示，這還能「對戰爭進程及美國與盟軍在南方的傷亡情況產生重大影響。」[44]

詹森總統在八月初授權進行的滾雷行動，反而證明是迄今為止最有效的打擊行動。透過摧毀北越重要的運輸目標，破壞了軍事物資和食品的進口和分銷。河內的居民也因為農業勞動力短缺，開始依賴從中國進口的糧食，同時更瀕臨饑荒問題。英國駐河內總領事約翰・柯文（John Colvin）表示：「該國家和人民瀕臨崩潰情形，這是第一次任何鼓舞人心的演說都無法修補的狀況。」柯文認為，如果美國繼續加強轟炸計畫，北越便不得不結束他們在南越的戰爭。[45]

若是詹森總統及麥納馬拉能更熟悉軍事史，或許他們就會知道美國在之前幾場戰爭中，其成功在很大程度上都要歸功於剝奪敵人糧食的戰略。南北戰爭最後一年，聯邦軍隊計畫性地摧毀南軍的農作物，使其陷入饑荒危機。在第一次世界大戰最後階段，則是協約國有效阻礙了糧食運輸，造成饑荒並以此迫使軸心國投降。一九四五年四月，美國發起了「飢餓行動」，其明確目的就是要餓死日本，使其屈服，但該戰略因原子彈而中斷。若有這種知識的話，詹森總統及麥納馬拉本可以抓緊北越糧食匱乏的片段訊息，加快對北越後勤的攻擊。

相反地，兩人反而執著於採取外交途徑上。雖然詹森總統曾明確告訴其黨內成員，北越並沒有表現出認真談判的意願，但他依然熱衷於尋找任何河內當局欲改變主意的可能跡象。麥納馬拉曾多次說服詹森總統停止「滾雷行動」，以鼓勵河內進行談判，他再次提出了同樣的理由，並習慣性地聲稱美國沒有放棄太多，因為轟炸行動在軍事上並不重要。到了八月下旬，北越才透過中間人表示，若詹森總統停止對北越的轟炸，他們就會進行談判時，詹森總統同意暫停對河內地區的轟炸，以示其意圖。[46]

不過這次就跟前幾次一樣，北越既沒有降級戰事的意思，也沒有真的想進行談判的表現。到了九月下旬，詹森總統既無奈又挫折地感嘆道：「我認為他們把我們當傻瓜在耍。」[47]詹森總統持續進行轟炸行動，但沒有回到夏季那般密集打擊的程度，也沒有聽從參謀首長聯席會議所提及的其他升級建議。這些決定使北越得以從供應危機中恢復過來。

VI

十月中旬，麥納馬拉要求全面中止滾雷行動。此時，由於前幾次停止轟炸的失敗，幾乎已經讓其他所有高層官員相信，再次停止轟炸將會適得其反。而過去經常對滾雷行動的績效抱持懷疑態度的中情局，則是預測北越將會把再次暫停行動視為「美國意志減弱的訊號」，因此會採取更加強硬的外交立場。[48]

在轟炸中止期間，那些放棄希望的人當中便包括詹森總統自己。十月底，詹森總統授權將滾雷計畫擴展到他過去拒絕轟炸的地點。在詹森總統對中止轟炸失去信心的同時，他對麥納馬拉的信心也隨之失去。接近年底，經雙方同意，麥納馬拉便同意辭去國防部長一職，由克拉克・克利福德（Clark Clifford）於一九六八年初接替其職位。

克利福德的觀點比詹森總統所預期的更接近麥納馬拉。而克利福德受到五角大廈中學術奇才們的影響，認為加強轟炸並不會對北越的滲透活動造成嚴重損害，因此可能減少或停止轟炸，是有利於促使北越進行談判。他似乎也懷疑在亞洲圍堵共產主義的戰略目標，是否值得美國在南越投入大量軍事力量。很快地，克利福德便催促詹森總統完全停止轟炸行動，並縮減駐越美軍。不過，詹森總統對自己的想法有了新信心，就斷然拒絕了克利福德的建議。

三月底，詹森總統暫停了對北越北部的轟炸，再次試著促成談判，儘管這是因為接下來幾個月的惡劣天氣很可能會阻礙對該地區進行轟炸的緣故。出乎所有人意料的是，河內當局很快就同意在次月的巴黎進行談判。然而，北越方面根本對透過外交途徑解決衝突毫無興趣，他們只是利用巴黎這個地方進行論戰宣傳。

參謀首長聯席會議只看到了北越的欺騙，很快就建議全面恢復滾雷行動。克利福德則反駁道，恢復行動會破壞談判的前景，在軍事上也沒有好處。詹森總統認為克利福德的說法荒唐可笑。[49] 幾週前，北越升級其本身的攻勢，發動了大規模的城市攻擊。從艾布蘭（Abrams）將軍向詹森總統提供的情報顯示，轟炸確實破壞了北越的交通網路，迫使北越將軍事力量移轉至防空方面，從而挽救了美國大兵的生命。在提到克利福德及其志同道合的官員時，詹森總統跟紐澤西州州長理查德・休斯（Richard Hughes）如此說道：

> 他們要我當本時代最大的笨蛋。就在共產黨準備打擊我們的時候，他們要我做我在越南新年所做的事，也就是去放春假，讓我們的人都去度假，但是我一停止進行轟炸，便又讓他們得以全力打擊我，而我只是、只是、只是沒有看清楚這點。[50]

戰後的共產黨史料顯示，儘管滾雷行動所進行的轟炸僅限於北越南部，但它在一九六八年中期嚴重破壞了北越的後勤系統。因為北越的卡車還是必須經過北越南部幾個重要路口，而集中在這些路口的轟炸則摧毀了大量卡車，並導致其他大多數卡車不得不掉頭返回。一九六八年夏末，預計運往胡志明小徑的物資只有二〇％能到達目的地。[51]

美軍及南越軍隊在一九六八年期間，於南越境內給北越軍隊造成了慘重損失。一月的「新春攻勢」（Tet Offensive）及隨後北越發動的兩次大規模攻勢，均以軍事失敗告終。軍事局勢的改善，以及二月及三月在順化發生的數千名南越平民被殺事件，都促使南越人民團結起來支持西貢政府，並將更多他們的子民送入西貢武裝部隊。一九六八年十一月，南越政府展開了一場聲勢浩大的綏靖運動，而事實證明，這場運動在收復南越農村地區達成了驚人的成效。

在詹森總統擔任總統期間，駐紮在南越的美國遠征軍實現了魏摩蘭將軍在一九六五年制定的主要目標，即是擊潰北越軍隊、重建農村人口安全，以及重振南越政府和武裝部隊。這些成就為美軍向南越軍隊轉移軍事責任方面奠定了基礎，而這項移轉作業也在尼克森政府時期順利完成。若說南越內部的戰爭，即詹森政府曾取得戰績部分，是詹森總統和麥納馬拉將戰略留給將軍們的部分，這絕非是種巧合。而在詹森總統和麥納馬拉忽視將軍們的地方，美國的情況顯然要糟糕得多。政治人物拒絕加強對北越的轟炸，拒絕在寮國和柬埔寨展開地面行動，這些都是一級戰略錯誤，使得北越可以自由調動人員和物資，並選擇作戰時間和地點。

VII

麥納馬拉在戰略核心活動方面，即確定實現策略目標的最佳途徑和手段，其失敗主要是因為閉門造車，以及太過相信抽象理論的結果。在出現新訊息或是事件與其最初的觀點相互矛盾時，麥納馬拉往往會拒絕改變其想法，甚至還會找別人向他保證他最初的想法是正確的。有越來越多的證據顯示，美國的自制只會導致北越升級戰事，但麥納馬拉卻堅持有限戰爭理論，導致一九六五年北越軍隊大量湧入南越。麥納馬拉甚至長時間堅持其錯誤的信念，認為對北越進行密集轟炸不會對敵人的戰爭投入帶來昂貴的代價，而且極有可能會激怒敵人。

詹森總統在越南問題上聽取了麥納馬拉的建議，直到一九六七年底，總統才意識到麥納馬拉在轟炸戰略上的缺陷。他既不是第一位，也不是最後一位過於信任顧問的總統，只因為顧問的自信和舉止超出了他們的判斷力。雖然詹森總統在將近四年的時間和麥納馬拉一樣無視其他不同意見，但事實證明，隨著新資訊浮出水面，總統最終還是願意改變主意。只不過因為缺乏軍事知識、不信任將領，以及依賴文職顧問解釋軍事事務，總統在取得並處理這些資訊的能力始終受到限制。若是詹森總統在一九六四年或一九六五年就意識到，麥納馬拉在抽象和非歷史思維方面具有弱點，他很可能就會提早決定加強轟炸，並可能因此迫使河內當局結束或縮減其在南方的戰爭，而且一定能削弱北越軍隊在進攻方面的實力。

詹森總統從未意識到軍方要求在寮國、柬埔寨或北越展開地面行動，才是明智的建議。因為美國的地面行動僅限於南越，他讓魏摩蘭將軍別無選擇，只能依靠不斷消耗敵軍的方式來打防衛戰，但敵軍又隨時可能從北越補充新兵，這般曠日持久的消耗戰及隨之而來的美軍傷亡，便引起了美國國內反對戰爭的聲音，既有希望撤軍的，也有主張採取更具侵略性的軍事戰略。

儘管到詹森總統卸任時，美國人民還未出現堅決反戰的立場，但他們失去耐心的情緒已經影響到繼任者的決策。尼克森的戰略確實證明美國能在沒有派出地面部隊的情況下保住南越，而且南越很可能無限期維持下去，只要美國沒有削減支援南越的話，但這又是造成美國民眾不耐煩、厭倦及不信任政府的部分來源。因此，一九七五年南越垮台，以及由此對美國全球聲譽造成的損害，詹森政府的戰略可說是難辭其咎。

不過，在說到美國在圍堵亞洲共產主義方面，其戰略上之所以獲得更廣泛的成功，詹森總統的戰略倒是功不可沒。因為到了一九七五年，大多數亞洲都沒有陷入骨牌效應，而要是詹森總統在一九六五年就放棄南越的話，其中有些國家幾乎是一定赤化。透過南越戰事長期堅持其立場，詹森總統壯大了該鄰國（最重要的是印尼）反共分子的力量，並破壞中國與北越在傳播國際共產主義革命方面的合作。維護亞洲的反共及反中國家，對於美國與中國的持續競爭大有裨益，而這一點在今天幾乎是每個美國國家安全優先事項清單上的首要任務。

詹森總統的越南戰略也對美國文化和政治，產生了長久、但主要是負面的影響。他的戰略失誤所造成曠日持久的消耗戰，以及隨之而來的長期徵兵制度，打破了全國對冷戰的共識。對大部分美國左派人士來說，越戰成了美國自大和過度擴張的象徵。這種解釋影響民主黨未來幾十年的外交政策。此外，這也造成美國大專院校在外交政策和軍事戰略方面的水準下降，而這些大專院校曾是培養國家安全戰略家的主要場所。隨著這些領域的學者退休，取而代之的是無關該領域的學者，他們教授的課程也隨之消失。大家不得不做出這樣的結論，華盛頓當局的戰略決策在二十一世紀受到了影響，因為很少有國家高層領導人接受過國家安全戰略歷史或相關原則的嚴格訓練。

Chapter

7

低盪及競爭戰略：布列茲涅夫與莫斯科當局的冷戰

賽吉・拉德琴科（Sergey Radchenko）是冷戰的歷史學家，同時在約翰霍普金斯大學的高等國際研究學院擔任威森・施密特特聘教授（Wilson E. Schmidt Distinguished Professor）。

蘇聯有大戰略嗎？對於美國早期的冷戰政策制定者來說，答案似乎顯而易見。NSC-68號文件有一句名言：「控制蘇聯和國際共產主義運動的人，其根本目的是要維持及鞏固他們的絕對權力。」[1]這種基本前提倒是毫無疑問，即蘇聯領導人不相信有永久和解（accommodation）的可能性，他們所簽署的協議全都只是臨時的權宜之計，一有機會就會被拋棄。因此，冷戰成了一場長期賽局，直到蘇聯的意識形態燃燒殆盡，俄羅斯重新加入文明國家的社會為止。在此之前，美國必須在競爭中保持領先，同時反擊蘇聯的暗中滲透。若是長期競爭對蘇聯來說是要進行擴張，那麼對美國來說就是反制蘇聯擴張的圍堵行動。

然而，這種敘事方式的問題就在於，其未能解釋蘇聯領導人在冷戰大部分時間裡，都在尋求與西方和解的事實。當然，擴張主義及和解二者是可以兼容的。比方說，有人或許認為莫斯科當局之所以願意和解，只是要尋求美國承認蘇聯地緣政治利益的合法性。在這種解讀之下，一九七〇年代初短暫出現的美蘇低盪（détente）時刻，就是美國在對外失敗和國內動盪的雙重打擊下，勉強屈服於蘇聯要求的歷史時刻。這就是有關尼克森的美國批評家們經常看待低盪關係的方式。不過，莫斯科當局卻不認同這種說法。拚命想要自我合法化的蘇聯領導人，之所以追求低盪關係，是因為這能藉由那些大國為他們帶來承認其國家的榮耀。[2]對蘇聯來說，低盪的意義在於獲得美國承認蘇聯為超級大國的平等地位。這反過來需要蘇聯大手筆投入核武支出，進行軍事干預以捍衛自己表面上的勢力範圍，並支持由假想的社會主義政權所組成、遙遠廣大的附庸國家等，以及最重要的高峰會談，因為跟美國領導人進行同台會談，將會為蘇聯帶來其急需的自信心及合法性。蘇聯在國內的表現越不具說服力（因為到了一九六〇年代末，政策制定者已經清楚意識到他們將面臨著慘淡的經濟前景），權力的象徵就越受重視，即是核盾（nuclear shield）的威力、海外附庸國家的數量，以及旨在為克里姆林宮贏得全世界敬仰而大肆宣揚愛好和平的倡議。種種極為不利的國際環境（尤其是中蘇分裂的創傷，以及註定會四分五裂的國際共產主義運動），都為莫斯科當局提供了與西方國家重修舊好的另一個重要理由。從該意義上說，與其說低盪戰略代表著蘇聯信心的成長，不如說是蘇聯的弱點日益明顯。低盪戰略就像是一種見好就收的做法。

對蘇聯來說，很不幸的是，低盪戰略不會奏效，也不可能奏效。低盪戰略本質上是一種不穩定的狀態；美蘇關係從根本上來說仍然是競爭關係。有人可能會說，這是因為美國和蘇聯代表著兩種截然不同的意識形態，即資本主義及社會主義，而這兩種意識形態根本無法在低盪戰略框架內和解讓步。這樣的框架雖然有用，但卻忽略了一個更基本的問題，即是在一個本質上階級分明的全球秩序中，以該兩國為中心之間的競爭關係。這種競爭能否達到某種平衡，即一方的承認及讓步，以配合另一方的自我克制？

這不僅僅是歷史問題，對於我們理解戰略及競爭方面，有著更廣泛的意義。大家一般都認為競爭與合作是對立的，但是列昂尼德・布列茲涅夫（Leonid Brezhnev）的戰略強調將二者融為一體，即是在追求蘇聯利益的同時，仍然能限制超級大國的敵意，甚至是發展出國際體系的共同治理。布列茲涅夫最終未能實現該平衡理想，這不僅顯示出低盪戰略的限制，也印證了許多問題，而這些問題會使對立雙方難以達成彼此都能接受的共存條件。

對地位的不同看法，便是問題之一。克里姆林宮對於美國「平等地位」的理解，就跟歷任美國總統的看法不一致。其次，全球共同治理必須就構成雙方合法利益範圍達成一定的默契。這種協議在某些領域是可以達成的，但是世界上大部分地區仍處於灰色地帶，競爭也隨之而生，為低盪關係帶來了壓力。第三，盟友和合作夥伴的欲望都會阻礙協議的達成。雙方的第三世界附庸國都會對維持超級大國之間的平衡要求不斷，但卻沒有表現出太多感激之情。在中東和非洲的情況尤其如此，蘇聯領導人發現自己正面臨滿足其附庸國家期望的壓力，甚至不惜要冒著破壞低盪關係的風險。

第四，積習難改的官僚團體往往會按照其固有邏輯行事，與低盪政策的要求格格不入。就蘇聯而言，軍隊、情報部門及政黨機構有時會各行其是，共同奉行破壞低盪關係的政策。美國的情況更是如此，總統們不得不與國內輿論（蘇聯倒是不必擔心這個問題）及經常插手阻撓的國會搏鬥。最後，個人因素也很重要。畢竟幾十年的敵意很需要強悍的個性來化解，但高層卻很難長久保持友好關係，例如低盪政策的主要支持者，即美國總統尼克森及總書記布列茲涅夫便是如此。在尼克森方面，是面臨著削弱其影響力的政治問題（水門事件）；而在布列茲涅夫方面，則是日漸惡化的健康問題。最後尼克森於一九七四年八月辭職，這位美國最著名的低盪政策倡導者，就此退出了歷史舞台。同時，隨著總書記日漸衰老，蘇聯的外交政策也隨之飄搖不定，超級大國之間的競爭又開始捲土重來。

I

蘇聯低盪政策的主要倡導者布列茲涅夫，在登上蘇聯政治權力巔峰之際還不到五十八歲。布列茲涅夫是來自俄羅斯和烏克蘭邊境地區的子民，他在史達林大清洗中一票遭清除的黨內官階中迅速崛起。第二次世界大戰期間，布列茲涅夫曾在蘇聯軍隊中服役，這使他一路前往布拉格，也是他第一次見到歐洲。他回憶戰爭結束時，他寫信給母親說道：「媽媽，我真的很想念祖國。等我到了巴黎，我要登上艾菲爾鐵塔，從上面向整個歐洲吐口水！」[3]（不過直到他晚年才真的到過巴黎。）身為赫魯雪夫的門生，布列茲涅夫曾是摩爾多瓦和哈薩克領導政黨的高層，也是一位風流倜儻的官僚，最擅長背後捅刀和陰謀詭計，並在一九六四年十月發揮所長，忘恩負義地推翻了赫魯雪夫政權，自立為蘇共中央第一書記（之後更成為總書記）。

布列茲涅夫並不以精明著稱，但他卻是一位相當能幹的管理者。他能長時間工作，把自己累得精疲力竭（最終對其健康造成災難性後果）。他是個重視共識概念的政策制定者，通常會避免對抗立場，並試圖化解矛盾，以達成折衷的解決方案。這在布列茲涅夫任期的早期尤其明顯，因為他與另外兩個人，即總理阿列克謝・柯錫金（Aleksei Kosygin）和蘇聯最高蘇維埃主席尼古拉・包戈尼（Nikolai Podgorny）二者達成了權力共享協議。後者從未構成威脅，但前者曾經一度成為真正的對手，甚至試圖在蘇聯外交政策的制定中扮演核心角色。直到一九六〇年代末，布列茲涅夫才鞏固了自己的權力，其達成大多是透過追求與西方的低盪關係以作為他個人的政治計畫。

低盪並不是一個新想法。其關鍵要素（一如莫斯科當局所理解的）在冷戰一開始就已經顯現出來，甚至更早於冷戰爆發前。該想法的核心是大概將戰後世界明確劃分為若干勢力範圍，美國（或西方）承認莫斯科在東歐、中東部分地區和東亞的合法利益，而蘇聯則釋出其在世界上較不具利益或野心的部分地區勢力作為回報。這個（由馬克西姆・李維諾夫

（Maksim Litvinov）和伊凡・麥斯基（Ivan Maisky）等蘇聯戰後規劃者在給史達林的備忘錄中所闡述，並得到史達林本人大致上同意的）願景有一個致命的缺陷，也阻礙了布列茲涅夫的低盪政策，即假定蘇聯所認定為其「合法利益」者，也同樣會被華盛頓當局視為合法。同時，美國壟斷原子彈一事也削弱了莫斯科對超級大國平等地位的訴求，並使極度神經質、缺乏安全感的史達林相信，與敵方美國妥協是不可能、也是不可取的。

蘇聯於一九四九年八月測試其第一枚原子武器，並在幾年內建立了強大的核武實力，這讓史達林的繼任者赫魯雪夫更加膽大妄為，他堅信，儘管美國領導人不願正視蘇聯為「同等」大國，但鑑於核時代的「現實」，美國別無選擇，只能承認這種同等性。這種承認便成為通往冷戰結束的大道，因為（根據克里姆林宮的解釋）冷戰本身只是美國一向努力剝奪蘇聯順利取得合法地位的結果。赫魯雪夫曾向他的西方對話者提出：「愛我們現在的樣子。」他的意思是，既然蘇聯已經成為一個擁核超級大國，就必須接受其與美國平起平坐的事實。[4]

一九五〇年代末和一九六〇年代初，蘇聯外交政策中有些較大膽的舉動，即是從赫魯雪夫接二連三發出的柏林最後通牒（Berlin ultimatums），到蘇聯在古巴部署核子武器，都源自於蘇聯領導人的核自信，以及對自己在國際政治中處於下風的敏銳認知。美國怎麼能在位處歐洲心臟地帶的德國設立前哨基地？為什麼美國能在土耳其擁有飛彈，而我們卻不能在古巴擁有飛彈？既然蘇聯有摧毀所有對手的可能，就不能再容忍這種不公平了。但這個賽局值得參與嗎？赫魯雪夫認為戰爭的風險微乎其微，而且根據他的估計，柏林危機的風險並未超過五%。[5]不過，到了柏林危機的最後關頭，赫魯雪夫還是選擇了臨陣退縮。而且他也沒有選擇在古巴去試試自己的運氣，就在他於古巴島上安裝核子飛彈的大膽計畫，把蘇聯推向了與美國開戰的懸崖邊時，他倒是迅速撤出了古巴。這對蘇聯領導人來說，算是一次奇恥大辱，但古巴危機也為赫魯雪夫與美國總統甘迺迪加倍尋求低盪關係一事帶來了一線曙光；只是在低盪關係幾乎唾手可得之際，便遇上了甘迺迪遇刺身亡、赫魯雪夫被廢黜，以及最重要的越南問題導致低盪政策徹底脫軌等。

越南問題是對低盪關係的莫大挑戰，其凸顯了在美蘇競爭的廣大背景下，低盪關係會如此難以實現的原因。美國在這場冷戰戰場上的軍事行動升級（一九六四年末至一九六五年初）與布列茲涅夫的上台不謀而合。除了在蘇聯掌權外，布列茲涅夫還成為整個社會主義陣營的領導人，他需要並期望得到社會主義陣營的推崇和認可，他向社會主義陣營保證，他會比赫魯曉夫更有原則地實行意識形態上的團結，因為赫魯雪夫前後矛盾。這種保證是必要的，因為與中國的強烈分歧挑戰了莫斯科當局的權威，破壞了蘇聯在社會主義陣營中的地位。由於中國聲稱蘇聯已經放棄反美國帝國主義的鬥爭，布列茲涅夫必須證明事實並非如此，相反地，他忠於馬克思主義原則，因此無愧於作為共產主義世界領導者的稱號。這種保證更是特別體現在蘇聯支持北越加深其與美國的衝突中，儘管這種支持也破壞了與華盛頓當局低盪關係的承諾。

因此，從一九六五年起，莫斯科當局對北越的軍事援助急劇增加，原因與其說是與越南的戰略地位有關，不如說是與中蘇領導權爭霸戰的起伏有關。有一兩年的時間，布列茲涅夫及其同志們試圖利用越南作為修復對中關係的基礎。若是能達成這點（而且也只有北京方面同意服從蘇聯的領導才能做到），才能大幅增強蘇聯的自信心。為此，柯錫金總理甚至在一九六五年二月冒險來到中國，跟毛澤東主席會面（這也是蘇聯領導人最後一次會見毛澤東）。但在回答柯錫金期望能修補越南問題的分歧時，毛澤東則保證中蘇鬥爭將持續「一萬年」之久。[6] 在試圖與中國和解失敗後，蘇聯領導人又試著在向越南提供援助方面搶先中國，同時大聲譴責美國投入戰爭。當然，克里姆林宮對革命合法性的追求，還是有嚴格限制。布列茲涅夫便曾在一九六五年七月抱怨道：「我們該怎麼做？要動用核武嗎？這是國際大眾想要的嗎？這不只是援助越南，而是一場貨真價實的戰爭。我們不能放任這種事發生。」[7]

雖然莫斯科當局對北越的保證不斷增加，是因為要捍衛蘇聯的信譽以抵禦中國的攻擊，但這種保證無疑會傷害到蘇聯外交政策的其他目標，尤其是與美國對話的需求。

總而言之，布里茲涅夫更廣泛的外交政策議程，仍是以低盪政策作為其國際政治的重點，這與赫魯雪夫的政策如出一轍。到了一九六〇年代末，其低盪政策似乎比赫魯雪夫所採取的更容易實現。該原因有三，首先，便是蘇聯變得內弱外強。這裡的內弱指的是東西方經濟競爭的背景下，莫斯科當局在達成其成長目標方面越來越乏力。（一九五九年七月）赫魯雪夫在與尼克森進行臭名昭著的「廚房辯論」（kitchen debate）時，曾吹噓自己在經濟生產方面超過了美國；十年後，他的繼任者布列茲涅夫卻顯然不可能在這方面抱持幻想。一九六八年七月，布列茲涅夫收到了蘇聯國家安全委員會（Komitet gosudarstvennoy bezopasnosti, KGB）主席尤里・安德羅波夫（Yurii Andropov）的備忘錄，其中直言不諱地討論了蘇聯的經濟問題，諸如浪費、勞動效率低下，以及在科技研發、教育及電腦使用率方面都跟不上美國的問題。[8] 布列茲涅夫把這份麻煩文件鎖在抽屜中，直到一九八二年他過世後，才得以重見天日。但問題就擺在眼前，人人都看得見。柯錫金曾試圖透過其命運多舛的一九六五年改革來解決這些問題，但他只觸及了皮毛。日益嚴重的停滯狀態促成其在可接受的條件下結束冷戰，因為透過低盪關係來鎖定成果變得更加重要。

與此同時，布列茲涅夫比赫魯雪夫更有條件利用蘇聯的軍事力量。蘇聯努力不懈地進行核武建造。到了一九七〇年，蘇聯累積的核子彈頭數量幾乎是美國的一半（而且還在繼續固積，並在這十年間最後幾年超過了美國）。其核三位一體（nuclear triad）*的品質也有了顯著提升，在某些領域，例如重型洲際彈道飛彈，則是開始與美國相比。對布列茲涅夫來說，這般強大的摧毀力使他重拾信心，認為自己可以與美國總統平等對話。

其次，蘇聯成功在一九六八年八月入侵捷克斯洛伐克（而美國的反應卻相當溫和），讓布列茲涅夫確信華盛頓當局會尊重其勢力範圍。至於美國在越南的困境則是讓莫斯科相信，華盛頓當局比冷戰時期任何時候都更願意和解讓步。第三，與中國關係的快速惡化，凸顯了蘇聯與西方修復關係的必要性。一九六九年三月，中國在軍事化程度很高的中蘇邊界東段的珍寶島挑起了一場小規模衝突，一時之間，緊張局勢的升級似乎將導致這對昔日盟友之間的全面戰爭。自第二次世界大戰以來，「美國帝國主義」從未以如此友好的姿態出現在克里姆林宮急躁的政策制定者面前。

當時，布列茲涅夫已經發展出一種具有鮮明文明色彩的國際政治手段，這種手段完全不符合馬克思列寧主義的原則，但卻符合這位蘇聯領導人的直覺。其核心思想是，蘇聯是「歐

* 核三位一體分別指的是：核潛艦、彈道飛彈、戰略轟炸機，這三項武器所構成的核打擊戰略力量。

洲國家」，蘇聯領導人是「歐洲人」。因此，蘇聯人和美國人（在布列茲涅夫看來，美國人也是「歐洲人」）具有相近的利益，其中最重要的一點就是要保持彼此之間的和平，因為他們擔心一旦爆發戰爭，「白人將消失，只剩下黑人和黃種人。」[9]中國人特別疑神疑鬼。就跟之前的赫魯雪夫一樣，布列茲涅夫對毛澤東及其戰友深感不信任。蘇聯領導人會說：「這些人能狡猾地掩蓋他們的真實目的。我沒有特別指什麼，但任何在中國的學生都會有同樣的感受。」[10]

布列茲涅夫對中國的恐懼，為他努力實現與美國的低盪關係，提供了一種文明參考點。他擔心美國似乎並不像他那樣留意中國政府的深謀遠慮。不過，尼克森總統及其國家安全顧問季辛吉反倒是投機取巧地利用蘇聯與中國之間的問題，甚至有些不厭其煩地、帶點嘲諷的口氣向莫斯科保證，中美關係的和解絕不是要針對莫斯科。當然，莫斯科沒有人會感到放心，只是隨著尼克森在一九七〇年代初接觸中國的步伐，無疑都促使布列茲涅夫急著建立低盪關係，甚至都還來不及等到美國離開越南。

有趣的是，尼克森造訪北京更導致中越關係出現重大摩擦，使中國幾乎無法在第三世界維護其表面上的「革命」形象。布列茲涅夫本可以利用中國的「背叛」，在河內和世界各地的「革命」同志中得分，並就美國在越南的行動升級與之對抗。有些布列茲涅夫的同志，包括柯錫金也是，就曾主張採取這種行動。然而，布列茲涅夫卻在一九七二年五月為尼克森鋪上以示歡迎的紅地毯。這是為什麼呢？因為對布列茲涅夫來說，「革命」聲望遠不如美蘇高峰會談的聲望重要。季辛吉在尼克森出訪莫斯科之前曾給他寫了一封信，準確分析了當時的情況，其說道：「布列茲涅夫將他與您的關係視為是強化並合法化他在其國內地位的象徵。我們或許是十一月才要選舉；但是他的表現就好像下週和以後每週都要選舉一樣。」[11]

有一件事特別困擾著布列茲涅夫。他密切觀察尼克森於一九七二年二月在中國的表現，當尼克森在跟周恩來共進晚餐，並在敬酒時宣布中美兩國「掌握著世界的未來」時，他感到非常驚訝。[12]布列茲涅夫不斷多次抱怨這段敬酒詞，他甚至不滿意季辛吉的解釋，也就是尼克森只是喝多了。而問題就在於，尼克森的話所暗示的全球政治圖像與布列茲涅夫所幻想的大相逕庭。在布列茲涅夫看來，在其前任史達林、赫魯雪夫，以及其繼任者米哈伊爾・戈巴契夫（Mikhail Gorbachev）看來，世界的未來毫無疑問地掌握在美國和蘇聯手中。布列茲涅夫的整個外交政策，都是為了使蘇聯贏得這種承認地位。正如布列茲涅夫本人對季辛吉所說（而季辛吉為尼克森總結了他的談話內容）：「聽著，我想私下和你談談，不要有其他人在場，也不要有紀錄。聽著，你們會是我們的合作夥伴，你我將共同管理世界。」[13]

II

當布列茲涅夫談到與美國共同管理世界時，他主要想到的是中東地區。中東是他理想中美蘇共管的試驗場域。長期以來，美國及蘇聯在該地區一直都毫無進展。自從史達林在伊朗北部挑起事端並威脅土耳其以來，美國政策制定者就懷疑蘇聯的長期策略是要顛覆西方在中東的利益並獲取石油。一九五三年中情局策劃的伊朗政變，表面上便是為了防止伊朗併入蘇聯盟國之列。莫斯科當局向埃及、敘利亞和伊拉克等地的阿拉伯民族主義玩弄政治花招，在整個一九五〇年代和一九六〇年代引起了西方政策制定者的擔憂，不過現在回想起來，蘇聯雖然向其附庸國提供了大量軍事援助，但實際對其影響力卻十分有限。

埃及的情況尤其是如此，因為埃及在一九六七年六月與以色列交戰卻慘遭恥辱的失敗，至今仍渴望收復在西奈半島失去的領土。布列茲涅夫曾向開羅提供武器以利其重建支離破碎的軍隊，但他從未能確信埃及會在使用這些武器之前徵求他的意見。他與納賽爾相處得不錯，因為納賽爾至少願意聽取莫斯科的建議，但他不知道該如何看待納賽爾的繼任者沙達特。而就在沙達特於一九七〇年納賽爾去世後開始上台執政，他一方面誓言效忠蘇聯，另一方面卻又採取了會令謹慎的布列茲涅夫大為惱火的行動，包括清除埃及領導層中所謂的親蘇派，並將數千名蘇聯軍事顧問和專家驅逐出境。

最重要的是，有鑑於沙達特傾向於發表好戰宣言，蘇聯無法確定他是否會向以色列發難，在中東挑起一場大戰。要是他這樣做了，他能不像阿拉伯人在一九六七年那樣再次失敗嗎？要是他們輸了，若想到蘇聯向埃及提供大量軍事裝備，莫斯科的超級大國聲望又該如何？布列茲涅夫因此抱怨道：「我們幾乎在每次的政治局會議上都會討論中東問題。因為阿拉伯人不加思索的行為，勢必會給自己製造無法彌補的後果，也很可能會傷害我們的聲望，而我們絕不能讓此事發生。」[14] 蘇聯一方面擔心，若是不向沙達特提供最好的武器和最強大的政治支持，沙達特就會轉向美國，但另一方面又擔心不向沙達特提供其所要求的條件，他可能就會失敗。這種陷入困境的感覺很不好過，所以布列茲涅夫努力透過與美國接觸來解決這個問題，他認為美國能向其附庸國以色列施加壓力，讓沙達特透過談判獲得他在此之前未能透過軍事力量獲得的東西，特別是歸還在六日戰爭（Six Day War）中失去的領土。

若是說美蘇共管有什麼好處的話，那就是避免中東爆發大規模戰爭。一九七三年六月，布里茲涅夫努力爭取尼克森同意某種形式的聯合行動。此事發生在其訪美期間，當時正值兩國低盪關係的高峰期。尼克森正處於水門事件的陰影下，但還沒有到該年晚些時候那樣被醜聞徹底擊垮的地步。一九七三年一月達成的巴黎協定為美國介入越戰劃下句點，因此布列茲涅夫在尋求改善與華盛頓當局關係的同時，不必再為安撫他的革命附庸國而委曲求全。此時的布列茲涅夫已不再是一九六〇年代末的布列茲涅夫，當時他在外交政策問題上經常不得不聽從柯錫金的意見；他也不是一九七〇年代末的布列茲涅夫，那時他的健康狀況日益惡化，削減了他制定創新政策的空間。一九七三年，布列茲涅夫正值壯年，他陶醉於美蘇高峰會的輝煌盛況。布列茲涅夫與尼克森在橢圓形辦公室（Oval Office）*第一次進行一對一會談時說道：「有人一直在談兩個超級大國這樣的想法。怎樣？難不成他們還想讓蘇聯變成幾內亞或是其他小國嗎？」[15]

除了名聲地位之外，布列茲涅夫還需要在中東問題上達成具體成果才行。因此他突然要求與尼克森總統進行一次計畫外的會面，並用一種頗為怪異的方式表達自己的觀點，就在一九七三年六月二十三日深夜，當他們二人抵達尼克森在加州聖克利門蒂（San Clemente）的官邸之際。尼克森被這突如其來的要求嚇了一跳（他認為這是布列茲涅夫試圖要將他與其顧問，尤其是季辛吉分開來）。儘管如此，總統還是同意並聽取了布列茲涅夫的意見。蘇聯領導人建議的重點是，蘇聯將向阿拉伯施加壓力，使他們降低對以色列的敵意，而美國將向以

---

* 即美國總統辦公室。

色列施加壓力，迫使他們撤回到一九六七年的邊界。這樣，中東就會在美蘇共管下實現和平願景。只是，尼克森對此並不埋單。就如同他曾在某個場合裡調侃：「我們要的是和平，他們要的是中東。」[16]布列茲涅夫沮喪地離開了，並且擔心戰爭隨時會爆發。

戰爭開始於一九七三年十月六日。蘇聯早就收到通知，但來源不是他們的附庸國埃及，因為沙達特直到最後一刻才亮出底牌，真正來源是另一個附庸國敘利亞的哈菲茲・阿薩德（Hafez al-Assad）。但是，戰爭一開打，阿拉伯似乎在西奈半島和戈蘭高地對抗以色列方面取得了出乎意料的戰果，莫斯科的警覺性就不復存在了。蘇聯武器在實際衝突中獲勝，將蘇聯超級大國的聲望推向了全新高度。因此，蘇聯領導人非但沒有向沙達特施壓，迫使其停止行動，反而假裝處於困惑中，試圖以此抵擋美國要求結束敵對行動的壓力。中情局局長威廉・柯比（William Colby）在戰爭爆發的第一天問道：「蘇聯有沒有討論過，他們的真正利益是跟我們一起，而不是瘋狂的阿拉伯？」[17]就在幾週前，還沒有人需要提出這樣的論點，但現在阿拉伯贏了，蘇聯領導人似乎很願意順其自然，因為這樣做可以提高蘇聯在阿拉伯心目中的地位，提升蘇聯作為超級大國的偉大形象，即使代價是破壞低盪關係。

部分麻煩就在於沙達特是一個非常難纏的附庸國領導人，所以開戰兩天後布列茲涅夫悄悄向他提出原地停火的意見時，埃及總統拒絕了他。直到阿拉伯的攻勢耗盡，以色列反擊，沙達特才表現出談判的意願。在感覺到阿拉伯的機會之窗正在迅速關閉，而且以色列很快就會捲土重來，布列茲涅夫再次改變策略，他邀請季辛吉前往莫斯科，共同商討解決衝突的辦法。這場緊急會談於十月二十日至二十一日之間舉行，而此時阿拉伯所面臨的地面戰局勢正變得越來越嚴峻。儘管雙方都同意安排停火，但令布列茲涅夫懊惱的是，美國似乎有幾天沒有向以色列施加任何壓力，迫使其停止進攻。隨著埃及瀕臨軍事災難的邊緣，布列茲涅夫於十月二十五日深夜致函尼克森，發出蘇聯要進行單方面干預以拯救阿拉伯的威脅。布列茲涅夫之所以簽字同意採取這項孤注一擲的措施，是因為他承受來自沙達特的龐大壓力，必須有所作為。但總書記沒有料到的是，美國會對其做出反應，並將戰略部隊的備戰狀態提高到三級戒備狀態（DEFCON 3）。

其實這個決定是季辛吉刻意用反應過度所製造出來的虛張聲勢，他後來將此歸咎於尼克森（而後者似乎是在事後才知情）。蘇聯則以最快的速度後退，中東敵對行動逐漸平息，局勢迅速降級。在隨後的幾週及幾個月內，沙達特再次被以色列擊敗，但他已證明自己是一個值得尊敬的對手，他與台拉維夫及華盛頓當局進行對話，背棄了強大的蘇聯靠山。沙達特逐漸意識到，只有美國才能真正「兌現」以色列的讓步，事實上，美國幾年後便透過大衛營協定（Camp David Accords）實現了該項目標。在短時間內，蘇聯在中東的威望再次受到嚴重打擊，並失去一位重要的附庸國。

這件事描繪出低盪關係的脆弱性。儘管布列茲涅夫仍渴望能實現美蘇共管的理想，但他發現自己很難抵抗在可能情況下削弱美國力量的誘惑，而美國方面也是如此。中東算是一塊灰色地帶，這裡隨時都有一方能以犧牲另一方作為代價來獲得利益。在這種合作與競爭並存的關係中，贏取並保有附庸國都是非常重要的事，因為這能建立起雙方討價還價的能力。不過，布列茲涅夫也非常清楚，附庸國有自己的優先事項，不一定會與其背後的超級大國的議程一致。正如先前越戰期間蘇聯難以說服北越聽從自己的建議一樣，布列茲涅夫也發現，若是沙達特的做法符合自己的政治目的，那麼他就有可能、也確實將低盪關係置於危險之中。

就蘇聯而言，中東的這場拉鋸戰並沒有真正的意識形態內容；反之，其與相對權力和威望的看法有關。蘇聯領導人幾乎在每一個重要的轉折點上，都被季辛吉耍得團團轉，但大家也不應該忽視，若是蘇聯領導人有能力的話，他也很可能會對季辛吉做同樣的事。因此，要共同管理世界，就必須互相緊盯著對方，不僅要留心對方會在背後捅你一刀的跡象，同時也要趁早找機會在背後捅對方一刀。

III

就布列茲涅夫與尼克森之間的個人關係而言，尼克森在一九七四年八月下台，便代表著低盪關係開始走下坡。傑拉德・福特（Gerald Ford）雖然承諾會遵循尼克森的政策，但卻與總書記之前「一拍即合」的意向不盡相同。季辛吉繼續留任，但布列茲涅夫並不信任他，這種感覺因美國國務卿阻止蘇聯欲透過談判解決塞浦路斯危機的方式而顯得更加強烈。

塞浦路斯先是遭到希臘支持的政變，後來又遭受土耳其入侵，在莫斯科眼中，這似乎是超級大國在衝突管理上合作的絕佳機會。然而，季辛吉卻不這麼認為，他在幕後極力破壞蘇聯召開國際會議的提議。[18] 正是因為對美國在塞浦路斯危機中的表現感到失望，布列茲涅夫在給蘇聯駐華盛頓大使安納托利・杜布里寧（Anatolii Dobrynin）的信中寫道（雖然他從未寄出這封信，但這封信多少反映了蘇聯領導人的心境）：「你難道不覺得，在這種情況下，我們不僅要表現出與美國發展關係的善意和意願，還要以某種形式讓（美國）明白，我們不準備耐心地忍受美國政策中一切不友善的表現嗎？」[19]

布列茲涅夫對福特政府（包括福特本人）的激進言論感到惱火。他也很討厭美國總統似乎不願意公開反對國會中批評低盪政策的人，例如（民主黨）參議員亨利・賈克森（Henry

Jackson），當時他的名字被寫進一件旨在廢除莫斯科最惠國貿易地位的立法中。為了懲罰蘇聯限制猶太移民的賈克森－瓦尼克修正案（Jackson-Vanik Amendment），尤其使布列茲涅夫感到沮喪，因為這破壞了他希望低盪關係所帶來的真正成果，即是更緊密的經濟關係，這將有助於解決蘇聯日益嚴重的經濟成長停滯問題。這位蘇聯領導人指責賈克森煽動人心，並認為美國輿論所知不多而大發雷霆。「許多（美國）一般人對蘇聯認識不多。他們太聽從內部宣傳，而且變得非常懶惰，甚至不想閱讀任何東西。他們只會看電視，而且還只看有趣的節目。」[20]

就在莫斯科對美蘇關係現狀感到失望的同時，某些領域的低盪關係卻在慣性作用下繼續向前發展。一九七五年七月，美國及蘇聯的「阿波羅－聯盟號」（Apollo-Soyuz）太空船在太空中對接，這是一個具有象徵意義的高潮事件。兩週後，福特與布列茲涅夫在赫爾辛基舉行會議，代表數年來有關歐洲安全問題的艱難談判宣告結束，兩個超級大國默許了各自的勢力範圍。福特因為前往赫爾辛基（因此達成蘇聯的宣傳目的），而遭到國內批評。布列茲涅夫在國內沒有這類問題，但他面臨另一個挑戰，也就是其健康狀況急劇惡化。他在赫爾辛基勉強完成了政治議程，回國後便開始漫長的休假，而蘇聯的外交政策也隨之進入慣性模式。

正是在這種脈絡下，莫斯科開始逐漸介入安哥拉事件。葡萄牙還未完全離開其前殖民地，安哥拉就開始自相殘殺，三方勢力各自爭奪控制權。其中一方，即安哥拉解放人民組織（People's Movement for the Liberation of Angola, MPLA）憑藉著蘇聯的支持，並在一九七五年秋季蘇聯與古巴合作，提供關鍵的軍事支援，使安哥拉內戰的天平向安哥拉解放人民組織傾斜。蘇聯的介入讓季辛吉大為光火，他與布列茲涅夫爭辯，這種公開的干涉主義會嚴重危及低盪關係。布列茲涅夫打斷了他的話，「別跟我提那個詞」，他指的是安哥拉一事，接著說：「我們跟那個國家毫無關係。我無法談論那個國家。」[21]布列茲涅夫顯然在撒謊，但他撒謊的原因卻不那麼清楚。難道他真的不明白，將自己與安哥拉解放人民組織的所作所為聯繫在一起，會使福特總統在面對右翼及左翼批評者時，更難去捍衛低盪關係嗎？

季辛吉或許沒有充分意識到，安哥拉在任何意義上都不會是個例外。畢竟，蘇聯在一九七三年的中東及一九七四年的塞浦路斯所經歷的低盪關係，都顯示莫斯科當局正在與美國爭奪影響力。蘇聯之所以會插手安哥拉，也只不過是超級大國競爭的另一個插曲。既然美國有自己的附庸國，蘇聯為什麼不能也有附庸國呢？但這種冷戰競爭的整體邏輯卻掩蓋了細微差別。在安哥拉問題上，蘇聯大部分的決策都是在實際上低於布列茲涅夫的層級作成的。當癱瘓的總書記待在別墅休養時，官僚利益決定了蘇聯的反應。長期與安哥拉解放人民組織保持聯繫的中央委員會國際部（International Department of the Central Committee）便扮演了重要角色，同時希望能進入安哥拉大西洋海岸線的國防部也是如此。在這些人之中，有人擔心過低盪關係的變化嗎？

檔案紀錄顯示他們確實擔心過，儘管他們並不像總書記那樣致力於改善美蘇關係。一九七五年十一月，蘇聯政治局向古巴施壓，要求他們控制自己對安哥拉軍事行動的熱衷反應，以避免美國的敵對反應。[22] 一九七五年十二月初，蘇聯政治局與安哥拉解放人民組織領導人進行接觸，要求其與對手進行對話，因為不斷加深的危機可能會「使主要的國際低盪政策受到質疑」。有意思的是，這是蘇聯外交部、國際部、國家安全委員會和國防部共同提出的，因此相當於莫斯科當局的政策共識。而在上述人員中，也只有外交部長安德烈・葛羅米柯（Andrei Gromyko）對低盪關係的未來表示擔憂。[23]

而最大的問題便是，如果布列茲涅夫仍然健康，能夠在政治局發表意見，情況又會如何？他是否會克制蘇聯介入，並向高度依賴蘇聯武器及後援的古巴施壓，迫使他們撤退？若是美蘇領導人之間的信任程度更高，布列茲涅夫是否會更願意接納季辛吉的說法，即前者在非洲的行動破壞了低盪關係的基礎？這當然是有可能的。但顯而易見的是，要是布列茲涅夫選擇與美國攜手化解安哥拉危機，那麼他在蘇聯的重要支持群眾（不僅是古巴，還有非洲其他國家）心目中的形象就會大打折扣。被公認為美國值得信賴的夥伴與革命世界的領袖之間仍然存在矛盾。

IV

鑑於美蘇關係日益緊張（部分原因是安哥拉問題，但也有許多其他問題，尤其是賈克森－瓦尼克修正案的影響），一九七六年福特競選失敗後，莫斯科方面並不感到可惜。接任入主白宮的是前喬治亞州州長卡特，他在競選期間曾對蘇聯發表過一些批評性言論，但在一九七六年底和一九七七年初造訪莫斯科的民主黨特使卻向蘇聯保證，這只是在做秀而已。[24]然而，就在剛就職的卡特似乎把人權置於其政策的優先與重心位置時，蘇聯的幻想很快就破滅了。例如，一九七七年二月，卡特總統回覆了由蘇聯物理學家轉為異議分子的安德烈・薩哈羅夫（Andrei Sakharov）的一封信，幾週後，他又在白宮接見流亡國外、蘇聯政見異議分子弗拉基米爾・布可夫斯基（Vladimir Bukovsky）。

可以預見，蘇聯領導人非常憤怒，指責卡特粗暴干涉他們的內政。事實證明，共和黨也不過是個不可靠的夥伴，但至少他們從未太過擔心人權這種「傻事」（這說詞則是引用季辛吉與蘇聯駐美大使杜布里寧的對話）。[25]根據卡特的國家安全顧問茲比格涅夫・布里辛斯基

（Zbigniew Brzezinski）的說法，這是因為蘇聯知道人權是個相當「引人注目的想法」。[26]不過，布里辛斯基卻錯誤解讀了克里姆林宮的心思。蘇聯之所以憤怒，都是因為卡特的道德姿態破壞了蘇聯所珍視的超級大國平等理念。畢竟，如果一方認為自己在道德上優於另一方，那麼另一方就會因此得不到對方認為自己應得的認同地位。就連（後來成為戈巴契夫的外交政策助手兼對外政策改革規劃人員之一的）安納托利・切爾尼耶夫（Anatolii Chernyaev）這樣的蘇聯自由派評論家，也在日記中批評卡特的人權運動實在太過火，並寫道：「卡特沒有意識到，在嚴肅的蘇聯人民眼中，他就像一個心胸狹隘的挑釁者。」[27]

讓卡特在蘇聯面前顯得特別虛偽的，還是其政府與中國的交流接觸。一九七八年五月，斥責莫斯科當局踐踏人權的布里辛斯基前往北京，討論兩國所面臨「來自北極熊的挑戰」。事實上，中國一直不遺餘力地在破壞低盪關係，並認為這是種直接針對中國的政策。[28]按照他們的解讀，尼克森和季辛吉之所以會接觸中國，只不過是為了要向莫斯科施加影響力。毛澤東生前便曾暗自警告：「有些人想讓蘇聯對抗中國以保護自己，就像英國首相張伯倫和法國總理達拉第（Daladier）試著讓納粹德國對抗蘇聯一樣。」[29]毛澤東於一九七六年去世，但其最終繼任者鄧小平似乎也抱持著類似的想法，因此布里辛斯基與中國的接觸（最終更在一九七九年一月促成美中關係全面正常化），不禁引發了蘇聯領導人的擔憂。他們想像自己最可怕的敵人中國，就要跟曾經的共管夥伴美國結成軍事同盟。這是個多麼可怕的地緣戰略困境，但是希望中美結盟無法持久的看法倒是解除了這個困境。正如蘇聯外交部長葛羅米柯所說（而且這說法並非毫無根據）：「現在你們或許會因為中國感到欣喜若狂，但你們流淚的時刻終將到來。」30

就在蘇聯試探性地否定了美國對其人權紀錄的批評，不安地觀察著北京及華盛頓當局之間日益密切的和解跡象，甚至可能是事實上軍事同盟的同時，冷戰也尚未結束。一九七七年至一九七八年的緊張局勢高峰，便是（以往為蘇聯附庸國，彼時為美國潛在附庸國的）索馬利亞，以及（以往為美國附庸國，彼時為蘇聯附庸國的）衣索比亞在非洲之角的戰爭。一九七〇年代中期，蘇聯曾短暫地將索馬利亞和衣索比亞當作其附庸國，但由於索馬利亞的潛在馬克思主義者及衣索比亞的潛在馬克思主義者無法和平共處，最終還是破壞了非洲之角的社會主義前景。索馬利亞對衣索比亞發動了一場經過深思熟慮的軍事行動，莫斯科站在衣索比亞一邊，之後幾個月內，索馬利亞在戰場上徹底失敗。

莫斯科介入索馬利亞及衣索比亞戰爭的原因，與早先介入安哥拉的錯誤行動大致相似。戰略原因扮演著重要的角色（畢竟具有在紅海、亞丁灣及印度洋以外地區的投射能力，對軍事機構來說無疑是誘惑力十足的事）。莫斯科當局為幫助社會主義兄弟政權提供了意識形態上的理由，先是索馬利亞，然後是衣索比亞，接著是衣索比亞反對索馬利亞。最後，莫斯科當局便在非洲之角陷入困境，而更多是由於官僚主義僵化，這點在布列茲涅夫受健康狀況不佳影響，導致其大部分時間不在位的情況下尤為明顯。斐代爾・卡斯楚（Fidel Castro）就跟以往一樣，以社會主義戰略家自居而扮演關鍵角色，其首先試圖在索馬利亞的西亞德・巴瑞（Siad Barre）和衣索比亞的門格斯圖・海爾・馬里亞姆（Mengistu Haile Mariam）之間進行斡旋，但最後得出的結論是，前者根本不是馬克思主義者，「社會主義只是其包裝外殼，使他看似更加具有吸引力。」[31]至於這種揭穿巴瑞真實想法的資訊，也被及時傳遞到蘇聯，因此蘇聯在索馬利亞發動歐加登戰爭（Ogaden War）之後，也緊跟古巴的步伐，向衣索比亞提供軍事援助。

蘇聯出手介入非洲之角，致使華盛頓當局轉變其看法。在安哥拉事件之後，蘇聯在非洲的另一樁成功干預事件，代表著共產主義正在前進。布里辛斯基遊說美國加強對索馬利亞的支持，並迫使索馬利亞公開表示支持卡特的人權議程，似乎這樣就能以某種方式改變摩加迪沙（Mogadishu）當局殘暴暴政的本質。索馬利亞駐華盛頓大使阿卜杜拉希・亞杜（Abdullahi Addou）甚至會見了卡特，並向他保證巴瑞確實受到卡特人權運動的激勵。[32]不幸的是，亞杜對民主的保證不過是曇花一現；就在索馬利亞明顯戰事失利，而美國又不會出手相救時，他立即私下拜訪杜布里寧大使，提議讓索馬利亞重新回歸蘇聯陣營。[33]只是蘇聯方面拒絕了他。

儘管在人權問題上的爭論、非洲之角的衝突，以及蘇聯眼中充滿敵意的中美協議全都使得低盪關係嚴重脫軌，但低盪關係仍有一定影響力，至少足以使布列茲涅夫與美國總統舉行最後一次高峰會。當時是達成簽署《第二階段限制戰略武器條約》（SALT-2 Treaty）的場合，這是多年來歷經艱辛談判的軍備控制成果。克里姆林宮方面相當重視該條約，就跟一九七二年與尼克森所簽署的第一個條約及其後續條約一般。布列茲涅夫當然必須向其軍隊保證，蘇聯會在談判中變得更強大。對他來說，在達成維護世界和平這項宏偉理想的重要環節之一，便是透過美蘇共同合作。一九七九年六月，布列茲涅夫與卡特在維也納會面，以表示低盪關係進入了新階段。不過，雙方並沒有進行對話。蘇聯領導人艱難地讀著條約內容，有時又像是對所讀內容理解得很模糊似的。在這種情況下，顯然無法建立起信任感，甚至無法進行正常的對話。

正是在這種不幸的脈絡下，蘇聯領導人做出了冷戰時期最糟糕的決定之一，便是進攻阿富汗。現在回想起來，中美兩國決策者當時就蘇聯這項失誤所做出的解釋，其穿鑿附會的程度簡直令人咋舌。布里辛斯基想像蘇聯在他所謂的中東「危機弧形地帶」（arc of crisis）中，不遺餘力地削弱美國及其盟國的影響力。至於中國對於莫斯科當局戰略的想法，則是更加地天馬行空，其稱之為「槓鈴理論」（barbell theory）。根據這個理論，蘇聯正在擴大在中東及東南亞的戰果（這是其控制溫暖海域的宏偉計畫之一），而麻六甲海峽則扮演著連接兩個戰場的「槓鈴」角色。在一次令人好奇的高調會面中，當時擔任中國總理的華國鋒甚至花時間向美國副總統華特・孟代爾（Walter Mondale）講述了《彼得大帝的遺願》（Peter the Great's Last Testament），也就是沙皇曾囑咐其繼承人將勢力向南推至印度洋。[34] 而之所以會這樣做，都是為了要顯示莫斯科當局根深蒂固於俄羅斯帝國主義的擴張本性（但諷刺的是，《彼得大帝的遺願》其實是十九世紀的偽造贗品）。

實際情況倒是不那麼戲劇化，但完全符合蘇聯在第三世界其他區域所實施政策的機會主義特色。一九七三年，阿富汗總理穆罕默德・達烏德汗（Mohammed Daoud Khan）廢黜了查希爾沙（Zahir Shah）國王，並自立為新共和國的總統，蘇聯便在此時嗅到了機會。布列茲涅夫私下稱阿富汗政變為「革命」，並稱達烏德汗為「同志」。在與來自喀布爾的使者會面時，這位蘇聯領導人教導阿富汗要「對革命的敵人冷酷無情」，並警示他們不要「妥協」。[35] 布列茲涅夫幾乎快忘記達烏德汗不是共產黨員的事實，只是考量到蘇聯在中東其他地區的挫折，包括將沙達特輸給美國，以及（當時美國在中東的緊密夥伴）伊朗的影響力日益增長，贏得阿富汗這個附庸國顯然就是很有吸引力的提議。這只能說明，即使在關係最為低盪時期，研討中的美蘇共管也存在著固有矛盾。當然更不用說，美蘇兩國在一九七八年四月達烏德汗被廢黜、阿富汗受當地共產黨掌權時，其關係已經嚴重惡化。

雖然沒有明確的證據顯示，蘇聯曾協助當地共產黨奪取政權，但當地共產黨一在喀布爾站穩腳步，蘇聯就只能別無選擇地對其大力投資。阿富汗人民民主黨（People's Democratic Party of Afghanistan, PDPA）領導人穆罕默德・努爾・塔拉基（Muhammad Nur Taraki）對布列茲涅夫說：「在我們這裡，您得到了一個新兄弟，他既沒有衣服穿，也沒有家和麵包。我們把所有的希望都寄託在您身上，您是我們的兄長。」[36]這種模式年復一年地在第三世界各個戰場上重演，總是讓蘇聯領導人陷入困境，他們是否會對這種請求做出積極回應，並向這些自封的革命政權提供政治、經濟和軍事支援，即使這會破壞美蘇低盪關係？當蘇聯領導層之中主要支持低盪政策的領導人，即布列茲涅夫幾乎喪失管理能力，平衡就難以維持。

一九七九年九月，阿富汗共產黨總理哈菲祖拉・阿明（Hafizullah Amin）推翻了塔拉基（後來又在獄中將其殺害），低盪關係隨即陷入岌岌可危的地步。蘇聯對此事件發展大感意外，但起初還是同意與阿明共存。畢竟，布列茲涅夫在政治局聲稱，阿明仍將依賴蘇聯的經濟及軍事援助。[37]但，他真的會嗎？

蘇聯情報部門後來捕捉到阿明疑似與美國聯繫的訊號。蘇聯擔心阿明會成為另一個將阿富汗拱手讓給美國的「沙達特」，同時又對美蘇關係的惡化情形感到無奈，於是進攻阿富汗把阿明處決了，然後繼續支持新傀儡政府生存下去。大家迄今才明白，蘇聯這項決定是有戰略基礎的。（在這次致命的錯誤行動中扮演關鍵角色的）尤里・安德洛波夫（Yurii Andropov）便提及，阿明有可能會為美國的中程彈道飛彈而開放阿富汗的門戶，或者使該國用作監視蘇聯核設施的平台，甚至阿明會試圖透過輸出伊斯蘭基本教義來破壞蘇聯中亞地區的穩定。正是安德洛波夫、國防部長狄米崔・烏斯季諾夫（Dmitrii Ustinov）和外交部長葛羅米柯（但他此時似乎就已對低盪關係的命運感到絕望），一同說服了病重的布列茲涅夫同意進行干預，為美蘇低盪關係帶來了致命的打擊。

V

到了一九七〇年代末，蘇聯基本上呈現迷失狀態，不只在外交政策上失去了方向，也以切爾尼耶夫所稱之「無產階級國際主義的慣性」，捲入了第三世界中的各種冒險。[38] 其實很難說，其中到底有多少無產階級國際主義，有多少只是官僚利益的邏輯，因為思想和慣性似乎會相互強化。若是布列茲涅夫知道他所看重的低盪關係會陷入不得不支持那些自稱為第三世界革命者的無休止冒險中，他一定會疾呼表示其強烈反對，但是到了一九七〇年代末，這位總書記已經完全沒有這種反應能力了。

布列茲涅夫確實有過美好時光。一九七二年至一九七五年間，他竭力透過與美國建立密切關係來重建國際政治。他的目標並不亞於結束冷戰本身，他認為冷戰只不過是美國不願意接受蘇聯具有同等大國地位的結果。但是，布列茲涅夫認為，美國終於願意回頭了。而美國在越戰中的失敗和蘇聯強大的軍事實力，似乎都是支持布列茲涅夫所見低盪關係願景的有力證據。此外，還有個壓迫性的文明社會因素，也就是中國的敵意。目前，中國只對莫斯科當局懷有敵意，但布列茲涅夫不遺餘力地要說服其美國對話者，北京當局將會是西方社會的長期威脅。美蘇高峰會曾讓總書記倍受鼓舞，他樂此不疲地利用這些拍照機會，以此證明美國承認蘇聯的偉大，也就是承認他自己的偉大。因此，低盪關係成為蘇聯合法性的重要來源，但並非唯一來源。

自冷戰開始以來，蘇聯領導人一直在迎合不同的群眾。他們希望蘇聯不僅是以一個與美國平起平坐的超級大國形象出現，還要以一個革命領袖的形象出現在共產主義世界。而這些有關合法性的不同論述，其重要性也隨著時間經過而變化，並且經常出現直接對立情形，例如在越戰期間。不過，正如蘇聯時常試著要履行這兩種責任一般，蘇聯方面很清楚履行「革命」責任只是提升其本身、作為超級大國地位的面向之一。然而，該條件卻為低盪關係帶來了不穩定性。在包括第三世界大部分地區在內、定義模糊的灰色地帶，存在著削弱其夥伴影響力的慾望。儘管布列茲涅夫對計畫的個人承諾有助於緩解美蘇競爭的激烈程度，但這種不穩定性在一九七〇年代初的低盪高峰期就已經存在。麻煩的附庸國會使政策變得複雜。蘇聯在第三世界的附庸國往往有自己的優先事項，這些優先事項則經常與美蘇低盪關係互相衝突。有時候，蘇聯會忽略這些優先事項；但更多時候，又不得不考量這些優先事項。

布列茲涅夫傾向於採取非常個人化的外交政策。他相信，尼克森與他一樣致力於發展低盪關係。然而，布列茲涅夫從未與福特建立過同樣友好的關係，更不用說卡特了。由於不了解美國政治如何運作，這位蘇聯領導人認定，水門事件基本上是尼克森的敵人為了要破壞其低盪關係所做的努力，華盛頓當局的反蘇言論讓他相信，這些敵人正贏得美國外交政策的鬥爭。接著是卡特的人權運動，蘇聯認為這是蓄意羞辱莫斯科，進一步破壞低盪關係。在這種情況下，還談什麼超級大國平等？

然而，蘇聯最不願意見到的，還是其從安哥拉到非洲之角、再到阿富汗的行動，是如何導致美蘇關係惡化的。既想成為美國共同「管理世界」的夥伴，又想成為附庸國遍布四面八方的革命強國，這無疑是個互相衝突、甚至是自相矛盾的戰略。在具有競爭關係的基本背景下，要想跟華盛頓當局達成和解，根本是不可能完成的高難度任務。畢竟，其最終取決於美國是否接受蘇聯的這種雙重角色。不幸的是，對於布列茲涅夫欲建立美蘇共管關係的期望來說，要美國「接受」簡直就是完全不可能的選項。

Chapter

8

從費雪至雷根的軍備競賽、軍備控制及和平時期的競爭戰略

湯瑪斯・曼肯（Thomas G. Mahnken）在約翰霍普金斯大學的高等國際研究學院擔任菲利普・梅里爾戰略研究中心（Philip Merrill Center for Strategic Studies）的資深研究教授，同時也是戰略與預算評估中心的董事長兼執行長。他曾經在美國海軍戰爭學院指導戰略學。

軍備競賽經常會被形容成是幾乎不假思索、反射性動作似的武器囤積。確實如此，在冷戰時期甚至有個相當流行的比喻，便是「跑步機上的猿猴」（apes on a treadmill）*。同樣地，試圖透過軍備控制來限制軍備採購也常常會與戰略目的脫節。不過，軍備競賽和軍備控制有時也算是和平時期競爭戰略的一部分。本章探討了二十世紀和平時期的競爭戰略，並聚焦在二十世紀初英德海軍的競爭，以及冷戰期間美蘇之間的戰略互動。

I

戰略是指如何在空間和時間上安排有限的資源，以實現自己的目標，戰勝競爭對手。其基本要素是合理性（即是存在政治目標及達成該目標的計畫），以及跟競爭對手之間的互動，該對手若不具挫敗自己實現目標的能力，也至少是想要實現不同的目標。[1]正如愛德華·米德·厄爾（Edward Mead Earle）所表示，戰略是「國家戰略在任何時候的固有要素」。[2]而

* 其源自曾是卡特軍備控制談判代表保羅·旺克（Paul Warnke）於一九七五年所寫文章之標題，該文章針砭美蘇軍備競賽，就如同踏上跑步機一般永無止盡。

和平時期的戰略，則有幾項明顯特色。首先，儘管軍事資產在和平時期的戰略活動具有優勢地位，例如軍備競賽和軍備控制，但是其作用還是嚇阻或勸退對手，而非打敗競爭對手。例如，在和平時期，各國政府面臨著是公開軍事能力以嚇阻或影響競爭對手，還是隱藏軍事能力以保持其在未來衝突中的有效選擇。[3]和平時期的戰略選擇也必須應對未來衝突的性質，以及新戰爭方式在有效性方面所具有的不可逆轉、本質上的不確定性。正如麥克・霍華德（Michael Howard）爵士所寫的名言，在和平時期所進行的規劃，就好比在濃霧中航行一般。[4]此外，和平時期的政治家和士兵通常會比在戰爭時期更想規避風險。因此，他們往往不敢採取可能被視為挑釁的行動。最後，跟戰爭時期相比，和平時期需要更長的時間來確定戰略的效果。戰爭時期行動的影響往往在數小時、數天、數週或數月內就會有所顯現，但是和平時期行動的成果可能要數年或更長時間才能展現出來。

競爭處於光譜的中間，光譜的一端是合作，另一端是衝突。競爭不會必然導致衝突，也不會排除合作。縱觀歷史，各國都制定了在和平時期與對手競爭的策略，其中包括古代世界的雅典和斯巴達；十八至十九世紀的法國和英國；十九和二十世紀的德國和英國；十九世紀和二十世紀初的美國和英國；二十世紀上半葉的美國和日本；以及二十世紀下半葉的美國和蘇聯。其中有些是以和平、甚至友好的方式結束，例如英美對抗；有些則導致了戰爭，例如英德競賽；另外還有些在外部產生衝突，以及有時在主要行為者達成武裝和平，甚至是有時不穩定的和平狀態，例如美蘇競賽。

政治和軍事領導人在和平時期會採取各種與對手競爭的戰略。[5] 在某些情況下，他們會採取否定戰略，試圖讓對手相信其目標是不可能實現的。在其他情況下，領導人會採取強加代價的戰略，試圖說服競爭對手的領導階層，實現其目標的代價高得不成比例，因此妥協要比對抗更具有吸引力。[6] 例如，這種方法可能試圖勸阻或嚇阻競爭對手採取破壞性或威脅性的行動，讓他們相信這些行動代價過高、效果不佳，或者是適得其反。此外，他們也可能試著引導競爭對手從事非進攻性或消耗性的行動。更有其他例子中，政治和軍事領導人會嘗試攻擊對手的戰略，誘導對手質疑引導其戰略的假設，或者甚至使其採取自取滅亡的行為。最後，戰略家們也會企圖攻擊競爭對手的政治體系，以便利用及影響其政治體系中的派系。[7]

軍備競賽史就跟戰略史一樣悠久，至少可以追溯到古希臘，當時雅典建造的雅典長牆（Long Walls）驚動了斯巴達的對手。[8] 然而，在十九世紀科技加速變革的環境下，軍備競賽的議題便在國際事務中占有重要的一席之地，也正是在冷戰時期，軍備競賽成為戰略研究領域的重要議題。薩謬爾・杭亭頓（Samuel Huntington）將軍備競賽定義為：「兩個國家或國家聯盟因為目的衝突或相互恐懼，而在和平時期競爭式地逐步增加軍備。」[9] 隨後，柯林・格雷

（Colin Gray）將軍備競賽定義為：「兩方或多方自認為處於敵對關係中，快速增加或改進軍備，並調整各自的軍事態勢，同時通常會注意對方過去、當前和預期的軍事和政治行為。」[10]因此，軍備競賽有四個要素。首先，軍備競賽至少涉及兩方。其次，每個競爭者都必須參照對手情形而發展出自己的軍事能力架構。第三，每一方都必須在各自軍隊的數量或品質上與對方競爭。最後，互動都必然導致武器在數量或品質上的快速增長。

II

第一次世界大戰前的英德海軍軍備競賽，正好是軍備競賽的戰略運用方面，一次出色的相關案例研究，而海軍上將約翰・費雪（John Fisher）爵士〔別稱「傑基」（Jackie）〕的處理方式，則是為競爭戰略提供了一次成功範例。[11]

英德海軍競爭的根本原因，是英國和德意志帝國在歐洲及其他地區的競爭。近因則是德皇威廉二世的政府，特別是德意志帝國海軍部國務祕書亞菲德・鐵必制（Alfred Tirpitz）海軍少將，其決定擴建德國海軍，以利與英國皇家海軍抗衡。具體而言，鐵必制試著要建立一支與英國艦隊規模相當的德國戰鬥艦隊。鐵必制曾計算過，這樣一來，就能將與英國的競爭限制在對德國有利且能負擔的範圍內。考量到英國在全球軍事投射能力的需求，鐵必制認為一支與英國艦隊規模相當的德國艦隊，將使德國在未來的英德衝突中具有對英國的地方優勢。此外，由於德國戰艦主要都在北海活動，所以德國不需要為其戰艦投資高成本的設計特色，也就是支持全球軍事投射能力所需要的特色。此外，作為一支專門為政治影響所設計的艦隊，柏林當局有能力將德國海軍維持在低戰備狀態，並以應徵入伍的士兵為主。[12]

英國對德國海上挑戰的反應，則是建立在接受競爭和制定戰略的基礎上，既讓德國付出代價，也對鐵必制戰略的基本假設提出質疑。此外，英國的英德軍備競賽策略建立在對英國和德意志帝國的相對優勢和劣勢的正確評估之上。英國戰略的主要規劃者是海軍上將費雪爵士，他在一九〇四年受任為第一海務大臣，並一直擔任至一九一〇年。費雪並沒有按照德國設定的條件與之競爭，即是擴大其海軍達到作為海上強國形象的目的，而是試著以有利於英國的方式改變競爭條件。費雪的目標是透過重大的組織改革，從本質上提高皇家海軍的「戰鬥力」。除了因應與德國的緊張關係做出明智的反應之外，改革還擴大了英國相對於德國海軍的品質優勢。英國皇家海軍戰鬥力的提高，反過來又促使德國政府改變了德國海軍的人事政策，大幅增加長期服役軍官與人員的數量，同時也增加長期服役船艦的數量。

這些改革耗資過鉅，實施起來既費時又耗力。費雪也試圖透過不斷增加皇家海軍戰艦的排水量及改良設計來控制競爭的速度和範圍，他將該過程稱為「跳水」（plunging）。費雪認為，逐步建造更好、更先進的戰艦符合英國的利益，而不是試圖延緩海軍軍備的成長。這種策略之所以可行，是因為英國造船業和海事工程業的規模、生產能力和建造速度為皇家海軍帶來了龐大的競爭優勢。費雪總結道：

> 你看到你所有對手的計畫都已制定好了，他們的船艦也已經開工，然後在對每一艘對手艦船的逐一回應中，你都會拿出比對手好上五〇%的設計！要知道，只要你造船速度夠快，加上資金掌控夠好，就會使你的船比對手的船盡快（若不是更快的話）投入戰鬥。[13]

英國皇家海軍的無畏號戰艦（Dreadnought）是費雪戰略的最初體現，它是世界上第一艘全大砲、單口徑、渦輪驅動的戰艦。費雪在一九〇四年受任為第一海務大臣之前就構思了這項設計，並在上任後立即著手完成。無畏號於一九〇五年十月二日開工，一九〇六年二月十日下水，它代表戰艦設計的一大進步，而且比以往任何戰艦都更大、更快、更多裝備。事實上，後來所有的戰艦都被稱為「無畏艦」，而之前的戰艦則稱之為「前無畏艦」。

無畏號只是跳水戰略的開端，英國在隨後幾年內陸續推出了一連串規模更大、性能更強的戰艦。事實上，從無畏號到八年後才下水的「伊莉莎白女王號」，其戰艦的排水量增加了一萬四千噸，使得現在的超級無畏伊莉莎白女王號比最初的無畏號重了將近八〇%，而排水量至少是無畏號之前任何戰艦的兩倍。[14]

這一切都要付出相當大的代價。伊莉莎白女王號的造價比無畏號高出將近七〇%，其主要武器的規模和威力不斷擴大，進一步加劇了成本上升。一九〇四年至一九一四年期間，英國海軍預算增加了二五%。儘管如此，英國政府仍然認為其所支持的海軍軍備競賽的代價是可以負擔的。德國方面的情況則並非如此，英國的跳水戰略使鐵必制的計畫陷入混亂。從一九〇五年到一九一四年，德國海軍預算增加了一倍以上。對於缺乏稅收基礎的德意志帝國來說，這種成本增加無疑會帶來財政上的毀滅。此外，一九一一年，第二次摩洛哥危機也將德國政府的注意力，從海上的威脅轉移到了陸地上的威脅，以及增加陸軍預算的需求上。從那時起，德國在陸軍方面的預算就壓倒了海軍方面的預算。[15]

英國拒絕僅按照鐵必制選擇的條件與德國競爭，而是將競爭轉移到對英國更有利的領域，例如戰備狀態、科技創新和設計改進，可以說這是一次成功的競爭。此外，英國更有能力承擔競爭成本。然而，德國本可以進一步改變競爭條件，從英國在戰艦建造方面的優勢，轉向攻擊英國長久以來的弱點，即是其國家糧食供應的脆弱性。若是德國轉向貿易封鎖戰略，對英國的威脅將遠大於其戰艦建造。對英國來說，其幸運之處便在於，雖然德國海軍參謀部贊成這種做法，但鐵必制並不贊成，因此德國持續奉行自取滅亡的戰略。[16]

III

冷戰期間，軍備競賽研究在新興戰略研究領域中成為主流。事實上，冷戰時期的學者們對超級大國的互動模式，也提出了許多不同的解釋。有一派學者強調軍備競賽的外部來源。最常見、也是最簡單的說法，便是軍備競賽的「行動－反應」（action-reaction）模式。該模式主要認為，對於安全的追求，加上對競爭對手在意圖及能力方面的不確定性，以及最壞情況的評估，都將導致不斷增加武器庫的結果。也就是說，誇大的恐懼及高估的威脅，都會造成軍備及其支出出現螺旋式的成長。助長這種趨勢的因素，就在於武器的實戰化計畫往往在其所要對抗的系統出現之前便制定好。[17]

行動－反應軍備競賽理論的核心，便是安全困境（security dilemma）的概念。正如傑維斯在一九七八年所表示，當「某個國家在試圖加強自身安全的許多手段方面會降低他國的安全」時，就可以說存在著安全困境。[18]只追求安全的國家會因此認定對手的動機比之前所認定的更加惡毒，並採取相應行動。所以說，造成安全困境的原因是不確定競爭對手到底是出於安全考慮，還是更廣泛的目的。[19] 傑維斯認為，安全困境的程度和性質取決於攻防平衡，以及攻防之間的差異。

當然，行動－反應動態是美蘇戰略互動中一個引人入勝的模式，部分原因就在於其簡潔明瞭。例如，美國國防部長麥納馬拉認為：「無論他們的意圖是什麼，也無論我們的意圖是什麼，任何一方在核能力建設方面的行動，甚至是現實中的潛在行動，都必然會引發另一方的反應。正是這種行動－反應現象助長了軍備競賽。」[20]

儘管理論上很有吸引力，但有些學者及實務專家，例如安德魯・馬歇爾和沃斯泰特，就曾質疑在實際描述或解釋美蘇戰略互動方面，「行動－反應」模式到底能達到什麼程度。馬歇爾曾在蘭德公司工作了很長時間，後來進入華盛頓當局，在一九七三年至二〇一五年間先後（短暫）擔任國家安全委員會網路評估主任和國防部網路評估主任。一九五〇年代，馬歇爾在蘭德公司研究蘇聯的經歷影響了他對戰略互動的思考，因為他在蘭德公司曾接觸到美國掌握的敵人部分最敏感的相關情報。這般如此早期深入洞察蘇聯決策，在當時是非常罕見的事。馬歇爾與同事約瑟夫・洛夫特斯（Joseph E. Loftus）合作，從蘇聯政府對稀少資源的分配中觀察其戰略。馬歇爾後來寫道：

（這項研究）凸顯了史達林在二戰期間及結束後立即啟動了幾項重大計畫，以彌補蘇聯的戰略攻防差距，並設立了專門的組織來管理這些計畫。這些都需要耗費大量資源，不只顯示蘇聯面臨與美國不同的重大挑戰，也顯示蘇聯正以截然不同的方式與美國競爭。[21]

整體而言，馬歇爾看到莫斯科將其有限的經濟、工業和人力資源，大量投入核武、彈道飛彈和防空系統的建設中，這些選擇與美國當時的選擇完全不同。

有關組織行為的研究，也影響了馬歇爾對競爭的看法。馬歇爾的思想和研究方法特別是受到赫伯特・西蒙（Herbert A. Simon）和詹姆斯・馬奇（James G. March）研究工作的影響，該二者對於組織的偏好如何影響戰略選擇進行了研究。[22]這些影響一致改變了馬歇爾看待與蘇聯競爭的角度，而且跟行動－反應模式全然不同。馬歇爾認為，美國和蘇聯不應被視為單一、理性的行為體，不能無情緒地、高效率地制定並實施精心制定的戰略，反而應該被視為是複雜的官僚組織，通常會根據其組織文化和錯誤認知所過濾的不完全訊息來採取行動。

馬歇爾將其想法編纂成一九七二年所出版的《跟蘇聯的長期競爭：戰略分析框架》（Long-Term Competition with the Soviets: A Framework for Strategic Analysis）一書。他將蘇聯在一九六〇年代後期的國防預算仔細進行重建，發現美蘇之間的互動比行動－反應理論所預測的要鬆散得多，並認為要更理解美蘇競賽的動態，就必須從一個截然不同的角度出發，而且要更重視蘇聯所面臨的組織背景和限制：

如果我們真的要了解競爭的本質、互動過程的本質，我們就必須比現在更了解美國及蘇聯，其各自在政治、軍事、工業官僚機構方面的決策過程。我們必須了解促成選擇具體研發計畫、研發預算及其分配、採購決策，以及整個武器系統採購流程運作的流程。我們需要了解，在這些複雜的官僚機構中，其各自對於對方所從事事務的看法是如何產生的，以及這些看法如何影響各個組織和參與複雜決策過程的決策者行為，而這些決策過程通常是推動多個國防相關計畫的發展。[23]

馬歇爾的專著是在質疑軍備競賽所緊密掛鉤的概念方面，更為廣泛研究的一部分。在另一篇文章中，蘭德公司的同事沃斯泰特分析了冷戰剛開始二十年美蘇國防預算及軍備計畫，則表示一方的行動與另一方的行動之間只有部分聯繫。例如，沃斯泰特發現美國的國防開支與蘇聯的行動並沒有直接相關。此外，他也表示在某些情況下，美國高估了蘇聯的軍備採購程度，但是在其他情況下，又確實低估了某些採購項目。[24]同樣地，厄尼斯特・梅（Ernest

May）、約翰・史坦布魯納（John Steinbruner）和湯瑪斯・沃爾夫（Thomas Wolfe）在美國國防部長的贊助下，利用廣泛的機密資料來源撰寫了一部高度機密的美蘇軍備競賽史，並同樣得出結論：「美國的預算、軍隊、部署和政策，與其說是與蘇聯直接互動的產物，不如說是美國國內恐懼共產主義及恐懼財政赤字之間緊張關係的產物。」[25]

隨著時間過去，這些見解也反映在美國與蘇聯競爭的戰略中。從一九五〇年代開始，一直到冷戰結束，美國政府先是無意識地，接著又有意識地努力利用其軍備策略來提高自身的競爭優勢。

有項讓蘇聯付出代價的傑出計畫，便是美國空軍研發載人穿透型轟炸機，以利抗衡蘇聯的防空系統。冷戰初期，美國轟炸機曾計畫進行高空攻勢，以免遭到蘇聯飛機和地對空飛彈（surface-to-air missile, SAM）的攻擊。然而，隨著一九五〇年代末蘇聯防空力量的增強，美國戰略空軍司令部採用了低空攻擊戰術，並最終部署了FB-111戰鬥轟炸機和B-1轟炸機等專為低空攻擊而改良的飛機，並研發出「獵犬」空對地飛彈（air-to-surface missile, ASM）及短程攻擊飛彈（Short Range Attack Missile, SRAM）等武器，其目的都在使轟炸機得以於蘇聯防空飛彈的射程之外發動攻擊，同時也開發了日益先進的電子戰系統。這種方法為美國轟炸機帶來了長達二十多年的優勢。從一九七〇年代末期開始，蘇聯開始裝備具有擊落低空轟炸機及巡航飛彈能力的飛機與防空飛彈，而美國透過部署F-117攻擊機和B-2轟炸機等隱形飛機，使蘇聯防空雷達無法辨識和追蹤這些飛機，從而再次改變了競爭的本質。在這段時期的大部分時間裡，美國都主宰著與蘇聯競爭的範圍和節奏，迫使後者對美國的舉動做出反應，同時又維持著主動權。

這種做法使蘇聯付出了各種代價。首先，美國空軍研發出載人穿透式轟炸機給蘇聯造成了金錢上的損失，迫使蘇聯要在一九五〇年代部署針對高空轟炸機的防空系統，在一九六〇年代要開始部署針對低空轟炸機的防空系統，在一九八〇年代則要部署針對隱形轟炸機及全面性電子戰的防空系統。這些軍事措施都使先前的防空投資變得毫無意義或過時。根據某項統計，蘇聯在冷戰期間為了對抗美國載人穿透式轟炸機便花費了一千二百億美元。[26]美國也迫使蘇聯要承擔科技成本，迫使蘇聯航空工業先是要投資於俯視／擊落目標取得系統，以對抗低空飛行的轟炸機，隨後又投資於反隱形技術，以對抗低空可觀測飛機。

美國的轟炸機計畫使蘇聯領導人面臨一連串的取捨。例如，用於蘇聯戰略防空的資源不能分配給其他任務，特別是進攻性任務。這些資源包括部署一萬多枚地對空飛彈、數以萬計的防空火砲系統和十五種防空截擊機。此外，蘇聯還製造了米格－25「狐蝠」（MiG-25 Foxbat）防空截擊機，以對抗美國從未實際部署的XB-70「女武神」（XB-70 Valkyrie）轟炸機。[27]

美國也提出了一些作戰概念，試圖攻擊蘇聯的戰略。例如，一九七〇年代和一九八〇年代的「抵銷戰略」（Offset Strategy），包括美國陸軍和空軍發展的空地作戰綱要（AirLand Battle doctrine），將美國的科技優勢結合對蘇聯戰略與作戰偏好的深入理解，包括蘇聯總參謀部對編排行動的需求及其對蘇聯本土安全的擔憂，以及動搖蘇聯領導人對其執行所偏好戰略能力的信心。[28]美國透過使用精確飛彈、縱深打擊能力（deep-strike capabilities）和其他創新技術，在華沙公約組織部隊到達前線之前對其造成嚴重的消耗，從而有效地將蘇聯戰略的優勢轉化為劣勢，即是使用高度編排的梯次攻擊，以壓倒性規模突破北約防禦的優勢。

IV

軍備控制是冷戰期間與蘇聯競爭的另一種手段。就跟過去的大國競爭一樣，美國和蘇聯利用軍備控制不僅是為了促進自身利益，也是為了限制軍備競賽中無益或不可取的因素。

謝林便是早期軍備控制的主要理論家之一。正如他與哈普林在一九六一年所寫：「與潛在對手的合作安排在減少戰爭可能性方面，與明智的軍事政策具有相同的目標。」[29]他們進一步建議，軍備控制應透過重點限制增加戰爭可能性的科技和部署模式來尋求提高穩定性。二人認為，在存在共同利益的情況下，合作策略與競爭策略可以共存。他們寫道：

當一個國家的軍事力量在抗衡潛在敵對國家的軍事力量時，還必須進行合作，即使不是明示，也是暗示，以避免出現雙方都無法忍受撤軍地步的危機，以避免虛假警報和錯誤意圖，以及在出現無法接受的挑戰時，以抵抗或報復作為嚇阻威脅，確保潛在敵人的自制將與我們的自制相匹配。

在他們看來，軍備控制涉及相互自制或合作，以減少戰爭的可能性、戰爭的範圍或其後果。軍備控制也被視為是「限制或減緩軍備競賽」的一種方式。[30] 謝林和哈普林認為，軍備控制或許不是減少國防開支的途徑。事實上，如果軍備控制涉及到得以降低侵略者發動突然襲擊能力的武力轉變，以及採取措施降低武器的脆弱性，甚至在面對這種襲擊時也能降低脆弱性，那麼軍備控制實際上可能會導致更多、而非較少的支出。[31]

冷戰期間有關軍備控制的爭論重心，即軍備控制到底是競爭的工具，還是可以用來減少競爭的工具？蘇聯似乎將軍備控制視為一種競爭工具，可以維持其擁有的不對稱優勢。美國方面的紀錄，則是好壞參半。雷根政府把在歐洲部署中程核武（intermediate-range nuclear forces, INF）視為透過談判消除雙方全部飛彈的一種手段。然而，在其他時候，美國政府卻希望透過軍備控制來為競爭提供喘息機會。在美國國防預算壓力日益增大的時候，尼克森政府顯然利用軍備控制來減少軍備支出。尼克森也將軍備控制視為得以將蘇聯捲入協議條約的機制，這將有助於美國獲得蘇聯的援助，從而擺脫越戰。

在冷戰大部分時間內，軍備控制的戰略性邏輯才是主流。也就是說，軍備控制被視為避免核能時代一些最棘手問題（如突襲或戰略不穩定）的一種方式。但在其他時候，軍備控制進程可以說是脫離了其戰略原理。

早期所嘗試的軍備控制，例如一九四六年的巴魯克計畫，以及關於禁止核試驗的談判，都是為了維持美國在核武領域的領先地位。然而，蘇聯領導人拒絕涉入此類談判，只是在蘇聯大氣層核試驗趕上美國之後，才同意簽署一九六三年的《部分禁止核試驗條約》（Limited Test-Ban Treaty）。

同時，蘇聯開始大規模擴充其核武庫。到了一九七〇年代初，蘇聯在核武數量上已接近美國。在這種情況下，美國開始採取一連串措施，試著要限制超級大國核武庫的規模和形式。例如，詹森和尼克森政府便曾與蘇聯進行一連串軍備控制談判，最終於一九七二年簽訂

《第一階段限制戰略武器條約》（SALT I Treaty）和《反彈道飛彈條約》（Anti-Ballistic Missile [ABM] Treaty）。

《第一階段限制戰略武器條約》規定了潛射彈道飛彈和洲際彈道飛彈發射器進一步生產的數量限制，並維持與蘇聯在軍備數量方面大致上的勢均力敵。《第一階段限制戰略武器條約》的目的是防止數量上的軍備競賽，因為這種競爭對蘇聯較為有利，同時也為美國保留其在運用微電子、精密製造和數位運算方面的科技優勢，以利創造品質方面的優勢。

面對國會普遍反對國防預算，特別是對彈道飛彈防禦的質疑，《反彈道飛彈條約》同樣將美國和蘇聯的飛彈攔截器部署各自限制在兩個不同地點，也就是國會得以合理資助的程度。同時，該條約條款允許美國繼續開發和測試先進的反飛彈技術，也使華盛頓當局得以在更有利的未來條件下，保留重啟競爭的選擇權。[32]

至於下一輪軍備談判，即《第二階段限制戰略武器條約》，則是從一九七二年一直持續到一九七九年，歷時七年之久，而談判小組最終達成協議，由卡特和布列茲涅夫於六月正式簽署。《第二階段限制戰略武器條約》將兩國核武運載工具總數限制在二千二百五十個以內，並對部署的戰略核武設下其他各種限制，包括多目標重返大氣層載具（multiple independently-targeted reentry vehicle, MIRV）。然而，參議院幾乎立刻就出現了反對該條約的聲浪，不僅是對條約審查條款的反應，也是對蘇聯行為的廣大回應。而蘇聯在一九七九年十二月入侵阿富汗，最後導致卡特撤回了對該條約的審議。

儘管冷戰時期的軍備控制大多出於戰略考量，但也有部分倡議在很大程度上超越了超級大國競爭的範圍，目的便在於將核武擴散到新的大國或領域。一九六八年所簽署的《核不擴散條約》，旨在防止核武擴散，以促進和平使用核能，最終實現核裁武目標。一九六七年簽署《外太空條約》（Outer Space Treaty）禁止在太空部署核子武器，一九七一年簽署《海床軍備控制條約》（Seabed Arms Control Treaty）禁止在海底放置核子武器。此外，有些國家更透過條約建立了無核區，例如一九六七年《拉丁美洲和加勒比海禁止核武條約》（Treaty for the Prohibition of Nuclear Weapons in Latin America and the Caribbean）〔即《特拉得洛克條約》（Treaty of Tlateloco）〕和一九八五年《南太平洋無核區條約》（South Pacific Nuclear Free Zone Treaty）〔《拉洛東加條約》（Treaty of Rarotonga）〕。

V

美國與蘇聯既涉及軍備競賽又涉及軍備控制的戰略，在雷根政府時期到達競爭高峰。雷根及其幾位親信顧問在一九八一年至一九八三年間制定出一項連貫性的對蘇戰略，並在其之後的八年任期內始終如一地實施該戰略。[33]不過隨著時間過去，戰略也開始產生變化，因為在官僚、國會和盟國的限制下，為了實施該戰略不得不進行相關調整，同時也是因應戰略環境的變化，尤其是在戈巴契夫成為蘇聯領導人之後。總而言之，雷根的戰略結合了軍備競賽和裁減軍備的要素，在以和平方式及有利於美國及其盟軍的條件下結束冷戰方面發揮了重要的作用。

雷根戰略的基礎是對蘇聯和美國的相對優勢及劣勢進行仔細的評估。首先，雷根對美國抱持著與生俱來的樂觀主義，對蘇聯則相對抱持悲觀態度。因此，當他權衡兩個超級大國之間的平衡時，便與大多數其他人（包括他自己黨內許多人）有所不同。他先是拒絕接受蘇聯會是國際體系永久特色的觀點，畢竟幾十年以來，美國政策制定者一直聚焦在與共產主義共存的方式上，並因此將蘇聯視為同等大國地位的國家，反倒是雷根強調共產主義政權的短暫性。早在一九七五年，他就稱共產主義「是一種暫時的反常現象，總有一天會從地球上消失，因為其與人類本性背道而馳。」[34]這種說法經常被視為是空口白話，但也確實反映了雷根的堅定信念。

其次，雷根認為美國對蘇聯的影響力，遠比許多人所意識到的要大得多。他認為美國強大的經濟實力，是華盛頓當局得以用來對付莫斯科的利器。而早在一九七七年，他就認為美國可以利用西方繁榮經濟的吸引力，在那些希望自己和子女過上更好生活的蘇聯公民中建立事實上盟友的關係。雷根也相信，蘇聯經濟之所以會陷入「崩潰邊緣，其部分原因便是大量的軍備支出。我在想，身為一個國家，我們該如何利用蘇聯體制中的這些裂縫，加速蘇聯崩潰的進度。」[35]雷根總統也認為，蘇聯政權在思想領域方面很是脆弱。

第三，相較於主流意見，雷根顯然願意冒更大的風險與蘇聯對抗。他在言行上毫不迴避地衝撞蘇聯領導人。最後，也是最根本的一點，他所追求的不是圍堵蘇聯的力量，而是改造蘇聯政權，透過促使共產主義政權正視自身的弱點，從根本上改變蘇聯的性質。[36]

雷根競爭戰略的思想基礎，可見於一九八一年五月由國家安全會議諮詢委員暨哈佛大學歷史學家理查・皮佩斯（Richard Pipes）所撰寫《雷根的蘇聯政策》（A Reagan Soviet Policy）備忘錄，其中便提出了四項重點。[37]第一，共產主義本質上是擴張主義，只有當蘇聯政權垮台或至少徹底改革時，這種情況才會改變。第二，經濟困難和帝國過度擴張都會使蘇聯體制面臨深刻的危機。第三，布列茲涅夫的繼任者很可能分為「保守派」和「改革派」。第四，也是最後一點，皮佩斯認為：「**促進**蘇聯的**改革傾向**是符合美國利益的，其透過雙管齊下的戰略，即一面協助蘇聯內部支持改革的力量，另一面則是以十分堅定的戰略，**提高蘇聯在其他**

地方的帝國主義成本。」[38]

這份備忘錄最終成為雷根於一九八三年一月十七日簽署的第七十五號國家安全決策指令（NSDD 75），並為「美國與蘇聯的關係」提供了相關依據。該指令表示：

> 美國對蘇政策將包括三個要素：對外抵制蘇聯帝國主義、對內向蘇聯施壓以削弱蘇聯帝國主義的根源，以及在嚴守互惠原則的基礎上，透過談判消除尚未解決的分歧。[39]

第七十五號國家安全決策指令設定三項任務，以利達成以下目標：一、透過在所有國際舞台上與蘇聯進行持續有效的競爭，圍堵並逐步扭轉蘇聯的擴張主義；二、在我們現存有限範圍內，推動蘇聯往更多元化的政治及經濟制度轉變，並逐步削弱特權統治菁英的權力；三、促使蘇聯參與談判，並試著達成保護和強化美國利益、符合嚴格互惠原則的協議。[40]

該指令更接著列出一項包含軍事、經濟和政治要素的多方面戰略，以對莫斯科當局施加外部和內部壓力，其中特別強調：一、維持美國國防預算與能力長期穩定的成長；二、建立西方面對蘇聯的長期共識；三、維持與中國的戰略關係，努力將中蘇關係緩和機會降至最低；四、建立並維持大規模的意識形態／政治攻勢，同時採取其他為了達成蘇聯體制變革的策略；五、有效抵抗莫斯科鞏固其在阿富汗地位的影響力；六、封鎖蘇聯在中東和西南亞等關鍵區域所擴大之影響力；七、維持對莫斯科當局的國際壓力，但鬆綁近期在波蘭的鎮壓，並以長期方式增加整個東歐的多樣性和獨立性；八、消除並減少蘇聯－古巴關係對美國國家安全利益的威脅。[41]

在雷根上台執政的前四年，美國強調第七十五號國家安全決策指令中概述的前兩個目標，也就是透過與蘇聯競爭來圍堵及扭轉蘇聯的擴張主義，以及促進蘇聯內部的變革。而戈巴契夫成為蘇聯領導人，也為雷根實現第三個目標提供了適當契機，即是與蘇聯進行談判，以達成保護和加強美國利益的協議。二者都是因為美國對蘇聯施加壓力，以及戈巴契夫意識到有必要緩和與美國的緊張關係，以利實施蘇聯急需的國內改革，蘇聯領導人同意了《中程核武條約》（INF Treaty）。

制定該戰略必須要在修正美蘇平衡關係的評估，以及更廣泛的政治目標背後達成官僚方面的共識。要實施該項戰略，雷根政府不僅要面對官僚方面的反對意見，還要面對國會和盟國的限制。

其中一項限制因素，便是國會對雷根政府措施的資助。儘管國會大幅增加國防預算，但包括MX型洲際彈道飛彈和戰略防禦計畫在內的一些計畫仍具有爭議。

其他一連串的限制因素，則來自美國的盟友，尤其是歐洲盟友。一方面，包括英國首相瑪格麗特・柴契爾（Margaret Thatcher）和德國總理赫爾穆特・科爾（Helmut Kohl）等在內的歐洲主要領導人，都支持雷根政府的戰略。此外，面對蘇聯的恐嚇，美國在西歐部署了「潘興二型」（Pershing II）中程彈道飛彈和「獅鷲」（Gryphon）陸射巡弋飛彈（ground-launched cruise missile, GLCM），也是盟國展現決心的重要措施。另一方面，歐洲又不願放棄與蘇聯低盪關係的成果，包括擴大東西方貿易。因此，美國試著透過阻止建造橫貫西伯利亞的石油和天然氣管道等方式對蘇聯施加經濟影響，這也在西歐內部引發了激烈的爭論。[42]

雷根戰略的核心要素，便是與蘇聯的軍事競爭。第七十五號國家安全決策指令除了要求美國達成武裝力量現代化，還特別強調研發和取得先進技術，以作為對抗蘇聯的籌碼，並使得蘇聯經濟付出代價。在實施該指令過程中，美國政府也利用了中情局的報告資訊，即蘇聯擔心在科技上被美國軍事力量超越的心理。[43] 值得注意的是，第七十五號國家安全決策指令特別強調蘇聯對軍事平衡的看法；美國推動現代化的目的，便是確保「蘇聯領導人無法有發動攻擊的動機，因為蘇聯在評估任何突發事件下可能出現的戰爭，其結果總是不利於蘇聯。」[44]

雷根政府見證了美國常規軍事力量及核武全面現代化的階段。[45] 在總統交接期間，雷根政府計畫將實際國防預算增加五％。然而，卡特政府在任期的最後幾天卻要求增加這筆金額。因此，即將上任的雷根政府便要求增加七%，以強調雷根總統比前任總統更加重視國防。[46]一九八一年十月，國會批准了五年內一・五兆美元的國防預算，包括部署一百枚MX型〔即之後的「和平守護者式」（Peacekeeper）〕洲際彈道飛彈、六艘載有九十六枚三叉戟D5型潛射彈道飛彈的俄亥俄級彈道飛彈潛艦、三千枚空射巡弋飛彈和一百架B-1轟炸機。

美國也採取更具侵略性的行動態勢，包括在蘇聯邊境進行海空演習，不過此舉顯然驚動了蘇聯領導人。一九八一年五月，蘇聯國家安全委員會主席安德羅波夫開始擔心美國正準備與蘇聯進行核戰，因此蘇聯領導人責成國家安全委員會和軍事情報機構（GRU）合作展開「核彈攻擊」（RYaN）行動，這是一項前所未有的計畫，目的在於收集美國準備核戰的跡象。[47]

在實現美國軍隊現代化的過程中，美國開始逐步運用其資訊科技領域快速發展的領先優勢。一九七五年，也就是微軟（Microsoft）成立的那一年，第一台個人電腦推出市場；到了一九八一年，美國個人電腦年銷售量突破一百萬台。[48]而資訊科技的發展又反過來催生了新型感測器和監視系統，例如聯合監視和目標攻擊雷達系統（Joint Surveillance Target Attack Radar System, JSTARS）飛機、精準導引彈藥（precision-guided munition, PGM），例如陸軍戰術飛彈系統（Army Tactical Missile System, ATACMS）和銅頭砲射精準導引彈藥（Copperhead artillery-launched PGM），以及連接前二者在指揮暨控制網路方面的發展。

蘇聯總參謀部曾相當擔憂先進精準導引彈藥的發展，例如美國國防高等研究計畫署（Defense Advanced Research Projects Agency）之「突擊破壞者計畫」（Assault Breaker program）下所開發的精準導引彈藥。[49] 在蘇聯分析家認為精準導引彈藥的威力接近核子武器的同時，有些人則認為先進常規武器的發展，正預告著戰場上的革命。正如蘇聯前武裝部隊總參謀長尼古拉・奧加可夫（Nikolai Ogarkov），便曾在一九八四年表示：

> 常規破壞手段的發展日新月異，已開發國家出現了自動化偵察打擊綜合體、遠程高精準終端導引戰鬥系統、無人駕駛飛行器和高品質新型電子控制系統，使許多類型的武器成為全球性武器，並使大幅提高常規武器的破壞潛力〔至少提高一個數量級（an order of magnitude）〕成為可能，甚至可以說，它們在威力上更接近大規模毀滅性武器。[50]

美國的發展顯然會促使蘇聯有所反應，然而後者的經濟卻無法令其作出反應。到了一九八五年，蘇聯約有五萬台個人電腦，而美國則有三千萬台更先進的個人電腦。[51] 正如奧加可夫對某位美國訪客所說：「在美國，小孩子都玩電腦，基於你們也很清楚的原因，我們無法向社會推動電腦普及化。不過，除非我們進行經濟革命，否則我們永遠也無法在現代武器方面趕上你們。但問題是，沒有政治革命，我們也能進行經濟革命嗎？」[52]一九八五年，北約將新興科技與「後續部隊攻擊」（Follow-On Forces Attack, FOFA）作戰構想相結合。後續部隊攻擊作戰原則預設採用先進感測器和打擊系統，以利北約部隊深入波蘭發動反擊。兩年後，北約在一次名為「特定打擊」（Certain Strike）的演習中展現了這項能力，令蘇聯大為震驚。[53]

雷根於一九八三年三月二十三日公布了戰略防禦計畫（Strategic Defense Initiative, SDI），明確表示出他希望利用美國的科技與蘇聯進行競爭。正如他所說：

讓我們轉向科技優勢，正是這些科技催生了我們強大的工業基礎，並為我們帶來了今天的生活品質。

若是自由的人們能安心生活，知道其安全並不仰賴美國以立即採取報復行動的威脅來嚇阻蘇聯進行攻擊，也知道自己能在戰略性彈道飛彈到達國內或盟國領土之前將其攔截和摧毀，那會是何種光景呢？

我呼籲國內科學界，那些將核武帶給我們的人們，現在該將他們的偉大才能用於人類及世界和平的事業上，為我們提供使這些核武變得無用及過時的手段。[54]

美國國家情報委員會評估認為，蘇聯在開發和部署反制戰略防禦計畫的措施方面會遇到困難。正如一九八三年九月的一份備忘錄寫道：

（蘇聯）在開發和部署更先進的系統時，可能會遇到科技與製造問題。若是他們試著部署目前未有計畫的新與先進系統，同時就原有整體規劃持續進行其軍隊現代化計畫，就需要額外編列大量預算。這將為蘇聯經濟帶來額外的龐大壓力，並使領導階層面臨艱難的政策選擇問題。[55]

一九八三年底，在超級大國關係日益緊張的情況下，蘇聯的擔憂也進一步升級。北約的「神射手」（Able Archer 83）演習模擬了未來的歐洲戰爭，其中包括核武的使用，更加劇了蘇聯對美國核武攻擊的恐懼。[56]幾個月後，為英國祕密情報局從事間諜活動的蘇聯國家安全委員會上校歐列格・戈傑夫斯基（Oleg Gordievsky），首次向美國報告了蘇聯的戰爭恐慌。[57]負責蘇聯和東歐事務的國家情報官員菲利茲・爾馬斯（Fritz Ermarth）結論道：「我們不認為（蘇聯的活動）反映了其領導人對衝突迫在眉睫的真實擔憂。」[58]隨後的情報也證實，蘇聯擔心的不是美國要對蘇聯發動戰爭，而是蘇聯在經濟和科技方面的弱點，再加上雷根的政策，全都使得相對權力走向不利莫斯科當局的趨勢。[59] 儘管如此，對戰爭的恐懼還是彰顯出超級大國造成誤判的危險，促使華盛頓當局更加謹慎小心。

美國先進科技所帶來的挑戰，似乎明顯對蘇聯領導人造成影響。借用蘇聯大使杜布里寧的話，則是「我們的領導人深信，強大的科技潛力使美國再次得分。」至於蘇聯領導人更「將雷根的聲明視為真正的威脅」。[60] 莫斯科政策制定者的回憶錄及往事敘述，也證實他們相當重視雷根的言行。對於意識到國家經濟困難的蘇聯領導人而言，一場昂貴的彈道飛彈防禦競賽可說是特別缺乏吸引力。戰略防禦計畫也凸顯了蘇聯在電腦和微電子領域的落後。[61]

戰略防禦計畫的公布曾在蘇聯領導階層內部引發爭論，其重點聚焦在太空武器裝備方面與美國競爭是否明智，以及競爭應採取何種形式等議題。最終也確實造成了蘇聯領導人先是偏好與美國在太空武器方面進行高科技競爭，但之後卻因無法部署先進武器而名聲掃地的局面。也就是說，戰略防禦計畫引發了一連串的事件，最後又使蘇聯領導人意識到其無法在高科技武器方面與美國競爭。[62]

在戈巴契夫於一九八五年掌權並開始努力重振落後的經濟之後，因應反制戰略防禦計畫所涉及的資源問題變得尤為明顯。正如一九八七年美國中情局某份評估報告表示：

蘇聯很難在不削減其他軍事計畫的情況下，對戰略防禦計畫做出大規模回應。大幅增加現有科技武器系統方面的採購，會使蘇聯原本就已緊張的零件供應基礎更加捉襟見肘。至於依賴複雜性科技的趨勢也會造成更大的壓力，因為許多預計在一九九〇年代末達到初始作戰能力的蘇聯武器計畫也將爭奪同樣的資源。

評估報告更進一步指出，當戈巴契夫試著透過加快對先進製造技術的投資來實現蘇聯工業現代化時，對於先進技術的需求將會對蘇聯經濟造成衝擊。此外，戈巴契夫的「現代化計畫需要許多稀少的高科技資源，包括微電子和彈性製造系統（flexible manufacturing systems），而這些正是先進的大規模毀滅性武器系統和反制措施所需要的資源。」[63]

美國為了影響蘇聯對科技競爭的看法，也付出了不少努力。其中一項便是向蘇聯提供有關美國軍事科技現狀的欺騙性資訊。一九八一年，法國情報部門招募了蘇聯國家安全委員會中，負責收集西方科技情報的弗拉基米爾・維特洛夫（Vladimir I. Vetrov）上校。代號為「永別」（Farewell）的維特洛夫向法國提供了四千多份文件，顯示莫斯科當局正依靠竊取外國科技來支撐蘇聯經濟。這些文件列出了蘇聯欲追求科技的採購清單，而法國將這些資訊轉交給美國。[64]到了一九八四年初，美國中情局和五角大廈開始運用其對蘇聯需求的了解，反過來向莫斯科提供不完整和誤導的訊息。該項造謠行動則涉及六項蘇聯感興趣的敏感軍事科技，包括隱形技術、彈道飛彈防禦系統和先進戰術飛機等。美國在研發時間表、原型機性能、測試結果、生產時間表和作戰性能方面植入了虛假資訊。[65]

雷根政府面對蘇聯所採取的戰略不僅包括軍備競爭，也包括軍備談判。事實上，《中程核武條約》的顯著特色不僅在於其透過消除該等級所有的飛彈，解除了蘇聯對美國在歐亞盟國所構成的威脅，還在於將其剩餘的競爭轉移到對美國更有利的領域。雖然《中程核武條約》廢除了蘇聯和美國的中程地基飛彈，但卻完整地保留了類似射程的空射及海射武器，而美國在這些領域擁有地理和組織方面的優勢。同樣地，雷根政府在戰略性軍備控制方針上，強調限制飛彈的數量和尺寸，以此來淘汰蘇聯在大型重型飛彈方面所投入的大量經濟和科技投資，而這正是蘇聯的強項，與此同時更強調了美國在更小、更精確武器方面的優勢。一九九一年，在喬治・布希（George H.W. Bush）執政期間簽署的《第一階段削減戰略武器條約》（START I）便曾將該方針編纂成法。[66]

VI

成功的競爭戰略會有幾個共同特徵。[67]首先，先針對特定的對手，並考慮競爭對手的目標、資源、恐懼和傾向。英國與德國競爭的戰略就是針對後者的弱點進行相關制定，而美國與蘇聯競爭的戰略也是經過逐步考量莫斯科當局的弱點及偏好。

其次，成功戰略的基礎，便是對競爭對手的充分了解。此種了解程度必然包括領導人制定、實施和評估其戰略的有效性。領導者需要了解自身和競爭對手的優缺點，以確保其行動至少有引起預期反應的合理可能，或至少縮小可能反應的範圍。

成功的戰略所應具備的資訊，以及發展此類專業知識所需的時間，皆不應被低估。在冷戰期間，美國國家安全機構，包括情報部門，幾乎都只專注在研究蘇聯上。美國政府和慈善基金會展開了各式各樣的計畫，以利建立有關蘇聯的知識資本。[68]美國更收集並翻譯了蘇聯的軍事著作，大量提供給美國軍官。[69]此外，美國情報組織也進行了一連串有時極具風險的行動，以深入了解蘇聯的決策過程。[70]儘管付出了這些努力，美國還是花了幾十年的時間，才對蘇聯的決策有了較深入和仔細的了解。

英美兩國的競爭策略都考慮到（甚至利用）了一個基本但往往被忽視的事實，即是競爭雙方所擁有的資源都是有限的。事實上，資源（貨幣、人力和技術）有限的事實及其相關的成本，才是戰略的核心重點。具體來說，當戰略家們了解這些限制因素，並加強這些限制因素的限制程度時，他們所實施的成本強加戰略（cost-imposing strategies）就會達到最大成效。這些限制因素包括國家國防部門內部的瓶頸、各種軍事組織之間的競爭，以及國防預算與其他政府預算之間的權衡。有效的戰略同樣要考量到一項基本事實，即競爭對手不是單一的行為體，而是官僚部門的集合體，各個部門都有其偏好、傾向和文化，而這往往會造成其績效與最佳績效相去甚遠。此外，以其自身軍隊的偏好與傾向，再配合競爭對手的偏好與傾向所制定出的戰略，才更有可能成功。

第四，成功的競爭戰略要懂得善用時間，並使其成為自身的優勢。戰略家們不僅要考慮自己應該採取什麼行動，還要考慮到採取行動的時機，而且後者的時機安排更要達到最大效果。最後，成功的戰略還會考量到與競爭對手的互動。戰略家們體認到，戰略並不是將自己的意志強加在一個無生命的物體上，而是一個具有思想、追求自己目標的競爭對手。

註釋

前言

1. There is a robust literature on the meaning and nature of strategy. As examples, see Lawrence Freedman, *Strategy: A History* (New York, NY: Oxford University Press, 2014); Hal Brands, *What Good is Grand Strategy? Power and Purpose in American Statecraft from Harry S. Truman to George W. Bush* (Ithaca, NY: Cornell University Press, 2014); John Lewis Gaddis, *On Grand Strategy* (New York, NY: Penguin, 2018); Paul Kennedy, *Grand Strategies in War and Peace* (New Haven, CT: Yale University Press, 1992); Edward Luttwak, *Strategy: The Logic of War and Peace* (Cambridge, MA: Harvard University Press, 2002); Hew Strachan, *The Direction of War: Contemporary Strategy in Historical Perspective* (New York, NY: Cambridge University Press, 2013); Beatrice Heuser, *The Evolution of Strategy: Thinking War from Antiquity to the Present* (Cambridge: Cambridge University Press, 2012).
2. Edward Mead Earle, "Introduction," in *Makers of Modern Strategy: Military Thought from Machiavelli to Hitler*, Earle, ed. (Princeton, NJ: Princeton University Press, 1943 [republished New York, NY: Atheneum, 1966]), vii.
3. Many of the Europeans were refugees from Hitler's Germany. See Anson Rabinach, "The Making of *Makers of Modern Strategy*: German Refugee Historians Go to War," *Princeton University Library Chronicle* 75:1 (2013): 97-108.
4. Earle, "Introduction," viii.
5. See Lawrence Freedman's essay "Strategy: The History of an Idea," Chapter 1 in this volume; also, Brands, *What Good is Grand Strategy?*
6. See Hew Strachan's essay "The Elusive Meaning and Enduring Relevance of Clausewitz," Chapter 5 in this volume; also, Michael Desch, *Cult of the Irrelevant: The Waning Influence of Social Science on National Security* (Princeton, NJ: Princeton University Press, 1943); Fred Kaplan, *The Wizards of Armageddon* (Stanford, CA: Stanford University Press, 1991).
7. On the evolution of the franchise, see Michael Finch, *Making Makers: The Past, The Present, and the Study of War* (New York, NY:

Cambridge University Press, forthcoming 2023).

8. Perhaps because the Cold War still qualified as "current events" in 1986, the book contained only three substantive essays, along with a brief conclusion, that considered strategy in the post-1945 era.

9. Peter Paret, "Introduction," in *Makers of Modern Strategy: From Machiavelli to the Nuclear Age*, Paret, ed. (Princeton, NJ: Princeton University Press, 1986), 3, emphasis added.

10. See, as surveys, Thomas W. Zeiler, "The Diplomatic History Bandwagon: A State of the Field," *Journal of American History* 95:4 (2009): 1053-73; Hal Brands, "The Triumph and Tragedy of Diplomatic History," *Texas National Security Review* 1:1 (2017); Mark Moyar, "The Current State of Military History," *Historical Journal* 50:1 (2007): 225-40; as well as many of the contributions to this volume.

11. The essays on them, however, are entirely original to this volume.

12. A point that the second volume of *Makers* also stressed. See Paret, "Introduction," 3-7.

13. See the essays by Francis Gavin ("The Elusive Nature of Nuclear Strategy," Chapter 28) and Eric Edelman ("Nuclear Strategy in Theory and Practice," Chapter 27) in this volume.

14. See Earle, "Introduction," viii; Paret, "Introduction"; as well as Lawrence Freedman's contribution ("Strategy: The History of an Idea," Chapter 1) to this volume.

15. The chronological breakdown of the sections is, necessarily, somewhat imprecise. For example, certain themes that figured in the world wars-the concept of total war, to name one-had their roots in earlier eras. And some figures, such as Stalin, straddled the divide between eras.

16. The same point could be made about the strategies being pursued by other US rivals today. See Seth Jones, *Three Dangerous Men: Russia, China, Iran, and the Rise of Irregular Warfare* (New York, NY: W. W. Norton, 2021); Elizabeth Economy, *The World According to China* (London: Polity, 2022).

17. On this debate, see the essays in this volume by (among others) Walter Russell Mead ("Thucydides, Polybius, and the Legacies of the Ancient World," Chapter 2), Tami Biddle Davis ("Democratic Leaders and Strategies of Coalition Warfare: Churchill and Roosevelt in World War II," Chapter 23), and Matthew Kroenig ("Machiavelli and the Naissance of Modern Strategy," Chapter 4).

18. The point is also made in Richard Betts, "Is Strategy an Illusion?" *International Security* 25:2 (2000): 5-50; Freedman, *Strategy*.

19. Lawrence Freedman, "The Meaning of Strategy, Part II: The Objectives," *Texas National Security Review* 1:2 (2018): 45.

20. On strategic failures as failures of imagination, see Kori Schake's "Strategic Excellence: Tecumseh and the Shawnee Confederacy," Chapter 15 in this volume.
21. Hal Brands, "The Lost Art of Long-Term Competition," *The Washington Quarterly* 41:4 (2018): 31-51.
22. This point runs throughout Alan Millett and Williamson Murray, *Military Effectiveness*, Volumes 1-3 (New York, NY: Cambridge University Press, 2010).
23. Henry Kissinger, *White House Years* (Boston, MA: Little, Brown, 1959), esp. 54.
24. Hal Brands, *The Twilight Struggle: What the Cold War Can Teach Us About Great-Power Rivalry Today* (New Haven, CT: Yale University Press, 2022).

第一章

1. Bernard Brodie, ed. *The Absolute Weapon: Atomic Power and World Order* (New York, NY: Harcourt, Brace and Company, 1946), 76.
2. Henry A. Kissinger, *The Necessity of Choice* (New York, NY: Harper Brothers, 1961), 12.
3. Lawrence Freedman, "The First Two Generations of Nuclear Strategists," in *Makers of Modern Strategy: From Machiavelli to the Nuclear Age*, Peter Paret, ed. (Princeton, NJ: Princeton University Press, 1986), 735–79; Lawrence Freedman and Jeffrey Michaels, *The Evolution of Nuclear Strategy*, Fourth Edition (New York, NY: Palgrave MacMillan, 2019); John Mueller, "The Essential Irrelevance of Nuclear Weapons: Stability in the Post War World," *International Security* 13:2 (1988): 55–79.
4. See James Schesinger's letter of transmittal covering Report of the Secretary of Defense Task Force on DoD Nuclear Weapons Management, Phase II, *Review of the DoD Nuclear Mission*, December 2008, located at https://apps.dtic.mil/sti/pdfs/ADA492647.pdf; and *Report of the Defense Science Board Task Force on Nuclear Deterrence Skills*, September 2008, located at https://dod.defense.gov/Portals/1/features/defenseReviews/NPR/DSB_Nuclear _Deterrence_Skills_Chiles.pdf.
5. See Francis Gavin, "The Elusive Nature of Nuclear Strategy," Chapter 28 in this volume; Robert Jervis, *The Illogic of American Nuclear Strategy* (Ithaca, NY: Cornell University Press, 1984).
6. Michael Quinlan, *Thinking About Nuclear Weapons: Principles, Problems, Prospects* (New York, NY: Oxford University Press, 2009) 15. 本文論述範圍為英美在核戰略方面的討論與辯論。至於法國戰略思想家的重要貢獻，則主要集中在法國對西方核嚇阻能力的具體條件上。對此感興趣的讀者，請見：Raymond Aron, *The Great Debate: Theories of Nuclear Strategy* (New

York, NY: Anchor Press, 1965), 100–44.

7. Robert Jervis, "Strategic Theory: What New and What's True," *Journal of Strategic Studies* 9:4 (1986): 135–62; Ken Booth, "Bernard Brodie," in *Makers of Nuclear Strategy*, John Baylis and John Garnett, eds. (London: Pinter, 1991), 24.
8. William Liscum Borden, *There Will Be No Time: The Revolution in Strategy* (New York, NY: The Macmillan Company, 1946); Colin Gray, *Strategic Studies and Public Policy* (Lexington, KY: University of Kentucky Press, 1982), 29–30; Gregg Herken, *Counsels of War* (New York, NY: Alfred A. Knopf, 1985), 6–79.
9. Borden, *There Will Be No Time*, 61.
10. PMS Blackett, *Fear, War, and the Bomb* (New York, NY: Whittlesey House, 1949), 127.
11. Michael Howard, "P.M.S. Blackett," in *Makers of Nuclear Strategy*, Baylis and Garnett, eds., 153–56. 布萊克特的結論是，美國的軍備庫存不足以打贏與蘇聯的關鍵性戰役，這與檢討美國早期對蘇聯「原子空襲」計畫的美國高層軍官所得出的類似判斷相差無幾。詳細資訊請見哈蒙委員會專案報告的內文。General H.R. Harmon, USAF et al. to the Joint Chiefs of Staff, J.C.S. 1953–1 (May 12, 1949), located at https://nsarchive.gwu.edu/sites/default/files/documents/6895250/National-Security-Archive-Doc-02-Report-by-the.pdf.
12. Baylis and Garnett, *Makers of Nuclear Strategy*, 2.
13. Raymond Aron, *The Century of Total War* (Boston, MA: The Beacon Press, 1954), 154.
14. Churchill Remarks to Parliament, March 1, 1955, Hansard, 5th Series, Volume 537, cc1893–2012.
15. Samuel F. Wells, *Fearing the Worst: How Korea Transformed the Cold War* (New York, NY: Columbia University Press, 2019), 81–107.
16. David Rosenberg, "American Atomic Strategy and Hydrogen Bomb Decision," *Journal of American History* 66:1 (1979): 62–87; Kennan, "Memorandum by the Counselor," January 20, 1950, in *Foreign Relations of the United States, 1950, National Security Affairs; Foreign Economic Policy*, Volume I, Document 7, located at https://history.state.gov/historicaldocuments/frus1950v01/d7.
17. "A Report to the National Security Council by the Executive Secretary (Lay), NSC-68," April 14, 1950, *Foreign Relations of the United States, 1950m National Security Affairs; Foreign Economic Policy*, Volume 1, available at https://history.state.gov/historicaldocuments/frus1950v01 /d85. 以下皆簡稱為 NSC-68號文件。
18. Wells, *Fearing the Worst*, 81–107.
19. John Baylis and Kristn Stoddart, *The British Nuclear Experience: The Roles of Belief, Culture and Identity* (Oxford: Oxford

University Press, 2014), 42–59; John Baylis and Alan Macmillan, "The British Global Strategy Paper of 1952," *Journal of Strategic Studies* 16:2 (1993): 200–26.

20. Ian Clark and Nicholas Wheeler, *The British Origins of Nuclear Strategy 1945–1955* (Oxford: Oxford University Press, 1989), 160–83; Richard Rosecrance, *Defense of the Realm: British Strategy in the Nuclear Epoch* (New York, NY: Columbia University Press, 1968), 134–81. General Bradley remarks in "United States-United Kingdom Politico-Military Meeting on Report by United Kingdom Chiefs of Staff re 'Defence Policy and Global Strategy,' dated July 9, 1952," located at https://nsarchive2.gwu.edu/nukevault/special/doc04.pdf.

21. Andrew M. Johnston, "Mr. Slessor Goes to Washington: The Influence of the British Global Strategy Paper on The Eisenhower New Look," *Diplomatic History* 30:2 (1998): 361–98.

22. The text of NSC 162/2 can be found at "Report to the National Security Council by the Executive Secretary (Lay)," October 30, 1954, *Foreign Relations of the United States, 1952–1954*, Volume II, Part 1, Document 101, located at https://history.state.gov/historicaldocuments/frus1952-54v02p1/d101.

23. See Dulles's Statement to the North Atlantic Council, April 24, 1954, in *Foreign Relations of the United States, 1952–1954*, Volume V, Part 1, Document 264; Memorandum of Discussion at the National Security Council, December 21, 1954, in *Foreign Relations of the United States, 1952–1954*, Volume V, Part 1, Document 294. The text of MC-48 can be found at "M.C. 48 (FINAL)," November 22, 1954, *NATO Strategy Documents*, 1949–69, available at https://www.nato.int/docu/stratdoc/eng/a541122a.pdf.

24. John Foster Dulles, "The Evolution of Foreign Policy," *Department of State Bulletin* (January 25, 1954): 107–10.

25. John Foster Dulles, "Policy for Security and Peace," *Foreign Affairs* 32:3 (1954): 353–64.

26. David Alan Rosenberg, "U.S. Nuclear War Planning, 1945–1960," in *Strategic Nuclear Targeting*, Desmond Ball and Jeffrey Richelson, eds. (Ithaca, NY: Cornell University Press, 1986) 35–56.

27. Fred Kaplan, *The Wizards of Armageddon* (New York, NY: Simon and Schuster, 1983), 90–124; Albert Wohlstetter, "The Delicate Balance of Terror," *Foreign Affairs* 37:2 (1958): 211–34; Richard Rosecrance, "Albert Wohlstetter," in *Makers of Nuclear Strategy*, Baylis and Garnett, eds., 57–69.

28. Austin Long, *Deterrence: From Cold War to Long War* (Santa Monica, CA: RAND, 2008), 2; William W. Kaufman, "The Requirements of Deterrence." Memorandum Number 7, Center of International Studies, Princeton University, November 15, 1954.

29. Kaufman, "The Requirements of Deterrence."

30. Morton Halperin, "Nuclear Weapons and Limited War," *Journal of Conflict Resolution* 5:2 (1961): 146–66.
31. Henry A. Kissinger, *Nuclear Weapons and American Foreign Policy* (New York, NY: Harper, 1957), 156–57.
32. Bernard Brodie, *Strategy in the Missile Age* (Princeton, NJ: Princeton University Press, 1959), 323.
33. Henry Kissinger, "Limited War: Conventional or Nuclear? A Reappraisal," *Daedalus* 89:4 (1960): 800–17. 請見原文重點標示處。
34. "Deterrence and Survival in the Nuclear Age" (also known as the Gaither Committee Report) remained classified until 1973. "Deterrence and Survival in the Nuclear Age," November 7, 1957, Security Resources Panel of the Science Advisory Committee, available at https://nsarchive2.gwu.edu/NSAEBB/NSAEBB139/nitze02.pdf.
35. Herman Kahn, *On Escalation: Metaphors and Scenarios* (New York, NY: Frederick A. Praeger, 1965), 39, 290.
36. Thomas Schelling, "The Reciprocal Fear of Surprise Attack," RAND Corporation, 1958, located at https://www.rand.org/content/dam/rand/pubs/papers/2007/P1342.pdf; Thomas Schelling, *Arms and Influence* (New Haven, CT: Yale University Press, 1966), 1, 33; and Thomas Schelling, *Strategy of Conflict* (New York, NY: Oxford University Press, 1960), 187–203.
37. Glenn H. Snyder, "Deterrence by Denial and Punishment," Research Monograph No. 1, Princeton University Center for International Studies, 1959; Snyder, "The Balance of Power and the Balance of Terror," in *The Balance of Power*, Paul Seabury, ed. (San Francisco, CA: Chandler Publishing Co., 1965), 184–201.
38. Herman Kahn, *On Thermonuclear War* (Princeton, NJ: Princeton University Press, 1960) 21; Herman Kahn, *Thinking about the Unthinkable* (New York, NY: Avon, 1962).
39. Kaplan, *Wizards of Armageddon*; Herbert Goldhamer, Andrew Marshall, and Nathan Leites, "The Deterrence and Strategy of Total War, 1959–1961: A Method of Analysis," RAND Research Memorandum RM-2301, April 30, 1959; Andrew May, "The RAND Corporation and the Dynamics of American Strategic Thought, 1946–1962," Emory University, Unpublished PhD dissertation, 1998.
40. Andrew May, "The RAND Corporation," 317; Kaplan, *The Wizards of Armageddon*; Jervis, *The Illogic of American Nuclear Strategy*.
41. "Remarks of Senator John F. Kennedy, in the Senate, August 14, 1958" as found in "U.S. Military Power, Senate floor, 14 August 1958," Papers of John F. Kennedy. Pre-Presidential Papers. Senate Files, Box 901, John F. Kennedy Presidential Library, available at https://www.jfklibrary.org/archives/other-resources/john-f-kennedy-speeches/united-states-senate-military-power-19580814.
42. Lawrence S. Kaplan, Ronald D. Landa, and Edward J. Drea, *The McNamara Ascendancy, 1961–65* (Washington, DC: Historical

Office, Office of the Secretary of Defense, 2006); Desmond Ball, "The Development of the SIOP: 1960–1983," in *Strategic Nuclear Targeting*, Ball and Richelson, eds., 57–83; May, "The RAND Corporation," 356–57; Fred Kaplan, *The Bomb: Presidents, Generals and the Secret History of Nuclear War* (New York, NY: Simon and Schuster, 2020).

43. Keith Payne, *The Great American Gamble: Deterrence Theory and Practice from the Cold War to the Twenty-First Century* (Fairfax, VA: National Institute Press, 2008), 83–148.

44. Payne, *The Great American Gamble*; "Memorandum of Conversation, June 23, 1967," in *Foreign Relations of the United States, 1964–1986*, Volume XIV: *Soviet Union*, Document 231, available at https://history.state.gov/historicaldocuments/frus1964-68v14/d231.

45. Hal Brands, *The Twilight Struggle: What the Cold War Teaches Us About Great Power Rivalry Today* (New Haven, CT: Yale University Press, 2022), 61; Robert Jervis, *The Meaning of the Nuclear Revolution: Statecraft and the Prospect of Armageddon* (Ithaca, NY: Cornell University Press, 1989), 74–106.

46. Quinlan, *Thinking About Nuclear Weapons*, 25–27. 卡特政府對於核戰略的檢討促成了一項「對等戰略」（countervailing Strategy），其重點便是將蘇聯領導階層的目標置於危險之中。See Walter Slocombe, "The Countervailing Strategy," *International Security* 5:4 (1981): 18–27.

47. The first of a series of op eds by Henry Kissinger, George Shultz, William Perry, and Sam Nunn calling for nuclear abolition appeared in the *Wall Street Journal* on January 4, 2007. 相關期刊文章集合，請見：https://media.nti.org/pdfs/NSP_op-eds_final_.pdf.

48. Thomas Schelling and Morton Halperin, *Strategy and Arms Control* (New York, NY: The Twentieth-Century Fund, 1961), 4.

49. Colin S. Gray, *House of Cards: Why Arms Control Must Fail* (Ithaca, NY: Cornell University Press, 1992), 37. 關於戰略穩定性，請見：John Steinbruner "National Security and the Concept of Strategic Stability," *Journal of Conflict Resolution* 22:3 (1978): 411–28. Also, Eric S. Edelman, "Arms Control: Can Its Future be Found in its Past?," Center for Strategic and Budgetary Assessments, September 17, 2021 located at https://csbaonline.org/research/publications/arms-control-can-its-future-be-found-in-its-past-1/publication/1.

50. Colin Gray, "Strategic Stability Reconsidered," *Daedalus* 109:4 (1980): 135–54; Hal Brands, "U.S. Isn't Ready for Nuclear Rivalry with China and Russia," *Bloomberg Opinion*, January 30, 2022.

第1章

1. Bernard Brodie, "Why Were We So (Strategically) Wrong?," *Foreign Policy* 5 (1971): 151–61.
2. Lawrence Freedman, "The First Two Generations of Nuclear Strategists," *Makers of Modern Strategy from Machiavelli to the Nuclear Age*, in Peter Paret, ed. (Princeton, NJ: Princeton University Press, 1986), 735.
3. Fred M. Kaplan, *The Wizards of Armageddon* (New York, NY: Simon and Schuster, 1983).
4. Bruce Kuklick, *Blind Oracles: Intellectuals and War from Kennan to Kissinger* (Princeton, NJ: Princeton University Press, 2006).
5. John Foster Dulles, "Massive Retaliation," Speech before the Council on Foreign Relations, January 12, 1954, locaged at https://www.airforcemag.com/PDF/MagazineArchive/Documents/2013/September%202013/0913keeperfull.pdf; Robert McNamara, "No Cities," Speech before the University of Michigan, July 9, 1962, located at https://pages.ucsd.edu/~bslantchev/courses/nss/documents/mcnamara-no-cities.html. Harold Brown, "Countervailing Strategy," Speech before the US Naval War College, August 20, 1980.
6. Francis J. Gavin, "The Myth of Flexible Response: United States Strategy in Europe during the 1960s," *The International History Review* 23:4 (2001): 847–75.
7. See Jeremy Bernstein, *One Physicist's Guide to Nuclear Weapons: A Global Perspective* (Bristol: IOP Publishing, 2016); Wisconsin Project on Nuclear Arms Control, "Nuclear Weapons Primer," located at https://www.wisconsinproject.org/nuclear-weapons/.
8. Richard Rhodes, *The Making of the Atomic Bomb* (New York, NY: Simon & Schuster, 1988).
9. Robert Jervis, *The Meaning of the Nuclear Revolution: Statecraft and the Prospect of Armageddon* (Ithaca, NY: Cornell University Press 1989).
10. Lawrence S. Wittner, *The Struggle against the Bomb: One World or None: A History of the World Nuclear Disarmament Movement through 1953* (Stanford, CA: Stanford University Press, 1993).
11. Bernard Brodie et al., *The Absolute Weapon: Atomic Power and World Order* (New York, NY: Harcourt, Brace and Company, 1954).
12. See Francis J. Gavin, *Nuclear Weapons and American Grand Strategy* (Washington, DC: Brookings Institution Press, 2020).
13. Marc Trachtenberg, *History and Strategy* (Princeton, NJ: Princeton University Press, 1991), 169–234.
14. Mark S. Bell and Julia Macdonald, "How to Think About Nuclear Crises," *Texas National Security Review* 2:2 (2019).
15. Kenneth Waltz, *The Spread of Nuclear Weapons: More May Be Better* (London: International Institute for Strategic Studies, 1981).

16. Francis Gavin, "Strategies of Inhibition: US Grand Strategy, the Nuclear Revolution, and Nonproliferation," *International Security* 40:1 (2015), 9–46.
17. Austin Long and Brendan Rittenhouse Green, "Stalking the Secure Second Strike: Intelligence, Counterforce, and Nuclear Strategy," *Journal of Strategic Studies* 38:1–2 (2015): 38–73.
18. Joshua Rovner, "Was There a Nuclear Revolution? Strategy, Grand Strategy, and the Ultimate Weapon," *War on the Rocks*, March 6, 2018.
19. 法國支持美國革命一事促成其在軍事上大勝英國，但也導致法國國內破產及爆發法國大革命。
20. See Brodie et al., *The Absolute Weapon*, 76; Thomas Schelling, "Nuclear Strategy in the Berlin Crisis," July 5, 1961, *Foreign Relations of the United States, 1961–1963*, Volume XIV, available at https://history.state.gov/historicaldocuments/frus1961-63v14/d56; Waltz, *The Spread of Nuclear Weapons*; Jervis, *The Meaning of the Nuclear Revolution*.
21. Thomas C. Schelling and Morton H. Halperin, *Strategy and Arms Control* (New York, NY: Twentieth Century Fund, 1961).
22. See Thomas Schelling, *The Strategy of Conflict* (Cambridge, MA: Harvard University Press, 1960); Thomas Schelling, *Arms and Influence* (New Haven, CT: Yale University Press, 1966).
23. Schelling, "Nuclear Strategy in the Berlin Crisis."
24. Roswell L. Gilpatric, Speech before the Business Council at the Homestead, Hot Springs, Virginia, October 21, 1961, available at https://archive.org/stream/RoswellGilpatricSpeechBeforeTheBusinessCouncil/ELS000-010_djvu.txt.
25. McNamara, "No Cities."
26. Scott Sagan, "SIOP-62: The Nuclear War Plan Briefing to President Kennedy," *International Security* 12:1 (1987): 22–51.
27. Fred Kaplan, "JFK's First Strike Plan," *The Atlantic*, October 2001, https://www.theatlantic.com/magazine/archive/2001/10/jfks-first-strike-plan/376432/.
28. Kai Bird, *The Color of Truth: McGeorge Bundy and William Bundy: Brothers in Arms* (New York, NY: Simon and Schuster, 2000).

第三章

1. 感謝雷蒙德・卡拉漢（Raymond Callahan）教授、佛里德曼爵士、羅伯特・歐尼爾（Robert O'Neill）教授和斯特拉坎爵士等對本章初稿的審閱及重要回饋意見。更多有關韓戰的資訊，請見：Rosemary Foot, *The Wrong War: American Policy*

and the Dimensions of the Korean Conflict, 1950–1953 (Ithaca, NY: Cornell University Press), 1985; Chen Jian, *China's Road to the Korean War* (New York, NY: Columbia University Press, 1994); Allan Millett, *The War for Korea, 1945–1950: A House Burning* (Lawrence, KS: University Press of Kansas, 2005); and Allan Millett, *The War for Korea, 1950–1951: They Came from the North* (Lawrence, KS: University Press of Kansas, 2010); James F. Schnabel and Robert J. Watson, *History of the Joint Chiefs of Staff: The Joint Chiefs of Staff and National Policy 1950–1951: The Korean War Part One* (Washington, DC: Office of Joint History, 1998); and James F. Schnabel, *History of the Joint Chiefs of Staff The Joint Chiefs of Staff and National Policy, 1951–1953: The Korean War, Part Two* (Washington, DC: Office of Joint History, 1998); William Stueck, *The Korean War: An International History* (Princeton, NJ: Princeton University Press, 1995); William Stueck, *Rethinking the Korean War: A New Diplomatic and Strategic History* (Princeton, NJ: Princeton University Press, 2002); Vladislav Zubok and Constantine Pleshakov, *Inside the Kremlin's Cold War: From Stalin to Khrushchev* (Cambridge, MA: Harvard University Press, 1996); Samuel F. Wells Jr., *Fearing the Worst: How Korea Transformed the Cold War* (New York, NY: Columbia University Press, 2019).

2. Hew Strachan, *The Direction of War: Contemporary Strategy in Historical Perspective* (Cambridge: Cambridge University Press, 2011).

3. Report by the National Security Council on the Position of the United States with Respect to Korea, April 2, 1948, *Foreign Relations of the United States (FRUS), 1948, The Far East and Australasia*, Volume VI, Document 776, hereafter cited as *FRUS* followed by year, volume, and document number.

4. Document 13, Cold War International History Project (CWIHP) *Bulletin*, 6–7 (1995–96).

5. Document 14, CWIHP *Bulletin*, 6–7.

6. Resolution Adopted by the United Nations Security Council, June 25, 1950, *FRUS, 1950, Korea*, Volume VII, Document 84.

7. John Lewis Gaddis, *Strategies of Containment* (Oxford: Oxford University Press, 2005), 107.

8. Statement Issued by the President, June 27, 1950, *FRUS*, VII, *Korea, 1950*, Document 119.

9. See Document 18, CWIHP *Bulletin*, 6–7.

10. James Schnabel, *United States Army in the Korean War: Policy and Direction—the First Year* (Washington, DC: Center of Military History, 1973), 102.

11. Schnabel, *United States Army in the Korean War*, 85–103.

12. Gaddis, *Strategies of Containment*, 108.

13. 鐵路行動計畫之相關分析，請見：Memorandum of Conversation by Lieutenant General Matthew B. Ridgway, Deputy Chief of Staff for Administration, United States Army, August 8, 1950, *FRUS, 1950 Korea*, VII, Document 402.

14. Memorandum by the Joint Chiefs of Staff to the Secretary of Defense, September 7, 1950, *FRUS, 1950 Korea*, VII, Document 500.
15. Schnabel, *United States Army in the Korean War*, 179.
16. The Secretary of Defense (Marshall) to the Commander in Chief, Far East (MacArthur), September 29, 1950, *FRUS, 1950, Korea*, VII, Document 573.
17. Schnabel, *United States Army in the Korean War*, 194.
18. The Joint Chiefs of Staff to the Commander in Chief, Far East (MacArthur), October 9, 1950, *FRUS, 1950, Korea*, VII, Document 648.
19. Schnabel, *United States Army in the Korean War*, 233.
20. See, Substance of Statements Made at Wake Island Conference on October 15, 1950, *FRUS, 1950, Korea*, VII, Document 680.
21. Substance of Statements Made at Wake Island Conference on October 15, 1950, *FRUS, 1950, Korea*, VII, Document 680.
22. Schnabel, *United States Army in the Korean War*, 218.
23. Robert Frank Futrell, *The United States Air Force in Korea, 1950–1953* (Washington, DC: US Government Printing Office, 1983), 221.
24. The Joint Chiefs of Staff to the Commander in Chief, Far East (MacArthur), November 6, 1950, *FRUS, 1950, Korea*, VII, Document 758.
25. 有關參謀聯席會「嚴格限制」空襲的論調，請見：The Joint Chiefs of Staff to the Commander in Chief, Far East (MacArthur), November 6, 1950, *FRUS, 1950, Korea*, VII, Document 773.
26. 麥克阿瑟猛烈抨擊英國試著緩和對中關係立場的相關言論，請見：The Commander in Chief, Far East (MacArthur) to the Joint Chiefs of Staff, November 9, 1950, *FRUS, 1950, Korea*, VII, Document 792.
27. Memorandum by the Joint Chiefs of Staff to the Secretary of Defense (Marshall), November 9, 1950, *FRUS, 1950, Korea*, VII, Document 797.
28. See, Commander in Chief, Far East (MacArthur) to the Joint Chiefs of Staff, November 9, 1950.
29. Lawrence Freedman, *Evolution of Nuclear Strategy* (London: Palgrave, 2019).

30. The Commander in Chief, Far East (MacArthur) to the Joint Chiefs of Staff, November 28, 1950, *FRUS, 1950, Korea*, VII, Document 888.

31. 更多相關細節，請見：The Ambassador in Korea (Muccio) to the Secretary of State, November 28, 1950, *FRUS, 1950, Korea*, VII, Document 898.

32. Robert O'Neill, *Australia in the Korean War 1950–53* (Canberra: Australian War Memorial and Australian Government Publishing Service, 1981).

33. See, United States Delegation Minutes of the First Meeting of President Truman and Prime Minister Attlee, December 4, 1950, *FRUS, 1950, Korea*, VII, Document 967.

34. Schnabel, *United States Army in the Korean War*, 373.

35. See, *FRUS, 1950, Korea*, VII, Document 1101 for more details.

36. National Intelligence Special Estimate, January 11, 1951, *FRUS, 1951, Korea*, VII, Part I, Document 48. 有關使用消耗戰略的深入分析，請見：Carter Malkasian, *A Modern History of Wars of Attrition* (Westport, CT: Praeger, 2002), Chapters 7–9.

37. Malkasian, *A Modern History of Wars of Attrition*, 126–27.

38. Memorandum for the Record of a Department of State—Joint Chiefs of Staff Meeting, February 13, 1951, *FRUS, 1951, Korea*, VII, Part I, Document 133.

39. 有關一九五一年二月下旬局勢的深入討論，包括未來計畫，請見：Secretary of State to the Secretary of Defense (Marshall), February 23, 1951, *FRUS, 1951, Korea*, VII, Part I, Document 142.

40. Memorandum by the Joint Chiefs of Staff to the Secretary of Defense (Marshall), April 5, 1951, *FRUS, 1951, Korea*, VII, Part I, Document 204.

41. 有關「解僱」麥克阿瑟的資料很多，足以作為深入分析的參考依據。最佳入門起點，請見：James Schnabel and Robert Watson, *The Joint Chiefs of Staff and National Policy, 1950–1951: The Korean War*, Volume III (Washington, DC: Office of Joint History, 1998).

42. Schnabel, *United States Army in the Korean War*, 381.

43. Memorandum on the Substance of Discussions at a Department of State—Joint Chiefs of Staff Meeting, April 18, 1951, *FRUS, 1951, Korea*, VII, Part I, Document 242.

44. The Joint Chiefs of Staff to the Commander in Chief, Far East (Ridgway), May 1, 1951, *FRUS, 1951, Korea*, VII, Part I, Document 268.
45. 備忘錄中涉及韓國的章節部分，請見：NSC 48/5, May 17, 1951, *FRUS, 1951, Korea*, VII, Part I, Document 291.
46. Matthew Ridgway, *The Korean War* (New York, NY: Da Capo Press, 1967), 167.
47. The Commander in Chief, United Nations Command (Clark) to the Joint Chiefs of Staff, September 29, 1952, *FRUS, 1952–1954, Korea*, XV, Part I, Document 283.
48. Speech, October 24, 1952, Papers of Dwight D. Eisenhower, Speech Series, Box 2, Oct 23, 1952 to Nov 3, 1952 and Dec 1952 (1), NAID #12012607, Dwight Eisenhower Presidential Library.
49. Freedman, *Evolution of Nuclear Strategy*, 112.
50. Memorandum of the Substance of Discussion at a Department of State Joint Chiefs of Staff Meeting, March 27, 1953, *FRUS, 1952–1954, Korea*, XV, Part I, Document 419.
51. Memorandum of Discussion at a Special Meeting of the National Security Council on Tuesday, March 31, 1953, *FRUS, 1952–1954, Korea*, XV, Part I, Document 427.

第四章

1. 有關以阿衝突概述，請見：Benny Morris, *Righteous Victims* (New York, NY: Vintage, 2001); and Avi Shlaim, *The Iron Wall* (New York, NY: Penguin, 2014).
2. 有關該戰爭及其造成後果，請見：BennyMorris, *Israel's Border Wars* (Oxford: Clarendon, 1997); Mordechai Bar-On, *The Gates of Gaza* (New York, NY: Palgrave, 1994); Laura James, *Nasser at War* (New York, NY: Palgrave, 2006).
3. 薩利姆・雅各（Salim Yaqub）曾為一九五八年危機撰寫一份十分出色的研究，請見：Salim Yaqub, *Containing Arab Nationalism: The Eisenhower Doctrine and the Middle East* (Chapel Hill, NC: North Carolina University Press, 2004). 至於泛阿拉伯主義政治問題的良藥，請見：Malik Mufti, *Sovereign Creations: Pan-Arabism and Political Order in Syria and Iraq* (Ithaca, NY: Cornell University Press, 1996).
4. Jacob Abadi, *Israel's Quest for Recognition and Acceptance in Asia* (New York, NY: Routledge, 2004), 13.
5. Abadi, *Israel's Quest for Recognition and Acceptance in Asia*; Trita Parsi, *Treacherous Alliance: The Secret Dealings of Israel, Iran, and the United States* (New Haven, CT: Yale University Press, 2007).

6. 有關以色列的核政策，請見：Avner Cohen, *Israel and the Bomb* (New York, NY: Columbia University Press, 1998) and Michael Karpin, *The Bomb in the Basement: How Israel Went Nuclear and What that Means for the World* (New York, NY: Simon and Schuster, 2007).
7. Adam Raz, "The Meetings that Created Israel Nuclear Opacity," *Haaretz*, January 16, 2019, https://www.haaretz.co.il/magazine/the-edge/.premium-MAGAZINE-1.6847647, accessed October 12, 2021.
8. Adam Raz, *The Struggle for the Bomb* (Jerusalem: Carmel, 2015), 206–7 [Hebrew].
9. V.V. Naumkin et al., *Blizhnevostochny Konflikt: 1957–1967* (Metrik: Moscow, 2003) Documents Number 77 and 108.
10. Owen L. Sirrs, *Nasser and the Missile Age in the Middle East* (New York, NY: Routledge, 2006).
11. Maria Rost Rublee, "Egypt's Nuclear Weapons Program," *Nonproliferation Review* 13:3 (2006); Naumkin et al., *Blizhnivostochny Konflikt, 1957–1967*, Document Number 66.
12. Naumkin et al., *Blizhnivostochny Konflikt, 1957–1967*, Document Number 147.
13. Yair Evron, "The Arab Position in the Nuclear Field: A Study of Policies up to 1967," *Cooperation and Conflict* VIII (1973): 19–32; Gawdat Bahgat, "The Proliferation of Weapons of Mass Destruction: Egypt," *Arab Studies Quarterly* 29:2 (Spring 2007).
14. Ephraim Enbar, "Israeli Strategic Thinking After 1973," *Journal of Strategic Studies* 6:1 (1983).
15. 有關超級強國對該地區的政策，請見：Galia Golan, *Soviet Policies in the Middle East: From World War II to Gorbachev* (Cambridge: Cambridge University Press, 1990) and Douglas Little, *American Orientalism: The United States and the Middle East since 1945* (Chapel Hill, NC: North Carolina University Press, 2008).

第五章

1. John Foster Dulles, "The Cost of Peace: Address by the Secretary of State at the Commencement Exercises," Speech at Iowa State College, Ames, Iowa, June 9, 1956.
2. Dennis Merrill, *Bread and the Ballot: The United States and India's Economic Development, 1947–1963* (Chapel Hill, NC: University of North Carolina Press, 1990), 132.
3. 有關該主題相關研究，請參考：Tanvi Madan, *Fateful Triangle: How China Shaped U.S.-India Relations During the Cold War* (Washington, DC: Brookings Institution Press, 2020); Srinath Raghavan, *War and Peace in Modern India: A Strategic History of*

the Nehru Years (Ranikhet: Permanent Black, 2010); Rudra Chaudhuri, *Forged in Crisis: India And The United States Since 1947* (London: Hurst, 2013); Zorawar Daulet Singh, *Power and Diplomacy: India's Foreign Policies During the Cold War* (New Delhi: Oxford University Press, 2019); and Swapna Nayudu Kona, *The Nehru Years: Indian Non-Alignment as the Critique, Discourse and Practice of Security* (1947–1964), thesis submitted for the degree of Doctor of Philosophy to King's College London, University of London, 2015.

4. Jawaharlal Nehru, "Speech at the Plenary Session of the Asian Relations Conference," New Delhi, March 23, 1947 in *Selected Works of Jawaharlal Nehru, Second Series*, Volume 2, Sarvepalli Gopal et al., eds. (Oxford: Oxford University Press, 1985), 503–9.
5. Jawaharlal Nehru, "Changing India," *Foreign Affairs* 41:3 (April 1963), 453–65.
6. "A New Look at Neutralism," *Time*, October 24, 1960, http://content.time.com/time/subscriber/article/0,33009,871750,00.html.
7. Nehru, "Changing India."
8. Nehru, "Changing India."
9. Sunil Khilnani et al, *Nonalignment 2.0: A Foreign and Strategic Policy for India in the 21st Century* (Delhi: Centre for Policy Research, 2012); T. P. Sreenivasan, "Nonalignment Misconceived," *New Indian Express*, April 1, 2012; Ram Jethmalani, "Non-Alignment Is Over: This Is No Time to Be Neutral," *The Sunday Guardian*, March 4, 2012, http://www.sunday-guardian.com/analysis/non-alignment-is-over-this-is-no-time-to-be-neutral; Sadanand Dhume, "Failure 2.0," *Foreign Policy*, March 16, 2012; Ashley Tellis, *Nonalignment Redux: The Perils of Old Wine in New Skins* (Washington, DC: Carnegie Endowment for International Peace, July 2012); W.P.S. Sidhu, "Non-Alignment: Back to the Future?" *Mint*, March 4, 2012, https://www.livemint.com/Opinion/3G0t8cVnKnpmtnGNqKMarM/Nonalignment-back-to-the-future.html.
10. Pramit Pal Chaudhuri, "The Day India and the U.S. Didn't Ally," *Hindustan Times's Foreign Hand*, November 25, 2010, https://rhg.com/research/the-day-india-and-the-us-didnt-ally/.
11. Rudra Chaudhuri, "Why Culture Matters: Revisiting the Sino-Indian Border Conflict of 1962," *Journal of Strategic Studies* 32:6 (2009): 847.
12. Chaudhuri, "Why Culture Matters: Revisiting the Sino-Indian Border Conflict of 1962," 847.
13. K. Subrahmanyam, "That Night of November 19," *Indian Express*, November 18, 2010.
14. Vallabhbhai Patel to Nehru, June 4, 1949, in *Sardar Patel's Correspondence, 1945–50*, Volume VIII, Durga Das, ed. (Ahmedabad: Navajivan Publishing House, 1971), 135–36.

15. Patel to Nehru, May 6, 1948, in *Sardar Patel's Correspondence*, Volume VI, Durga Das, ed. (Ahmedabad: Navajivan Publishing House, 1971), 371.
16. Nehru to Vijay Lakshmi Pandit, January 23, 1948, Nehru Memorial Museum and Library, Vijaya Lakshmi Pandit Papers (1st Installment), Subject File Number 54.
17. Nehru, Speech, Sambalpur, April 12, 1948, in *Selected Works of Jawaharlal Nehru, Second Series*, Volume 6, Sarvepalli Gopal et al., eds. (Oxford: Oxford University Press, 1987), 3; Nehru, Speech on October 27, 1949, in *Selected Works of Jawaharlal Nehru, Second Series*, Volume 13, Sarvepalli Gopal et al., eds. (Oxford: Oxford University Press, 1993), 364.
18. Patel to Premiers of Provinces, October 31, 1948, in *Sardar Patel's Correspondence*, Volume VI, Durga Das, ed. (Ahmedabad: Navajivan Publishing House, 1971), 446.
19. GS Bajpai to Pandit, June 4, 1948, Nehru Memorial Museum and Library, Vijaya Lakshmi Pandit Papers (1st Installment), Subject File Number 56.
20. Nehru, "Speech at the Plenary Session of the Asian Relations Conference," 503–9.
21. Nehru, "First Broadcast Over All India Radio as Vice-President of the Interim Government," September 7, 1946, in *Selected Works of Jawaharlal Nehru, Second Series*, Volume 1, Sarvepalli Gopal et al., eds. (Oxford: Oxford University Press, 1984), 404–8.
22. Nehru's Interview with G. Ward Price (Correspondent of the Daily Mail, London), April 10, 1949, in *Selected Works of Jawaharlal Nehru, Second Series*, Volume 10, Sarvepalli Gopal et al., eds. (Oxford: Oxford University Press, 1990), 161.
23. George Washington, "Farewell Address," September 17, 1796, The American Presidency Project, https://www.presidency.ucsb.edu/documents/farewell-address.
24. Nehru to MEA Joint Secretary (West), March 9, 1957, in *Selected Works of Jawaharlal Nehru, Second Series*, Volume 37, Sarvepalli Gopal et al, eds. (Oxford: Oxford University Press, 2006), 555.
25. Nehru, Statement in Lok Sabha, New Delhi, December 17, 1957, in *Selected Works of Jawaharlal Nehru, Second Series*, Volume 40, Sarvepalli Gopal et al., eds. (Oxford: Oxford University Press, 2009), 580.
26. Nehru to the Premiers of Provinces, November 2, 1947, in *Selected Works of Jawaharlal Nehru, Second Series*, Volume 4, Sarvepalli Gopal et al., eds. (Oxford: Oxford University Press, 1986), 446; Nehru to Pandit, January 23, 1948, Nehru Memorial Museum and Library, Vijaya Lakshmi Pandit Papers (1st Installment), Subject File Number 54.
27. Nehru, "First Broadcast Over All India Radio as Vice-President of the Interim Government."

28. Raghavan, *War and Peace in Modern India*; C. Raja Mohan, "India and the Balance of Power," *Foreign Affairs* 85:4 (2006): 17–32; and Kona, *The Nehru Years*.
29. Indian External Affairs Minister Yashwant Sinha, "Speech on India's Foreign Policy: Successes, Failures and Vision in the Changing World Order," National Defence College, New Delhi, November 18, 2002, available at http://www.mea.gov.in/Speeches-Statements.htm?dtl/9285/Indias+Foreign+Policy+Successes+Failures+and+Vision+in+the+Changing+World+Order+Talk+by+External+Affairs+Minister+Shri+Yashwant+Sinha++on+18112002+at+National+Defence+College+New+Delhi.
30. KPS Menon, as quoted in Paul M. McGarr, *The Cold War in South Asia: Britain, the United States and the Indian Subcontinent 1945–1965* (Cambridge: Cambridge University Press, 2013), 32.
31. Krishna Menon's account of a conversation with Nehru. As quoted in *Selected Works of Jawaharlal Nehru, Second Series*, Volume 2, Sarvepalli Gopal et al., eds. (Oxford: Oxford University Press, 1985), 59.
32. Nehru to Pandit, January 23, 1948.
33. Rajeshwar Dayal to Pandit, December 21, 1948 in Nehru Memorial Museum and Library, Vijaya Lakshmi Pandit Papers (2nd Installment), Subject File Number 3.
34. C.L. Sulzberger, "Kremlin Opens Cold War Second Front in Asia," *New York Times*, February 5, 1950.
35. 印度政策制定者曾評論，他們感到「被孤立」。請見：Henderson to Acheson, January 27, 1951, in *Foreign Policy of the United States 1951*, Volume VII-1, Frederick Aandahl, ed. (Washington, DC: United States Government Printing Office, 1983), 141–42. 當時駐美大使潘迪特注意到「刻意淡化印度和尼赫魯」角色的手筆；而巴吉帕則注意到「語氣變化所帶的惡意與普遍性」。請見：Pandit to Bajpai, October 16 and December 11, 1950 and Bajpai to Pandit, October 29, 1950, Nehru Memorial Museum and Library, Vijaya Lakshmi Pandit Papers (1st Installment), Subject File Number 56.
36. Nehru Conversation with Norman Cousins, September 3, 1953, in *Selected Works of Jawaharlal Nehru, Second Series*, Volume 23, Sarvepalli Gopal et al., eds. (Oxford: Oxford University Press, 1998), 11.
37. McGarr, *The Cold War in South Asia*, 35.
38. Nehru, "Intervention during the Debate on the Address by the President," May 16, 1957, in *Selected Works of Jawaharlal Nehru, Second Series*, Volume 38, Sarvepalli Gopal et al., eds. (Oxford: Oxford University Press, 2006), 21–22; Nehru's Interview with Finnish Radio, June 19, 1957, in ibid., 537–38; Nehru's TV Interview, Tokyo, October 6, 1957, in *Selected Works of Jawaharlal Nehru, Second Series*, Volume 39, Sarvepalli Gopal et al., eds. (Oxford: Oxford University Press, 2007), 565–66.

39. Chinmaya R. Gharekhan, "Rediscovery of Non-Alignment," *The Hindu*, March 24, 2012, https://www.thehindu.com/opinion/op-ed/rediscovery-of-nonalignment/article3206917.ece.

40. Nehru to John F. Kennedy, November 19, 1962 in Papers of John F. Kennedy, Presidential Papers, NSC Box 111, India: Nehru Correspondence November 11, 1962–November 19, 1962.

41. John Kenneth Galbraith to Kennedy, Dean Rusk and Robert McNamara, November 19, 1962, in Papers of John F. Kennedy, Presidential Papers, President's Office Files, India: Security, 1962.

42. Rusk to Galbraith, November 20, 1962, in *Foreign Policy of the United States 1961–63*, Volume XIX (Washington, DC: United States Government Printing Office, 1996), 401. Hereafter, *FRUS*.

43. Galbraith to the Department of State, July 10, 1963, in *FRUS 1961–63*, Volume XIX, 615–17.

44. Nehru in December 1962, as quoted in A.G. Noorani, "India's Quest for a Nuclear Guarantee," *Asian Survey* 7:7 (July 1967): 490.

45. B.K. Nehru, *Nice Guys Finish Second* (Delhi: Penguin, 1997), 407. 請見原文重點標示處。

46. Kaysen to Kennedy enclosing Sino-Indian war situation report, November 3, 1962, in *FRUS 1961–63*, Volume XIX, 366.

47. Komer to Kennedy, December 16, 1962, in *FRUS 1961–63*, Volume XIX, 437.

48. As quoted in Michael Brecher, "Non-Alignment Under Stress: The West and the IndiaChina Border War," *Pacific Affairs* 52:4 (1979): 612–30.

49. Indian Institute for Public Opinion (IIPO), "The Impact of the Sino-Indian Border Clash," *Monthly Public Opinion Surveys* IX:1 (1963): 16.

50. Shashi Tharoor, *Reasons of State: Political Development and India's Foreign Policy under Indira Gandhi, 1966–1977* (New Delhi: Vikas Publishing House, 1982), 44.

51. Andrew B. Kennedy, "India's Nuclear Odyssey: Implicit Umbrellas, Diplomatic Disappointments, and the Bomb," *International Security* 36:2 (2011): 120–53.

52. Anjali Ghosh et al., eds. *India's Foreign Policy* (Delhi: Dorling Kindersley, 2009), 271.

53. Priya Chacko, *Indian Foreign Policy: The Politics of Postcolonial Identity from 1947 to 2004* (Oxford: Routledge, 2012), 148.

54. Indian Ministry of External Affairs, "Interview of Prime Minister Atal Bihari Vajpayee to ITAR TASS," December 2, 2002,

https://www.mea.gov.in/interviews.htm?dtl/4854/Interview+of+Prime+Minister+Shri+Atal+Bihari+Vajpayee+to+ITAR+TASS+Russian+news+channel.

55. External Affairs Minister Yashwant Sinha, "Address at the Tajik National State University," January 29, 2003, https://www.mea.gov.in/Speeches-Statements.htm?dtl/4157/External+Affairs+Minister+Shri+Yashwant+Sinhas+Address+at+the+Tajik+National+State+University.

56. National Security Advisor Shivshankar Menon at Launch of *Non-Alignment 2.0*, New Delhi, February 28, 2012, http://youtu.be/TS9rZi6zers, uploaded March 6, 2012.

57. Indian Ministry of External Affairs, "Foreign Secretary's Remarks on 'India's Foreign Policy and Its Strategic Imperative: The Way Forward,'" 6th JP Morgan India Investor Summit, September 20, 2021, available at https://www.mea.gov.in/Speeches-Statements.htm?dtl/34287/foreign+secretarys+remarks+on+indias+foreign+policy+and+its+strategic+imperative+the+way+forward+at+the+6th+jp+morgan+india+investor+summit+september+20+2021.

58. Narendra Modi, "Prime Minister's Keynote Address at Shangri La Dialogue," Singapore, June 1, 2018, Ministry of External Affairs, Government of India, https://bit.ly/2zllIXA.

59. Indian External Affairs Minister S. Jaishankar's comments at Observer Research Foundation, "The World in a Moment: Looking Back, Looking Ahead, Looking Hard," Raisina Dialogue, New Delhi, India, January 9, 2019, https://youtu.be/FH2el8qEM4A, uploaded January 9, 2019.

第六章

1. 有關詹森總統及麥納馬拉在越戰所做決策的著名歷史，包括：David M. Barrett, *Uncertain Warriors: Lyndon Johnson and His Vietnam Advisers* (Lawrence, KS: University Press of Kansas, 1993); Larry Berman, *Lyndon Johnson's War* (New York, NY: W. W. Norton, 1989); Edward J. Drea, *McNamara, Clifford, and the Burdens of Vietnam, 1965–1969* (Washington, DC: Office of the Secretary of Defense Historical Office, 2011); Lloyd C. Gardner, *Pay Any Price: Lyndon Johnson and the Wars for Vietnam* (Chicago, IL: Ivan R. Dee, 1995); William C. Gibbons, *The U.S. Government and the Vietnam War: Executive and Legislative Roles and Relationships*, Volumes 1–4 (Princeton, NJ: Princeton University Press, 1986–95); George C. Herring, *LBJ and Vietnam: A Different Kind of War* (Austin, TX: University of Texas Press, 1994); David E. Kaiser, *American Tragedy: Kennedy, Johnson, and the Origins of the Vietnam War* (Cambridge, MA: Harvard University Press, 2000); Fredrik Logevall, *Choosing War: The Lost Chance for Peace and the Escalation of War in Vietnam* (Berkeley, CA: University of California Press, 1999); H. R. McMaster, *Dereliction of*

Duty: Lyndon Johnson, Robert McNamara, the Joint Chiefs of Staff and the Lies that Led to Vietnam (New York, NY: HarperCollins, 1997); Brian VanDeMark, *Road to Disaster: A New History of America's Descent into Vietnam* (New York, NY: Custom House, 2018).

2. Alexander Haig, *Inner Circles: How America Changed the World* (New York, NY: Warner Books, 1992), 146.
3. Thomas C. Schelling, *Strategy of Conflict* (Cambridge, MA: Harvard University Press, 1960).
4. Vladislav Zubok and Constantine Pleshakov, *Inside the Kremlin's Cold War* (Cambridge, MA: Harvard University Press, 1996); Aleksandr Fursenko and Timothy Naftali, *"One Hell of a Gamble": Khrushchev, Castro, and Kennedy, 1958–1964* (New York, NY: W. W. Norton, 1997).
5. Philip B. Davidson, *Vietnam at War: The History, 1946–1975* (Novato, CA: Presidio Press, 1988), 338.
6. *Pentagon Papers: The Defense Department History of United States Decision Making on Vietnam*, Senator Gravel, ed., Volume 3 (Boston, MA: Beacon Press, 1971), 496–99.
7. See, for instance, Taylor to McNamara, March 14, 1964, *Foreign Relations of the United States (FRUS), 1964–1968*, Volume 1: *Vietnam, 1961*, Ronald D. Landa and Charles S. Sampson, eds. (Washington, DC: United States Government Printing Office, 1988), 82; *Pentagon Papers*, Volume 3, 165–66.
8. Clifton, Memo for the Record, March 4, 1964, Declassified Document Reference System (DDRS), 1999, 91; Greene, meeting notes, March 4, 1964, MCHD, Greene Papers; memcon, March 4, 1964, *FRUS, 1964–1968*, Volume 1, 70.
9. Nguyen Viet Phuong, *Van Tai Quan Su Chien Luoc Tren Duong Ho Chi Minh Trong Khang Chien Chong My*, Second Edition (Hanoi: General Department of Rear Services, 1988), 55; Military History Institute of Vietnam, *Victory in Vietnam: The Official History of the People's Army of Vietnam, 1954–1975*, trans. Merle L. Pribbenow (Lawrence, KS: University Press of Kansas, 2002), 126–27.
10. Bui Tin, *From Enemy to Friend: A North Vietnamese Perspective on the War*, trans. Nguyen Ngoc Bich (Annapolis, MD: Naval Institute Press, 2002), 82, 86–87, 157; London to State, June 22, 1965, Lyndon Baines Johnson Library (LBJL), NSF, Country File, United Kingdom, box 207.
11. *Department of State Bulletin*, August 24, 1964, 259.
12. Memcon, Mao Zedong and Pham Van Dong, Hoang Van Hoan, October 5, 1964, Cold War International History Project.
13. Luu van Loi and Nguyen Anh Vu, *Tiep Xuc Bi Mat Viet Nam-Hoa Ky Truoc Hoi Nghi Pa-Ri* (Hanoi: International Relations

Institute, 1990), 26–28; Military History Institute of Vietnam, *Victory in Vietnam*, 137.

14. *Public Papers of the Presidents, Lyndon B. Johnson, 1963–1964*, Volume 2, 1387–93.
15. Louis Harris, *Anguish of Change* (New York, NY: W. W. Norton, 1973), 23; Gibbons, *U.S. Government and the Vietnam War*, Volume 2, 364.
16. Military History Institute of Vietnam, *Victory in Vietnam*, 126–42; Pham Gia Duc, *Su Doan 325*, Volume 2 (Hanoi: People's Army Publishing House, 1986), 41–49.
17. JCS to McNamara, "Courses of Action in Southeast Asia," November 23, 1964, DDRS, 1999, 9.
18. Edward Snow, "An Interview with Mao Tse-Tung," n.d., DDRS, 1977, 318B.
19. CIA, "North Vietnamese References to Negotiations on Vietnam," April 23, 1965, DDRS, 1983, 92.
20. Telcon, February 26, 1965, in *Reaching for Glory: Lyndon Johnson's Secret White House Tapes, 1964–1965*, Michael Beschloss, ed. (New York, NY: Simon & Schuster, 2001), 194.
21. Bundy to McNamara, June 30, 1965, *FRUS, 1964–1968*, Volume 3, 35; Greene, "Escalation of effort in South Vietnam," July 10, 1965, MCHC, Greene Papers; McNamara to Johnson, July 30, 1965, *FRUS, 1964–1968*, Volume 3, 100.
22. Telcon, March 6, 1965, Beschloss, ed., *Reaching for Glory*, 213–16.
23. Chen Jian, *Mao's China and the Cold War* (Chapel Hill, NC: University of North Carolina Press, 2001), 219; Qiang Zhai, *China and the Vietnam Wars, 1950–1975* (Chapel Hill, NC: University of North Carolina Press, 2000), 134–35.
24. CIA, "The Situation in South Vietnam," June 9, 1965, LBJL, NSF, VNCF, box 18.
25. Vo Cong Luan and Tran Hanh, eds., *May Van De ve Tong Ket Chien Tranh va Viet Su Quan Su* (Hanoi: Military History Institute of Vietnam and Ministry of Defense, 1987), 285; Pham Thi Vinh, ed., *Van Kien Dang*, Tap 24, 1965 (Hanoi: Nha Xuat Ban Chinh Tri Quoc Gia, 2003), 637.
26. Goodpaster, "Meeting with General Eisenhower," August 3, 1965, *FRUS, 1964–1968*, Volume 3, 104.
27. Special National Intelligence Estimate 10-11-65, "Probable Communist Reactions to a US Course of Action," September 22, 1965, *FRUS, 1964–1968*, Volume 3, 148.
28. Gibbons, *The U.S. Government and the Vietnam War*, Volume 4, 77–80; Drea, *McNamara, Clifford, and the Burdens of Vietnam*, 63–64.

29. COMUSMACV to CINCPAC, November 21, 1965, LBJL, NSF, VNCF, box 24; Westmoreland to Sharp, December 9, 1965, National Archives II, RG 59, Lot Files, Entry 5408, box 2; USMACV, "1965 Command History," April 20, 1966, 44.
30. JCS to McNamara, JCSM 811–65, November 10, 1965, DDRS, Document Number CK3100292141; *Pentagon Papers*, Volume 4, 347.
31. Charles G. Cooper, "The Day It Became the Longest War," *Proceedings* 122:5 (May 1996): 77–80.
32. CIA, "Chen Yi's Press Conference," October 1, 1965, LBJL, NSF, Country File, China, box 238.
33. Lin Piao, "Long Live the Victory of the People's War," *New China News Agency International Service*, September 2, 1965, Texas Tech University Vietnam Archive, Pike Collection, Unit 3, box 13; Robert Garson, "Lyndon B. Johnson and the China Enigma," *Journal of Contemporary History*, 32:1 (January 1997): 73; Thomas Kennedy Latimer, "Hanoi's Leaders and Their South Vietnam Policies, 1954–1968" (Ph.D. diss., Georgetown University, 1972), 227.
34. 相關例子，請見：Nguyen, *Van Tai Quan Su Chien Luoc Tren Duong Ho Chi Minh Trong Khang Chien Chong My*, 64; Nguyen Huu An with Nguyen Tu Duong, *Chien Truong Moi* (Hanoi: People's Army Publishing House, 2002), 52; Dang Van Nhung et al., *Su Doan 7: Ky Su* (Hanoi: People's Army Publishing House, 1986), 14, 22–30.
35. William C. Westmoreland, *A Soldier Reports* (Garden City, NY: Doubleday, 1976), 181–82.
36. US Grant Sharp, *Strategy for Defeat: Vietnam in Retrospect* (San Rafael, CA: Presidio Press, 1978), 194; Drea, *McNamara, Clifford, and the Burdens of Vietnam*, 215–16.
37. US Senate, Preparedness Investigating Subcommittee of the Committee on Armed Services, *Air War Against North Vietnam*, 90th Cong., 1st sess. (Washington, DC: Government Printing Office, 1967), 236, 416.
38. US Senate, Preparedness Investigating Subcommittee of the Committee on Armed Services, *Air War Against North Vietnam*, 277, 299, 309.
39. US Senate, Preparedness Investigating Subcommittee of the Committee on Armed Services, *Air War Against North Vietnam*, 68.
40. See the sources in note 34.
41. US Senate, Preparedness Investigating Subcommittee of the Committee on Armed Services, *Air War Against North Vietnam*, 435.
42. Deborah Shapley, *Promise and Power: The Life and Times of Robert McNamara* (Boston, MA: Little, Brown and Company, 1993), 432.

43. Mark Perry, *Four Stars* (Boston, MA: Houghton Mifflin, 1989), 162–66. 據傳有幾位知情人士證實了此種說法，但又遭到兩名參謀聯席會成員否定。Herring, *LBJ and Vietnam*, 56–57; Sorley, *Honorable Warrior*, 285–87.
44. E. W. Kenworthy, "Senate Unit Asks Johnson to Widen Bombing in North," *New York Times*, September 1, 1967.
45. John Colvin, *Twice Around the World: Some Memoirs of Diplomatic Life in North Vietnam and Outer Mongolia* (London: Leo Cooper, 1991), 113–16.
46. *The Joint Chiefs of Staff and the War in Vietnam* (Christiansburg, VA: Dalley Book Service, 2001), 3; Helms to Johnson, "The Kissinger Project," September 7, 1967, CREST document number CIA-RDP79B01737A001800170001–7.
47. Johnson, meeting notes, September 26, 1967, *FRUS, 1964–1968*, Volume 5, 336.
48. CIA Intelligence Memorandum 1391/67, "The Consequences of a Halt in the Bombardment of North Vietnam," October 9, 1967, DDRS, document number CK2349074218.
49. Tom Johnson, "Notes of the Tuesday Lunch Meeting with Foreign Policy Advisers," May 21, 1968, LBJL, Tom Johnson Notes of Meetings, box 3.
50. Telcon, Johnson and Hughes, July 30, 1968, *FRUS, 1964–1968*, Volume 6, 315n.
51. Nguyen, *Van Tai Quan Su Chien Luoc Tren Duong Ho Chi Minh Trong Khang Chien Chong My*, 77–79.

第七章

1. "A Report to the National Security Council by the Executive Secretary (Lay)," April 14, 1950, *Foreign Relations of the United States (hereafter FRUS), 1950, National Security Affairs; Foreign Economic Policy*, Volume I, Document 85.
2. 有關蘇聯對低盪戰略的早期論述，請見：Vladislav Zubok, *A Failed Empire: The Soviet Union in the Cold War from Stalin to Gorbachev* (Chapel Hill, NC: North Carolina University Press, 2009). 同時請見：Svetlana Savranskaya and William Taubman, "Soviet Foreign Policy, 1962–1975," in *Cambridge History of the Cold War*, Volume 2, Melvyn P. Leffler and Odd Arne Westad, eds. (Cambridge: Cambridge University Press, 2010), 134–57. 雷蒙・加特霍夫（Raymond Garthoff）在該主題上進行了大量的研究，其並未脫離現實，而且尤其適合軍備競賽談判。Raymond Garthoff, *Détente and Confrontation: American-Soviet relations from Nixon to Reagan* (Washington, DC: Brookings, 1994). 低盪戰略具體相關探討，請見下列書籍：Odd Arne Westad, *The Global Cold War* (Cambridge: Cambridge University Press, 2009); Michael Cotey Morgan, *The Final Act: The Helsinki Accords and the Transformation of the Cold War* (Princeton, NJ: Princeton University Press, 2020); Viktor Israelyan, *Inside*

the Kremlin during the Yom Kippur War (University Park, PA: The Pennsylvania State University Press, 1995). 季辛吉的回憶錄中，包含了一九七〇年代蘇美高峰會談的精彩細節；俄羅斯方面則沒有類似的回憶錄，不過國家安全檔案館翻譯了切爾尼耶夫的日記（https://nsarchive.gwu.edu/anatoly-chernyaev-diary），其內容具有重要的見解。最好的原始資料集是：Douglas Selvage et al., eds., *Soviet-American Relations: The Detente Years, 1969–1972* (Washington, DC: Government Printing Office, 2007).

3. Vadim Pechenev, *Vzlet i Padenie Gorbacheva: Glazami Ochevidtsa* (Moscow: Respublika, 1996), 61.

4. 相關內容，請見：Sergey Radchenko, "Love Us as We Are: Khrushchev's 1956 Charm Offensive in the UK," *CWIHP Dossier* No. 71 (April 2016).

5. Nikita Khrushchev's comments at the Presidium meeting, May 26, 1961, in *Prezidium TsK KPSS 1954–1964: Stenogrammy*, Volume 1, A.A. Fursenko, ed. (Moscow: Rosspen, 2003), 503.

6. "Minutes from a Conversation between A.N. Kosygin and Mao Zedong," February 11, 1965, History and Public Policy Program Digital Archive, AAN, KC PZPR, XI A/10, 517, 524, obtained by Douglas Selvage and translated by Malgorzata Gnoinska.

7. Conversation between Leonid Brezhnev and Nicolae Ceausescu and Ion Maurer, July 20, 1965, Russian State Archive of Contemporary History (RGANI): fond 80, opis 1, delo 758, list 34.

8. Memorandum from Yurii Andropov to Leonid Brezhnev, July 6, 1968, RGANI: fond 80, opis 1, delo 314 , listy 10–40.

9. Conversation between Leonid Brezhnev and Walter J. Stoessel, March 5, 1974, RGANI: fond 80, opis 1, delo 807, list 32.

10. Memorandum by the President's Assistant for National Security Affairs (Kissinger) for the President's File, June 23, 1973, *Foreign Relations of United States, 1969–1976*, Volume XV, Document 131.

11. *Soviet-American Relations: The Detente Years, 1969–1972*, Douglas Selvage et al., eds., 780.

12. "Text of Nixon Toast at Shanghai Dinner," *New York Times*, February 28, 1972.

13. As reported by Kissinger: Conversation Between President Nixon and his Assistant for National Security Affairs (Kissinger), May 11, 1973, *FRUS, 1969–1976*, Volume XV, Document 115.

14. *Vstrechi i Peregovory Na Vysshem Urovne Rukovoditelei SSSR i Yugoslavii*, Volume 2, Miladin Milošević, V. P. Tarasov, and N. G. Tomilina, eds. (Moscow: Mezhdunarodnyi Fond 'Demokratiya,' 2017), 296.

15. Conversation between Richard Nixon and Leonid Brezhnev, June 18, 1973, *White House Tapes*, No. 943, Richard M. Nixon Presidential Library and Museum.

16. Craig A. Daigle, "The Russians Are Going: Sadat, Nixon and the Soviet Presence in Egypt, 1970–1971," *Middle East Review of International Affairs* 8:1 (2004), 3.
17. Minutes of Washington Special Actions Group Meeting, 1973–1976, *FRUS, 1969–1976*, Volume XXX, Document 110.
18. Message from Secretary of State Kissinger to British Foreign Secretary Callaghan, 1973, *FRUS, 1969–1976*, Volume XXX, Document 110.
19. Unsent letter from Leonid Brezhnev to Anatolii Dobrynin, August 28, 1974, RGANI: fond 80, opis 1, delo 811, list 26.
20. Conversation between Leonid Brezhnev and Egon Bahr, February 27, 1974. RGANI: fond 80, opis 1, delo 580, list 29.
21. Discussion between Henry Kissinger and Leonid Brezhnev, *FRUS, 1969–1976*, Volume XIX, Document 75.
22. Instructions for the Soviet Ambassador in Havana, November 27, 1975, RGANI: fond 3, opis 69, delo 1883, list 127–32.
23. Memorandum from Andrei Gromyko, Boris Ponomarev, Yurii Andropov and Andrei Grechko to CC CPSU Politburo, December 3, 1975. RGANI: fond 3, opis 69, delo 1892, list 17.
24. "Anatolii Chernyaev's Diary," January 1, 1976, National Security Archive, https://nsarchive.gwu.edu/rus/text_files/Chernyaev/1976.pdf.
25. Conversation between Anatoli Dobrynin and Henry Kissinger, November 23, 1979, Archive of Foreign Policy of the Russian Federation (AVPRF): fond 0129, opis 63, papka 482, delo 7, list 152.
26. Memorandum from Brzezinski to Jimmy Carter, April 1, 1977, *FRUS, 1977–1980*, Volume I, Document 32.
27. "Anatolii Chernyaev's Diary," 1977, National Security Archive, https://nsarchive.gwu.edu/media/22951/ocr.
28. Memorandum of conversation between Zbigniew Brzezinski and Deng Xiaoping, May 21, 1978, *FRUS, 1977–1980*, Volume XIII, Document 110.
29. Conversation between Edward Heath and Mao Zedong, May 25, 1974, FCO 21/1240, The National Archives, United Kingdom.
30. Cable, US Embassy in Moscow to the Department of State, February 16, 1979, NLC 16-15-2-12-3, Jimmy Carter Presidential Library.
31. Westad, *The Global Cold War*, 274.
32. Conversation between Carter, Brzezinski, and Somalia's Ambassador Addou, June 16, 1977, *FRUS, 1977–1980*, Volume XVII, Document 20.

33. Conversation between Anatolii Dobrynin and Abdullahi Addou, February 23, 1979. AVPRF: fond 0129, opis 62, papka 474, delo 5, list 113.

34. Conversation between Walter Mondale and Hua Guofeng, August 28, 1979, *FRUS, 1977–1980*, Volume XIII, Document 266.

35. Conversation between Leonid Brezhnev and Mohammad Naim, September 11, 1973, RGANI: fond 80, opis 1, delo 458, list 74.

36. Conversation between Leonid Brezhnev and Aleksei Kosygin and a PDPA delegation led by Nur Muhammad Taraki and Hafizullah Amin, December 4–5, 1978, RGANI: fond 80, opis 1, delo 461, list 5–24.

37. Brezhnev's notes for presentation at the September 20, 1979, meeting of the Politburo, RGANI: fond 80, opis 1, delo 462, list 79.

38. Sergey Radchenko, *Unwanted Visionaries: The Soviet Failure in Asia at the End of the Cold War* (New York, NY: Oxford University Press, 2014), 119.

第八章

1. See Thomas G. Mahnken, "Strategic Theory," in *Strategy in the Contemporary World*, Seventh Edition, John Baylis, James J. Wirtz, and Jeannie L. Johnson, eds. (Oxford: Oxford University Press, 2022), 58.

2. Edward Mead Earle, *Makers of Modern Strategy: Military Thought from Machiavelli to Hitler* (Princeton, NJ: Princeton University Press, 1943), viii.

3. Thomas G. Mahnken, *Selective Disclosure: A Strategic Approach to Long-Term Competition* (Washington, DC: Center for Strategic and Budgetary Assessments, 2020); Brendan Rittenhouse Green and Austin Long, "Conceal or Reveal? Managing Clandestine Military Capabilities in Peacetime Competition," *International Security* 44:3 (2019/20), 48–83.

4. Michael Howard, "Military Science in an Age of Peace," *Journal of the Royal United Services Institute for Defence Studies* 119:1 (1974), 4.

5. Bradford A. Lee, "Strategic Interaction: Theory and History for Practitioners," in *Competitive Strategies for the 21st Century: Theory, History, and Practice*, Thomas G. Mahnken, ed. (Stanford, CA: Stanford University Press, 2012), 28–32.

6. 早期說明該戰略方法的相關文章，請見：Thomas C. Schelling, "The Strategy of Inflicting Costs," in *Issues in Defense Economics*, Roland N. McKean, ed. (Cambridge: National Bureau of Economic Research, 1967).

7. Lee, "Strategic Interaction," 32–43.

8. Victor Davis Hanson, "The Strategic Thought of Themistocles," in *Successful Strategies: Triumphing in War and Peace from Antiquity to the Present*, Williamson Murray and Richard Hart Sinnreich, eds. (Cambridge: Cambridge University Press, 2014), 32.
9. Samuel P. Huntington, "Arms Races: Prerequisites and Results," *Public Policy* 8:1 (1958): 41.
10. Colin S. Gray, "The Arms Race Phenomenon," *World Politics* 24:1 (1971): 40.
11. Matthew S. Seligmann, "The Anglo-German Naval Race, 1898–1914," in *Arms Races in International Politics*, Thomas G. Mahnken, Joseph A. Maiolo, and David Stevenson, eds. (Oxford: Oxford University Press, 2016).
12. Seligmann, "The Anglo-German Naval Race," 23–24.
13. Seligmann, "The Anglo-German Naval Race," 28.
14. Seligmann, "The Anglo-German Naval Race," 30.
15. Seligmann, "The Anglo-German Naval Race," 31–32.
16. Seligmann, "The Anglo-German Naval Race," 38.
17. George W. Rathjens, *The Future of the Strategic Arms Race: Options for the 1970s* (Washington, DC: Carnegie Endowment, 1969), 25–26.
18. Robert Jervis, "Cooperation Under the Security Dilemma," *World Politics* 30:2 (1978): 169.
19. Charles L. Glaser, "The Security Dilemma Revisited," *World Politics* 50:1 (1997): 192.
20. Charles L. Glaser, "The Causes and Consequences of Arms Races," *Annual Review of Political Science* 3 (2000): 253.
21. Andrew W. Marshall, "The Origins of Net Assessment," in *Net Assessment and Military Strategy: Retrospective and Prospective Essays*, Thomas G. Mahnken, ed. (Amherst, NY: Cambria Press, 2020), 4.
22. Marshall, "The Origins of Net Assessment," 6.
23. Andrew W. Marshall, *Long-Term Competition with the Soviets: A Framework for Strategic Analysis* (Santa Monica, CA: RAND Corporation, 1972), 7.
24. Albert Wohlstetter, "Is There a Strategic Arms Race?" *Foreign Policy* 15 (1974): 3–20; Albert Wohlstetter, "Rivals, but no 'Race,'" *Foreign Policy* 16 (1974): 48–81.
25. Ernest R. May, John D. Steinbruner, and Thomas W. Wolfe, *History of the Strategic Arms Competition, 1945–1972*, Part I (Washington, DC: Historical Office, Office of the Secretary of Defense, March 1981), 241.

26. Caspar W. Weinberger, *Annual Report to the Congress, Fiscal Year 1988* (Washington, DC: Government Printing Office, 1987).
27. Thomas G. Mahnken, *Technology and the American Way of War Since 1945* (New York, NY: Columbia University Press, 2008), 163–64.
28. John A. Battilega, "Soviet Military Thought and the Competitive Strategies Initiative," in *Competitive Strategies for the 21st Century: Theory, History, and Practice*, Thomas G. Mahnken, ed. (Palo Alto, CA: Stanford University Press, 2012), 106–27.
29. Thomas C. Schelling and Morton H. Halperin, *Strategy and Arms Control* (McLean, VA: Pergamon-Brassey's, 1985), xi.
30. Schelling and Halperin, *Strategy and Arms Control*, 1, 32.
31. Schelling and Halperin, *Strategy and Arms Control*, 120, 12.
32. John D. Maurer, "The Forgotten Side of Arms Control: Enhancing U.S. Competitive Advantage, Offsetting Enemy Strengths," *War on the Rocks*, June 27, 2018.
33. See the discussion in Thomas G. Mahnken, "The Reagan Administration's Strategy toward the Soviet Union," in *Successful Strategies*, Murray and Sinnreich, eds. (Cambridge: Cambridge University Press, 2014); Hal Brands, *Making the Unipolar Moment: U.S. Foreign Policy and the Rise of the Post-Cold War Order* (Ithaca, NY: Cornell University Press, 2016).
34. John Lewis Gaddis, *The Cold War: A New History* (New York, NY: Random House, 2005), 217.
35. John Lewis Gaddis, *Strategies of Containment* (Oxford: Oxford University Press, 2005), 351.
36. Gaddis, *Strategies of Containment*, 354.
37. Richard Pipes, "A Reagan Soviet Policy," May 1981, Richard E. Pipes Files, Box 4, Ronald Reagan Presidential Library.
38. Pipes, "A Reagan Soviet Policy," 1. Emphasis in original.
39. NSDD 75, "U.S. Relations with the USSR," January 17, 1983, NSDD Digitized Reference Copies, Ronald Reagan Presidential Library, 1.
40. NSDD 75, "U.S. Relations with the USSR," 1.
41. NSDD 75, "U.S. Relations with the USSR," 8.
42. Gordon Barrass, *The Great Cold War: A Journey Through the Hall of Mirrors* (Palo Alto, CA: Stanford University Press, 2009), 248, 283.
43. CIA Directorate of Intelligence, "The Soviet Defense Industry: Coping with the Military Technological Challenge," SOV 87–

10035DX, July 1987, CIA Electronic Reading Room, iii.

44. NSDD 75, “U.S. Relations with the USSR,” 2.
45. See Mahnken, *Technology and the American Way of War*.
46. Michael Kramer, “Electoral Collage: The Budget Crunch,” *New York Magazine*, Nov. 15, 1982, 31.
47. Barrass, *The Great Cold War*, 278.
48. Barrass, *The Great Cold War*, 249.
49. Barrass, *The Great Cold War*, 275.
50. Watts, *Long-Range Strike: Imperatives, Urgency and Options* (Washington, DC: Center for Strategic and Budgetary Assessments, 2005), 34.
51. Barrass, *The Great Cold War*, 317.
52. Barrass, *The Great Cold War*, 293.
53. Barrass, *The Great Cold War*, 338–39.
54. Ronald Reagan, “Announcement of Strategic Defense Initiative,” March 23, 1983, American Presidency Project.
55. NIC M 83, 10017, “Possible Soviet Responses to the US Strategic Defense Initiative,” September 12, 1983, CIA Electronic Reading Room, viii.
56. Barrass, *The Great Cold War*, 278.
57. Barrass, *The Great Cold War*, 304.
58. SNIE 11-10-84/JX, “Implications of Recent Soviet Military-Political Activities,” May 18, 1984, CIA Electronic Reading Room.
59. Fritz W. Ermarth, “Observations on the ‘War Scare’ of 1983 from an Intelligence Perch,” November 6, 2003, *Parallel History Project on NATO and the Warsaw Pact*; Dima Adamsky, “The 1983 Nuclear Crisis: Lessons for Deterrence Theory and Practice,” *Journal of Strategic Studies* 36:1 (2013): 4–41.
60. Jeremi Suri, “Explaining the End of the Cold War: A New Historical Consensus?,” *Journal of Cold War Studies* 4:4 (2002): 65.
61. Suri, “Explaing the End of the Cold War,” 66.
62. David E. Hoffman, *The Dead Hand: The Untold Story of the Cold War Arms Race and its Dangerous Legacy* (New York, NY:

Doubleday, 2009).

63. SOV 87–10063X, "Soviet SDI Response Options: The Resource Dilemma," November 1987, CIA Reading Room, vi.

64. Gus W. Weiss, "The Farewell Dossier," *Studies in Intelligence* 39:5 (1996).

65. Peter Schweizer, *Victory: The Reagan Administration's Secret Strategy That Hastened the Collapse of the Soviet Union* (New York, NY: Atlantic Monthly Press, 1994), 189.

66. Maurer, "The Forgotten Side of Arms Control."

67. Thomas G. Mahnken, "Frameworks for Examining Long-Term Strategic Competition Between Major Powers," in *The Gathering Pacific Storm*, Tai Ming Cheung and Thomas G. Mahnken, eds. (Amherst, NY: Cambria Press, 2018), 24–26.

68. David C. Engerman, *Know Your Enemy: The Rise and Fall of America's Soviet Experts* (Oxford: Oxford University Press, 2009).

69. 在一九六〇年代及一九七〇年代期間，美國空軍翻譯出版了一系列蘇聯理論著作。請見：A.A. Sidorenko, *The Offensive: A Soviet View* (Washington, DC: Government Printing Office, 1970).

70. Christopher Ford and David Rosenberg, *The Admirals' Advantage: U.S. Navy Operational Intelligence in World War II and the Cold War* (Annapolis, MD: US Naval Institute Press, 2005).

莫若以明書房 BA8050

當代戰略全書 4· 兩極霸權時代的戰略

冷戰時期美、蘇以及其他國家，如何融合戰略、競爭與外交

原文書名／The New Makers of Modern Strategy: From the Ancient World to the Digital Age
[Part Four: Strategy in a Bipolar Era]

線上版讀者回函卡

編　　者／霍爾 · 布蘭茲（Hal Brands）
譯　　者／鼎玉鉉
編輯協力／林嘉瑛
責任編輯／鄭凱達
版　　權／顏慧儀
行銷業務／周佑潔、林秀津、林詩富、吳藝佳、吳淑華

總 編 輯／陳美靜
總 經 理／彭之琬
事業群總經理／黃淑貞
發 行 人／何飛鵬
法律顧問／元禾法律事務所 王子文律師
出　　版／商周出版
115020 台北市南港區昆陽街 16 號 4 樓
電話：(02) 2500-7008 傳真：(02) 2500-7579
E-mail: bwp.service@cite.com.tw
發　　行／英屬蓋曼群島商家庭傳媒股份有限公司　城邦分公司
115020 台北市南港區昆陽街 16 號 8 樓
讀者服務專線：0800-020-299　24 小時傳真服務：(02) 2517-0999
讀者服務信箱 E-mail: cs@cite.com.tw
劃撥帳號：19833503　戶名：英屬蓋曼群島商家庭傳媒股份有限公司城邦分公司
訂購服務／書虫股份有限公司客服專線：(02) 2500-7718；2500-7719
服務時間：週一至週五上午 09:30-12:00；下午 13:30-17:00
24 小時傳真專線：(02) 2500-1990；2500-1991
劃撥帳號：19863813　戶名：書虫股份有限公司
E-mail: service@readingclub.com.tw
香港發行所／城邦（香港）出版集團有限公司
香港九龍土瓜灣土瓜灣道 86 號順聯工業大廈 6 樓 A 室
E-mail: hkcite@biznetvigator.com
電話：(852) 25086231　傳真：(852) 25789337
馬新發行所／城邦（馬新）出版集團 Cite (M) Sdn. Bhd.
41, Jalan Radin Anum, Bandar Baru Sri Petaling, 57000 Kuala Lumpur, Malaysia.
電話：(603) 9056-3833　傳真：(603) 9057-6622 E-mail: services@cite.my

國家圖書館出版品預行編目（CIP）資料

兩極霸權時代的戰略：冷戰時期美、蘇以及其他國家，如何融合戰略、競爭與外交 / 霍爾．布蘭茲 (Hal Brands) 編；鼎玉鉉譯．-- 初版．-- 臺北市：商周出版：英屬蓋曼群島商家庭傳媒股份有限公司城邦分公司發行，2024.09
面；　公分．--（當代戰略全書；4)(莫若以明書房；BA8050)
譯自：The new makers of modern strategy : from the ancient world to the digital age.
ISBN 978-626-390-228-2(平裝)
1.CST: 軍事戰略 2.CST: 國際關係

592.4　　113010342

封面設計／兒日設計
印　　刷／鴻霖印刷傳媒股份有限公司
經 銷 商／聯合發行股份有限公司　地址：新北市新店區寶橋路 235 巷 6 弄 6 號 2 樓
電話：(02) 2917-8022　傳真：(02) 2911-0053

2024 年 9 月 5 日初版 1 刷　Printed in Taiwan
定價：499 元（紙本）／ 370 元（EPUB）
ISBN: 978-626-390-228-2（紙本）/ 978-626-390-222-0（EPUB）